信息科学与工程系列专著

频谱共存环境下组网雷达射频辐射控制技术

时晨光　汪　飞　周建江　李海林　著

電子工業出版社
Publishing House of Electronics Industry
北京 · BEIJING

内 容 简 介

本书主要研究了频谱共存环境下组网雷达射频辐射控制技术，从辐射功率控制及分配、雷达发射波形优化设计等方面，对频谱共存环境下组网雷达系统的射频隐身性能进行了深入研究，并对基于射频隐身的雷达通信一体化系统最优正交频分复用波形设计进行了初步探讨。全书共 8 章，第 1 章为组网雷达射频隐身技术基础，第 2 章至第 5 章为频谱共存环境下基于博弈论思想的组网雷达射频辐射控制，第 6 章和第 7 章为频谱共存环境下基于射频隐身的组网雷达发射波形优化设计，第 8 章介绍了雷达通信一体化技术。本书总结了作者多年来在组网雷达射频隐身技术上的研究成果，对于从事射频隐身技术和组网雷达系统研究工作的工程人员具有很高的参考价值。

本书适合高等院校信号与信息处理及相关专业的高年级本科生和研究生阅读，也可作为相关领域的教师、科研人员及工程技术人员的参考书。

未经许可，不得以任何方式复制或抄袭本书之部分或全部内容。
版权所有，侵权必究。

图书在版编目（CIP）数据

频谱共存环境下组网雷达射频辐射控制技术 / 时晨光等著. —北京：电子工业出版社，2022.2
ISBN 978-7-121-42941-5

Ⅰ. ①频… Ⅱ. ①时… Ⅲ. ①雷达－电磁辐射－辐射强度－定量控制－研究 Ⅳ. ①TN95

中国版本图书馆 CIP 数据核字（2022）第 027843 号

责任编辑：赵玉山
印　　刷：北京盛通商印快线网络科技有限公司
装　　订：北京盛通商印快线网络科技有限公司
出版发行：电子工业出版社
　　　　　北京市海淀区万寿路 173 信箱　　邮编：100036
开　　本：720×1 000　1/16　印张：11.25　字数：227 千字
版　　次：2022 年 2 月第 1 版
印　　次：2022 年 2 月第 1 次印刷
定　　价：59.00 元

凡所购买电子工业出版社图书有缺损问题，请向购买书店调换。若书店售缺，请与本社发行部联系，联系及邮购电话：（010）88254888，88258888。

质量投诉请发邮件至 zlts@phei.com.cn，盗版侵权举报请发邮件至 dbqq@phei.com.cn。

本书咨询联系方式：zhaoys@phei.com.cn。

前　言

日益复杂的战场环境对现代雷达探测系统提出了严峻的挑战。在未来信息化战争中，单部雷达或多部雷达的简单组合、叠加已不能满足联合作战的需要。因此，在进入网络时代的今天，组网雷达系统是现代战争与信息战的必然要求，同时也是信息时代雷达系统发展的必然趋势。从武器装备发展规律来看，体系对抗与作战系统网络化是未来高技术战争的特点，依托高度发达的信息网络技术，未来变革方向是将“以传感器为中心的战争”转化为“以网络为中心的战争”，依赖网络化的战场系统，通过组网雷达系统信息融合为指挥员提供实时、透明的空间感知。它可从多视角、多维度提取目标特征信息，使作战部队完全掌握能够有效满足战术和战略任务需要的所有数据。因此，组网雷达系统是未来战术体系对抗的发展趋势，它能够提升武器平台的态势感知能力，在战场复杂电磁频谱环境中形成作战优势，提高我军雷达探测系统的网络化作战能力。

然而，随着先进材料与电子技术的发展，各种先进的敌方无源探测系统与无源探测模式对我军雷达系统形成了越来越严峻的现实威胁。射频隐身技术是通过控制己方雷达信号的射频辐射特征，缩短敌方无源探测系统对雷达的有效作用距离，提高雷达及其搭载平台的生存能力，并实施对敌目标探测、跟踪、识别、打击的核心技术。组网雷达系统如果不采用合理的射频辐射控制技术来控制电磁波的辐射，极易暴露给几百千米外的敌方无源探测系统，这也使搭载平台的雷达隐身和红外隐身失去了意义。为了提升雷达探测系统在对抗敌方先进无源探测系统时的效益，形成对敌作战优势，开展组网雷达系统的射频辐射控制研究势在必行。

近年来，现代战争中雷达系统工作的电磁环境日趋复杂，密集频谱条件下的雷达辐射控制便成为一个重要而极具挑战性的任务。传统的解决雷达与无线通信系统频谱拥塞的方法是使两者的工作频段分离，以避免对彼此形成干扰。然而，面对战场无线射频装备数量的急剧增加和工作带宽的日益扩展，传统方法已经越来越难以满足雷达系统的实际需求。因此，如何在组网雷达与通信系统频谱共存的环境下建立雷达辐射控制模型，根据目标特性先验知识和外界目标环境的实时感知信息，对组网雷达系统的发射波形、功率等辐射参数进行自适应动态优化，是组网雷达射频隐身技术领域亟待解决的一个难点问题。在此背景下，本书主要讨论如何在组网雷达与通信系统频谱共存的环境下建立雷达辐射控制模型，并根据目标特性先验知识和外界目标环境的实时感知信息，对组网雷达系统的发射波形、功率等辐射参数进行自适应动态优化，进而在满足目标探测和跟踪性能的条件下提升系统的射频隐身性能。在总结国内外相关领域最新研究成果的基础上，本书从辐射功率控制及分配、雷达发射波形优化设计等方面，对频谱共存环境下组网雷达系统的射频隐身性能进行了深入研究，并对基于射频隐身的雷达通信一体化系统最优正交频分复用（Orthogonal Frequency Division Multiplexing，OFDM）波形设计进行了初步探讨。

本书主要以作者所在课题组的研究工作和原始论文为基础，从组织结构上分为 8 章。第 1 章为组网雷达射频隐身技术基础，概述了组网雷达系统与射频隐身技术的基本概念与发展历程、射频隐身技术与雷达通信频谱共存问题、雷达通信一体化系统的研究现状等内容。第 2 章至第 5 章为频谱共存环境下基于博弈论思想的组网雷达射频辐射控制，介绍了不同的博弈模型，重点讨论了频谱共存环境下基于非合作博弈的组网雷达功率控制算法、频谱共存环境下基于合作博弈的组网雷达功率控制算法、频谱共存环境下基于 Stackelberg 博弈的组网雷达功率控制算法及频谱共存环境下基于 Stackelberg 博弈的组网雷达稳健功率控制算法。第 6 章和第 7 章为频谱共存环境下基于射频隐身的组网雷达发射波形优化设计，重点讨论了频谱共存环境下基于射频隐身的组网雷达最优波形设计算法及频谱共存环境下基于射频隐身的双基地雷达最优 OFDM 波形设计算法。第 8 章简要介绍了雷达通信一体化技术，初步探讨了基于射频隐身的雷达通信一体化系统最优 OFDM 波形设计算法。

本书由南京航空航天大学时晨光、汪飞、周建江和李海林联合撰写。全书由时晨光和汪飞统稿。此外，南京航空航天大学雷达目标特征控制实验室的王奕杰、丁琳涛、仇伟等研究生对书中的大量理论进行了推导和仿真验证，张巍巍、吴紫剑、陈春风、唐志诚、董璟、马胡伟、余思伟、李典、李卓桓、谢丁速、刘嘉龄、黄壮、卢文峰、张洁心、张阳泉等研究生参与了书稿编辑整理和校阅等工作。感谢英国杜伦大学工程与计算科学学院 Sana Salous 教授、拉夫堡大学沃尔夫森机械电子与制造工程学院 Sangarapillai Lambotharan 教授和赫尔瓦特大学工程与物理科学学院 Mathini Sellathurai 教授在雷达信号处理研究过程中给予的指导与帮助。感谢江苏科技大学电子信息学院张贞凯副教授、南京信息工程大学陈军副教授、西安电子科技大学严俊坤副教授和电子科技大学易伟教授就相关问题与作者进行的学术交流和讨论。

本书在撰写和出版过程中，参考了众多学者的论著及研究成果，中国电子科技集团公司、中国航空工业集团公司所属研究所和相关高校的科技工作者乔文昇、朱银川、王合龙、周德召、邹杰、孙厚俊等也给了作者许多有益启发和宝贵意见，同样向他们表示深深的谢意。另外，时晨光博士要感谢父母和妻子多年来的支持与付出。

同时，本书得到了国家自然科学基金青年基金项目（No. 61801212）、国家自然科学基金面上项目（No. 61371170，No. 61671239）、中国博士后科学基金资助项目（No. 2019M650113）、航空科学基金（No. 20152052028，No. 2017ZC52036）、江苏省基础研究计划（自然科学基金）青年基金项目（No. BK20180423）、装备预研重点实验室基金、中央高校基本科研业务费专项资金（No. NT2019010）和雷达成像与微波光子技术教育部重点实验室（南京航空航天大学）的资助，本书的撰写是在以上科研工作的基础上完成的。

在此向所有的参考文献作者及为本书出版付出辛勤劳动的同志表示感谢。

由于作者精力和水平有限，加之雷达信号处理技术与需求正处于迅速发展之中，书中难免还存在一些疏漏和错误，恳请业界专家、学者及广大读者批评、指正。

作　者

目　　录

第1章 绪　论

1.1 研究背景及意义

未来高技术战争是体系与体系的对抗，信息战和电子战将贯穿战争始终，尤其是以分布式组网雷达系统为主的目标协同探测跟踪体系与隐身作战平台为主的攻击体系之间的对抗[1]。在这种情况下，单部雷达能够发挥的作用和实现的功能十分有限，而组网雷达系统的协同探测跟踪将变得越来越重要。组网雷达系统由于具有空间分集、信号分集等特点，可以从多维度、多视角感知目标多维状态信息，并通过科学合理的协同控制策略，对多部雷达获得的探测信息进行多级别、多层次的联合处理，从而提升我军雷达探测系统的态势感知能力，进而在当今及未来战场复杂电磁频谱环境中形成对敌作战优势。

从军事需求角度来看，由于无源态势感知、电子情报系统（Electronic Intelligence，ELINT）、信号情报系统（Signal Intelligence，SIGINT）、电子支援措施（Electronic Support Measures，ESM）、雷达告警接收机（Radar Warning Receiver，RWR）、反辐射导弹（Anti-Radiation Missile，ARM）等敌方无源探测系统自身不辐射电磁波，而是通过接收己方雷达辐射的电磁波来实时获得雷达位置和属性等参数，具有作用距离远、隐蔽性强、不易被发现等优点，这对我军雷达系统构成了越来越严峻的现实威胁。据报道，美国 F-22“猛禽”战斗机的电子战系统由 AN/ALR-94 综合 ESM 系统和 AN/AAR-56 凝视红外阵列的导弹逼近告警系统组成。其中，AN/ALR-94 综合了 RWR、ESM 精确测向和窄波束交替搜索与跟踪功能，能够在各个频段提供 360° 全方位覆盖，是 F-22 上最有效的无源传感器系统。AN/ALR-94 可以被动探测到 460 km 外的目标，从而实现先敌发现、先敌打击和先敌摧毁。F-35 战斗机装备的 AN/ASQ-329 电子战系统充分借鉴了 F-22 战斗机 AN/ALR-94 综合 ESM 系统的研制技术，同样具有 360° 全方位全频段的信号收集和监视功能，能够同时实施空对地、空对空的作战任务，准确辨别、定位、跟踪和打击敌方地面和空中目标。在某次飞行验证试验中，AN/ASQ-329 电子战系统对目标信号的有效作用范围可达 482.8 km，并能够在 217.6 km 的距离精确定位雷达目标。

组网雷达射频隐身技术是指组网雷达系统射频辐射信号的目标特征减缩控制技术，目的是增大敌方无源探测系统截获、分选、识别的难度，实现组网雷达射频辐射信号相对于敌方无源探测系统的“隐身”。组网雷达系统是否具有射频隐身性能，不仅取决于组网雷达中各雷达节点的工作模式和敌方无源探测设备的性能，还受它们之间空间几何位置关系的影响。与雷达隐身、红外隐身、声隐身等技术不同，射频隐身技术需要在满足系统性能和作战任务的前提下，最大限度地减小雷达系统的射频辐射特征。2014 年，美国国防部常务副部长首次提出第三次“抵消战略”，其中指出为了保持美国隐身飞机的威慑优势，提高电磁频谱与红外的特征信号控制日益重要。2016 年，美国空军杂志主编 John A. Tirpak 撰文认为美军应利用更为先进的组网系统、新的辐射控制手段和低功率对抗措施，以保持在敌方空间内的“静默”状态。同年，美国国防部高级研究计划局（Defense Advanced Research Projects Agency，DARPA）开展了可扩展到数百个节点且能在干扰环境下高效工作的传感器组网方案研究，认为传感器网络要采用新的射频隐身技术以提升在对抗环境下的生存能力[2]。2017 年 10 月 5 日，美国战略与预算评估中心发布了《决胜灰色地带——运用电磁战重获局势掌控优势》研究报告，这是该智库继 2015 年 12 月推出《决胜电磁波——重塑美国在电磁频谱领域的优势地位》之后围绕电磁战的又一研究力作[3]。报告指出，为了重新获得美国对灰色地带局势的掌控优势，不仅要采用“系统之系统”作战，通过实现大型传感器阵列和有源或无源对抗装备的网状网络互连，扩大传感器的作用范围及在对抗区域边缘作业平台的覆盖范围，而且要利用无源辅助工作模式，在对抗空间中保持“静默”。2018 年 11 月，BAE 系统公司宣布获得美国国防高级研究计划局价值 920 万美元的合同，进行“射频机器学习系统”项目研究。BAE 系统公司将开发新的由数据驱动的机器学习算法，以识别不断增长的射频信号，利用特征学习技术鉴别信号，为美军提供更好的对射频环境的感知能力。继日本引进 F35 隐身战斗机后，2019 年，韩国宣布将从美国购买 20 架 F-35 战机，而且 F-22 和 F-35 战机编队也多次出现在美日韩联合军演中，对东亚地区的安全局势构成了严重威胁。

由此可见，组网雷达系统的协同探测跟踪技术已经受到了国内外的高度重视，其射频隐身技术研究具有重要的国防意义[4]。组网雷达系统如果不采用合理的射频辐射控制技术来控制电磁波的辐射，极易暴露给几百千米外的敌方无源探测系统，这也使搭载平台的雷达隐身、红外隐身、声隐身等失去了意义[5][6]。另外，随着战场信息化的不断发展，电磁频谱资源变得日益稀缺，大量射频装备的部署使得电磁环境日趋拥塞，雷达与通信系统往往工作在相同的频段，从而可能对彼此造成严重的干扰。为了提升雷达探测系统在对抗敌方先进无源探测系统时的效益，形成对敌作战优势，研究与发展频谱共存环境下组网雷达射频辐射控制技术具有重要的现实意义和广阔的应用前景。

1.2　组网雷达系统概述

组网雷达系统是将不同频段、不同极化方式且部署在不同地域的多部雷达通过数据链路联网，将系统内各雷达探测信息进行融合处理，提高覆盖区域的综合探测能力及各部雷达的战场生存能力，持续为己方提供战场实时态势感知信息，形成全方位、立体化的分布式协同作战体系[7]-[11]。组网雷达弥补了单基地雷达先天探测能力不足的缺陷，可按照实际作战需要灵活调整网络内各雷达节点的工作状态与工作模式，实现时域、频域、空域的协同工作，从而完成对目标的探测、跟踪、识别、武器制导等功能。

组网雷达系统借鉴了无线多输入多输出（Multiple-Input Multiple-Output，MIMO）通信中的分集思想，利用分集增益有效对抗目标雷达散射截面（Radar Cross Section，RCS）起伏、抑制杂波与干扰、提高分辨率等，从而提升雷达系统的目标检测、跟踪、识别和参数估计等能力。组网雷达系统具有空间分集、波形分集、频率分集和极化分集等优势[12]。研究表明，分集增益是组网雷达系统性能优势的根源，传统的单基地相控阵雷达只能从单一视角和维度对目标进行探测，获得的感兴趣目标样本信息较少，而组网雷达系统能够从多视角、多维度提取目标特征信息，并通过多维信息联合处理获得目标更全面、更本质的特征[13][14]。

在组网雷达系统概念出现之前，英、俄、美、法、澳等国已经对双/多站雷达体制开展了一定的研究，并取得了显著成果[15]-[19]。1939 年 9 月，英国在英格兰东南沿海地区建造了世界上最早的对空警戒雷达网络——“本土链”（Chain Home）雷达网，该系统由 20 个地面雷达站组成，如图 1.1 所示。该系统工作频率为 22～28 MHz，最大目标探测距离为 250 km。在第二年夏天抗击纳粹德国大规模空袭英国的“不列颠空战”中，英国正是靠“本土链”在每次德军空袭时赢得了二十分钟的宝贵预警时间。

图 1.1　英国“本土链”雷达

1961 年，苏联采用三部单基地脉冲雷达构建了非相参多基地雷达系统，对反弹道导弹试验中的弹头和拦截器进行精密跟踪，该系统具有独立的信号接收和点迹级的信息融合特点[20]。苏联还在莫斯科周围部署了“橡皮套鞋”反弹道导弹系统，该系统采用单基地雷达组网方式，由 7 部“鸡笼”远程警戒雷达、6 部“狗窝”远程目标精确跟踪/识别雷达

（如图 1.2 所示）和 13 部导弹阵地雷达组成，主要用于拦截洲际弹道导弹或低轨卫星，保护克里姆林宫不受核攻击威胁[11]。

图 1.2 苏联“狗窝”雷达发射阵地

20 世纪 60 年代，美国建立并应用于国土防御体系中的 SPASUR 系统就是一部多基地远程监视防御雷达系统，担负远、中、近程的战略防御任务[21]。从 1978 开始，美国林肯实验室和 DARPA 联合开展了组网雷达研究计划，该计划包含五部远程监视雷达，如图 1.3 所示，该系统将所有雷达的输出信息通过窄带数据链路传输到系统融合中心，从而实现战场实时、透明的信息共享[20]。

图 1.3 美国远程监视雷达

20世纪70年代末，为了解决雷达探测隐身目标和提高雷达抗ARM的能力，法国航空航天局提出了采用MIMO天线的综合脉冲孔径雷达（Synthetic Impulse and Aperture Radar，SIAR），该系统采用米波波长大孔径稀疏布阵，宽脉冲发射，并用数字方法综合形成天线阵波束和窄脉冲，不仅具有米波雷达在反隐身和抗ARM等方面的优点，而且克服了传统米波雷达角分辨率差、测角精度低和抗干扰能力不足的缺点，综合性能优良，如图1.4所示[22]。另外，法国CETAC防空指挥中心将虎-G远程警戒雷达与霍克、罗兰特和响尾蛇导弹连的制导雷达及高炮连的火控雷达联网，具有空情预警、目标探测与跟踪、威胁评估、指挥控制、火力分配等功能，用于对近程防空系统和超近程防空系统的战术控制。

图1.4 法国SIAR系统

澳大利亚建造的JORN超视距雷达（Over the Horizon Radar，OTHR）网络，由两部分别部署于昆士兰州和西澳大利亚州的可遥控高频天波雷达与一个位于艾利斯-斯普林斯的集中控制中心组成，其雷达发射阵列如图1.5所示。该雷达网可以监控澳大利亚北部长达3700km的海岸线和900万平方千米的海域，并对3000km外的飞机和船只等目标进行早期预警。

2004年，英国伦敦大学的Griffiths H研究团队研制了由三部收发一体的相参雷达组成的多站雷达原型试验机，该系统采用集中式数据处理方式。另外，他们利用该系统对雷达接收机噪声、杂波和多种回波信号进行了研究[12]。

2019年，俄罗斯国防部宣称，未来将建立起密集远程预警雷达网络，用来监视飞机大规模起飞、巡航导弹发射、距离俄国境线2000km的超音速飞行器启动等作战态势，如图1.6所示。万一有敌国军事行动对准俄领土上的目标，在该系统的帮助下，俄方将有时间及时做出应对。该系统将部署“集装箱”型超视距探测雷达站，首个雷达站已于2019年底在莫尔多瓦战斗值勤。

图1.5 从空中俯瞰JORN超视距雷达发射阵列

图1.6 俄罗斯远程预警雷达

近年来，组网雷达系统也吸引了越来越多的国内科研机构与团队开展研究工作，清华大学[23][24]、西安电子科技大学[25][26]、电子科技大学[27][28]、南京理工大学[29]、国防科学技术大学[30]等多所高校的专家学者从2007年开始，在组网雷达系统及分布式MIMO雷达目标检测、协同跟踪、参数估计、目标成像和信号设计等方面正开展着理论和试验平台的研究。

1.3 国内外研究现状

1.3.1 组网雷达系统研究现状

组网雷达系统作为一种有别于传统单基地相控阵雷达的新体制雷达，在目标检测、目标跟踪、目标识别、目标参数估计及分辨能力等方面具有潜在的优势，受到了国内外众多学者和研究机构的高度关注。本节将从组网雷达系统目标检测、目标跟踪、目标参数估计、雷达波形设计及资源优化管理五个方面进行阐述。

1. 目标检测

目标检测的目的是确定雷达系统量测值到底是目标回波信号还是噪声、干扰信号，是目标距离、方位、速度等参数估计和目标跟踪、识别的前提。其中，目标检测器的设计与分析是良好检测性能的必要保证。与传统相控阵雷达的目标检测类似，当假设检验中概率密度函数完全已知时，在一定的虚警概率条件下，使得检测概率最大化的检测器为最佳接收机，即满足 Neyman-Pearson 准则得到的似然比检验；当概率密度函数不完全已知时，则采用最大似然估计对未知参数进行估计，然后再用广义似然比检验（Generalized Likelihood Ratio Test，GLRT）设计检测器[13]。2011 年，美国的 Wang P 等人研究了杂波环境中分布式 MIMO 雷达的目标检测问题，分别提出了集中式 MIMO-GLRT 检测器[31]和分布式 MIMO-GLRT 检测器[32]，其中，集中式 MIMO-GLRT 检测器需要各接收机将接收到的雷达回波信号发送到融合中心集中处理，而分布式 MIMO-GLRT 检测器只需将局部检验统计量发送至融合中心进行处理。仿真结果表明，文中所提的分布式检测器不仅可以近似达到集中式检测器的性能，而且极大地减小了对数据传输带宽的要求和能量消耗。2014 年，美国的 Hack D E 等人在文献[33]中将有源组网雷达的目标检测问题推广到外辐射源组网雷达中，首次研究了基于外辐射源信号的 MIMO 组网雷达系统目标检测性能，并取得了良好的效果。Ali T 等人[34]将集中式 MIMO 雷达应用于传感器网络的联合目标检测与定位中，并采用最小均方误差（Minimum Mean-Square Error，MMSE）接收机减小干扰与硬件实现复杂度。2015 年，Li H B 等人[35]研究了收发站运动情况下分布式 MIMO 雷达系统的动目标检测性能，在考虑平台运动的情况下，针对稀疏杂波模型和参数自回归杂波模型，分别提出了两种 GLRT 检测器。

目标检测问题的关键在于获得最大信噪比。通常而言，对于发射功率一定的组网雷达或分布式 MIMO 雷达系统而言，最大信噪比的获得取决于目标回波信号的处理方式及系统发射机和接收机相对目标的几何位置关系[13]。对于传统相控阵雷达而言，目标 RCS 随雷达视线角的变化较为剧烈，而目标 RCS 闪烁将引起虚警和漏警，从而降低雷达系统的检测性能。组网雷达系统利用其分集增益，通过不同视线角接收的目标回波信号能量叠加，较好地克服了目标 RCS 起伏带来的性能损失，保证了目标检测性能的稳健性和可靠性。2006 年，Fisher E 等人[36]研究了单脉冲处理模式下分布式 MIMO 雷达、多输入单输出（Multiple-Input Single- Output，MISO）雷达、单输入多输出（Single-Input Multiple-Output，SIMO）雷达和相控阵雷达的目标检测性能，指出在检测概率高于 80%且系统信噪比相同时，由于分布式 MIMO 雷达具有空间分集优势，其检测性能明显优于其他三种雷达体制。2011 年，Song X F 等人[37]则对比了发射正交波形和相同波形的分布式 MIMO 雷达系统检测性能。仿真结果说明，在高信噪比条件下，正交发射信号的目标检测性能优于相同发射信号，而在低信噪比和特殊系统结构条件下，相同发射信号的检测性能优于正交信号。2015 年，宋靖和张剑云[38]研究了基于多脉冲发射的分布式全相参雷达性能，通过推导输出信噪比增益的数学表达式，并结合相干参数估计的克拉美-罗下界（Cramér–Rao Lower Bound，CRLB），得到了输出信噪比增益上界的数值解。分析指出，增加脉冲数或发射天线数可以提高系统的输出信噪比增益；当输入信噪比较小时，输出信噪比增益随接收天线的增加而减小，当输入信噪比较大时，输出信噪比增益随接收天线的增加而变大。2017 年，电子科技大学的程子扬等人[39]根据分布式 MIMO 雷达收发站间的几何位置关系，推导了低信噪比条件下相位随机 MIMO 雷达和幅相随机 MIMO 雷达的平方律检测器结构，并分析了这两种非相参检测器的检测性能。仿真结果指出，相比传统的单基地相控阵雷达系统，相位随机 MIMO 雷达和幅相随机 MIMO 雷达可达到高于 10 dB 的改善增益。需要说明的是，除空间分集以外，波形分集、频率分集和极化分集同样可以达到提升目标检测性能的效果。

2. 目标跟踪

组网雷达系统由于自由度的增加，较之传统单基地相控阵雷达在目标跟踪精度、抗干扰性能等方面具有明显优势。2001 年，中国科学技术大学的徐洪奎等人[40]提出了一种基于快速卡尔曼滤波的组网雷达机动目标跟踪算法，融合中心根据每部雷达接收机量测得到的目标距离，采用改进的卡尔曼滤波方法进行迭代计算目标的运动状态，实现了对近距离高速机动目标的精确跟踪，而且减小了计算复杂度。2009 年，Godrich H 等人在文献[41]中研究了不同分布式 MIMO 雷达结构对目标跟踪性能的影响。研究表明，目标跟踪精度与系统中雷达发射机和接收机数目的乘积及目标相对于各发射机和接收机的几何位置关系有关，即增加雷达发射机和接收机的数目、尽量从多个视角对目标进行照射，可获得更高的目标跟踪精度。2013 年，法国的 Hachour S 等人[42]提出了基于信条分类的多传感器多目标联合跟踪与分类算法，根据目标运动状态及加速度信息，采用信条分类器获得目标所属的类型集合。

2014 年，军械工程学院的罗浩等人[43]针对提高火控雷达跟踪精度和反隐身、反低空/超低空突防等作战需求，研究了火控组网雷达系统的传感器分配问题，分别提出了单部火控雷达对单目标进行跟踪、多部火控雷达对单目标进行跟踪和多部火控雷达对单目标间歇跟踪三种算法，并进行了仿真对比和分析，验证了所提算法的可行性和有效性。在以单基地雷达为主的组网雷达系统中，由于分散部署的雷达接收机处的目标信噪比不同，使得系统中所有雷达无法同时探测到目标的存在。针对此问题，西安电子科技大学的刘宏伟等人[44]提出了基于目标跟踪信息的组网雷达系统协同航迹起始算法，该算法根据目标运动状态的先验信息，在保证一定虚警概率的前提下，降低未探测到目标的雷达检测器门限，并引导雷达波束对准目标将出现的方位，从而提升系统的目标航迹起始概率。严俊坤等人[45]定量研究了数据融合对多雷达系统目标跟踪的影响。

针对欺骗干扰环境下的组网雷达目标跟踪技术，2007 年，国防科学技术大学的赵艳丽等人[46]研究了多假目标欺骗干扰下组网雷达目标跟踪技术，首先对所有量测数据进行预处理，将问题简化为单雷达多目标跟踪，然后根据目标优先级进行数据关联，从而有效剔除假目标，并确保对真目标的精确跟踪。2015 年，浙江大学的杨超群等人[47]研究了欺骗干扰下组网雷达系统的目标跟踪性能，并分析了不同系统参数对目标跟踪性能的影响。在压制干扰环境下，2012 年，海军航空工程学院的李世忠、王国宏等人[48]提出了一种基于分布式干扰的组网雷达目标跟踪算法，该算法包含分布式干扰下的量测模型和基于交互式多模型（Interacting Multiple Model，IMM）的序贯滤波跟踪两部分，仿真验证了所提算法的有效性。2014 年，西安电子科技大学的胡子军等人[49]针对无源相参组网雷达系统高速机动多目标跟踪问题，提出了一种基于扩展多模型概率假设密度滤波器的粒子滤波算法，实时初始化位置随机的高速运动的新目标，从而实现对个数时变的高速机动多目标的有效跟踪。上述组网雷达系统对目标跟踪的研究主要在雷达自身的局部坐标系中，很少考虑地球曲率对干扰条件下组网雷达目标跟踪的影响。2015 年，贺达超等人[50]考虑到地球曲率对系统跟踪性能的影响，提出了一种压制干扰下基于无偏转换测量卡尔曼滤波（Unbiased Converted Measurement Kalman Filter，UCMKF）的雷达网目标跟踪方法。首先将网络中各雷达的量测数据统一到地心直角坐标系中进行数据压缩，然后采用基于 UCMKF 的序贯滤波方法对压缩后的数据进行跟踪，仿真实验验证了在大功率集中式压制干扰下，该算法可保证组网雷达系统对目标跟踪的连续性和稳定性，为复杂电磁环境下组网雷达系统的目标跟踪奠定了基础。

3．目标参数估计

强大的目标参数估计能力是组网雷达系统的优势之一，而分集增益正是该优势的本质原因。与传统相控阵雷达一样，组网雷达系统通常估计的目标参数有目标距离、方位和速度等。然而，由于组网雷达系统具有分集优势，其目标参数估计性能优于传统雷达。通常，采用 CRLB 表征目标参数估计性能。

2010 年，何茜等人[51]研究了分布式非相参 MIMO 雷达的目标位置与速度参数估计性能，计算了目标位置与速度联合估计的 CRLB，指出 MIMO 雷达的目标参数估计性能受发射天线数目与接收天线数目乘积的影响，两者乘积值越大，系统的目标参数估计性能越好。之后，在上述研究的基础上，他们继续分析了分布式相参 MIMO 雷达的目标参数估计性能[52]，并对比了非相参和相参两种工作模式下的系统性能。相参 MIMO 雷达需要收发天线间满足精确的时间同步、空间同步和相位同步，实现难度较大，而非相参系统只需满足时间同步和空间同步即可。分析表明，当收发天线数目乘积足够大时，非相干目标参数估计性能逼近相干参数估计性能，从而可通过增大收发天线数目来弥补非相干模式的性能劣势。2013 年，马鹏等人[53]利用组网雷达系统的空间分集增益，提出了一种目标参数估计与检测联合算法。该算法可在假设目标存在的情况下进行位置估计，同时对目标进行检测，仿真结果表明，所提算法明显优于常规的距离门检测方法。同年，郑志东等人[54]研究了收发站运动情况下双基地 MIMO 雷达系统的多目标参数估计性能，推导了多目标参数估计 CRLB 表达式，并分析了收发站运动时不同参数对发射角/接收角估计 CRLB 的影响。宋靖等人[55]针对“全发任意收”的分布式全相参雷达结构，推导了多脉冲条件下的相干参数估计 CRLB，并分析了相干参数估计性能与发射脉冲数及收发天线数之间的关系。仿真结果表明，增加发射脉冲数或收发天线数，可降低相干参数估计 CRLB。北京理工大学的张洪纲等人[56]针对低信噪比环境，提出了基于 MUSIC 法的宽带分布式全相参雷达参数估计算法。

2014 年，Gogoneni S 等人[57]将目标参数估计性能应用到外辐射源组网雷达系统中，推导了基于通用移动通信系统（Universal Mobile Telecommunications System，UMTS）信号的组网雷达系统目标参数估计修正克拉美-罗下界（Modified Cramér-Rao Lower Bound，MCRLB），并对比了非相干和相干两种模式下的参数估计性能差异。2015 年，Filip A 和 Shutin D[58]针对欧洲提出的 L 波段数字航空通信系统 1 型（L-Band Digital Aeronautical Communication System Type 1，L-DACS1），探讨了基于该信号的非相干外辐射源组网雷达系统目标位置与速度参数估计性能。上述关于外辐射源雷达系统参数估计 CRLB 的推导都只针对瑞利起伏目标模型下的相参和非相参两种模式。针对上述研究存在的不足，Javed 等人[59]将基于 UMTS 外辐射源组网雷达系统的瑞利目标参数估计 MCRLB 推广到更具一般性的莱斯起伏目标模型，即目标存在一个反射系数较大的散射点和大量反射系数较小且相近的散射点。研究指出，由于目标主散射分量的存在使得目标 RCS 增加，从而增大了雷达接收机端的输入信噪比，提升了系统的目标参数估计性能。

4. 雷达波形设计

组网雷达系统性能很大程度上依赖于发射信号的性能。雷达发射信号波形设计流程图如图 1.7 所示。其中，优化准则的选取与雷达任务有关，是波形优化设计的前提。目前，常用的雷达波形优化设计准则有以下几种：一是以模糊函数（Ambiguity Function，AF）为准则，二是以信息论为准则，三是以最大化信干噪比为准则[13]。

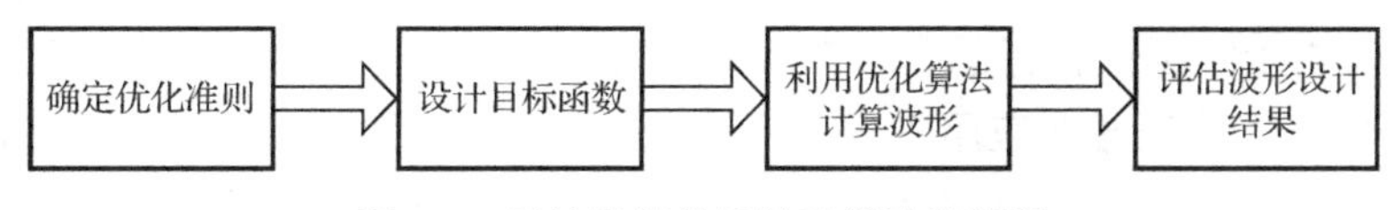

图 1.7 雷达发射信号波形设计流程图

2007 年，Antonio G S 等人[60]针对 MIMO 雷达系统，将传统雷达的模糊函数推广到 MIMO 雷达中，推导了不同形式的模糊函数表达式，并分析了雷达收发天线几何结构、目标运动参数及发射波形对系统分辨性能的影响，为基于模糊函数的 MIMO 雷达波形设计应用奠定了基础。Chen C Y 等人[61]进一步研究了 MIMO 雷达模糊函数的基本性质，在此基础上，提出了一种正交调频信号优化设计算法。仿真结果指出，相比传统线性调频信号，所设计的波形减小了模糊函数旁瓣，具有更好的距离和速度分辨率。

Yang Y 和 Blum R S[62]以信息论为准则，研究了分布式 MIMO 雷达在目标识别与分类中的雷达波形设计问题，分别提出了两种基于不同准则的波形设计算法：一种是在系统资源约束下，最大化随机目标响应与接收回波信号之间的互信息（Mutual Information，MI）；另一种是在统计意义下最小化随机目标响应的 MMSE。分析表明，在相同的功率约束条件下，所提的两种波形设计准则是等价的。2010 年，清华大学的 Tang B 等人[63]研究了色噪声背景下基于信息论的 MIMO 雷达波形设计算法，分别提出了基于 MI 和相对熵的优化准则。针对多站雷达的接收机性能曲线不具有闭式解析表达式的情况，Naghsh M M 等人[64]采用信息论中的 Bhattacharyya 距离、Kullback-Leibler（KL）散度、J 散度和 MI 作为目标检测性能的衡量指标，提出了一系列基于相应准则的多基地雷达编码设计算法，并建立了一种统一的框架对优化模型进行求解。在此基础上，Nguyen N H 等人[65]研究了多基地雷达目标跟踪的自适应波形参数选择算法，该算法根据目标机动运动状态，从雷达发射参数集合中自适应地选择最优的波形参数，以最小化目标跟踪的均方误差（Mean Square Error，MSE），从而提升目标跟踪性能。

信干噪比（Signal-to-Interference-plus-Noise Ratio，SINR）是表征雷达系统目标检测性能的重要指标，提高信干噪比对雷达系统检测性能的提升起着关键性作用。2016 年，Daniel A 和 Popescu D[66]针对信干噪比准则，提出基于 SINR 最大化的 MIMO 雷达发射波形和接收滤波器联合优化的迭代算法，该算法不仅可实现对多个扩展目标的发射波形进行联合优化，还可以最大化各目标响应与接收回波信号之间的 MI 之和。同年，Panoui A 等人[67]将多个 MIMO 雷达网络之间的交互作用建模为一个势博弈模型，利用博弈论的方法来优化各雷达网络中的最优发射波形，根据纳什均衡（Nash Equilibrium，NE）解最大化每个 MIMO 雷达网络的信干噪比。

上述算法都是在假设目标频率响应能够精确估计或先验已知的前提下进行的。然而，由于实际中目标的真实频率响应难以获得，且目标频率响应敏感于雷达视线角，以上算法很难在应用中保持稳健性和可靠性。为了解决这个问题，Yang Y 和 Blum R S[68]在文献[62]的基础上，提出了目标频率响应不确定性集合，并探讨了在目标频率响应不确定情况下的 MIMO 雷达稳健波形设计方法。纠博、刘宏伟等人[69]提出了针对扩展目标检测的稳健发射波形与接收滤波器联合设计方法，以提升系统最差情况下的输出信干噪比。在组网雷达波形优化设计中，需要根据不同的应用场景选择合适的优化准则和目标函数，对波形进行综合设计，从而提升雷达系统性能。

5. 资源优化管理

资源优化管理对于雷达系统应用及提升系统性能至关重要。如何高效地利用雷达发射资源，使系统实现最佳性能，是挖掘组网雷达系统潜力的关键所在。在目标定位、跟踪问题中，为了提升定位或跟踪性能，理论上可以最大化每部雷达的发射功率，但在实际中，组网雷达系统通常都存在一个预期的性能目标，比如目标定位精度或跟踪精度。在这种情况下，最大化系统的发射功率可能会导致系统功率资源利用效率低。因此，国内外学者对组网雷达系统资源优化问题进行了大量研究。2010 年，Godrich H 等人[70]在分布式 MIMO 雷达平台下，提出了两种功率分配算法：一种是在 MIMO 雷达系统总发射功率一定的条件下，通过优化各雷达功率分配，提升目标的定位精度；另一种是在满足一定目标定位精度的条件下，调整各雷达功率分配，使得系统总发射功率最小。2014 年，国防科学技术大学的孙斌等人[71]借助博弈理论对目标定位的资源优化管理问题进行建模，推导了目标位置参数的贝叶斯 Fisher 信息矩阵（Fisher Information Matrix，FIM），提出了一种基于合作博弈论的最优功率分配算法，利用沙普利值代表每部雷达发射机的贡献来分配功率资源。仿真结果表明，所提算法可获得比平均功率分配更优的目标定位精度，且目标定位精度由目标位置的先验信息和目标相对于雷达发射机、接收机的几何位置关系决定。之后，他们又提出了一种基于发射天线选择与功率联合优化的分布式 MIMO 雷达目标定位算法[72]。西安电子科技大学的冯涵哲等人[26]提出了一种基于多目标定位的分布式 MIMO 雷达快速功率分配方法，该方法以多目标定位误差的

CRLB 为代价函数，并采用交替全局优化算法搜索 Pareto 解集来实现优化模型的快速求解。Garcia N 等人[73]首次将信号带宽因素考虑进来，研究了发射功率和信号带宽联合优化算法，进一步提升了系统的定位精度。然而，上述文献仅针对目标的位置参数进行资源分配，并未考虑运动目标的速度估计性能。2016 年，解放军信息工程大学的胡捍英等人[74]提出了发射功率与信号有效时宽联合优化算法，采用连续参数凸估计方法对优化模型进行求解，从而最小化目标速度估计 CRLB 的最大值。仿真结果表明，信号有效时宽对目标速度参数估计性能的影响大于发射功率。2017 年，孙扬等人[75]在总结前人工作的基础上，将阵元因素也考虑进来，给出了阵元、发射功率和信号带宽联合优化模型，并分析了三者对目标定位精度的影响。

2012 年，美国的 Chavalli P 和 Nehorai A[76]将功率分配思想应用于目标跟踪场景中，研究了基于资源调度与功率分配的认知雷达网络多目标跟踪算法。随后，西安电子科技大学的严俊坤等人[77]提出了一种多基认知雷达三维目标跟踪算法，通过自适应地调节系统发射功率，最小化下一时刻跟踪误差的贝叶斯克拉美-罗下界（Bayesian Cramér–Rao Lower Bound，BCRLB），从而在功率资源有限的条件下达到更好的跟踪性能。之后，又提出了一种针对多雷达多目标跟踪的聚类与功率联合分配算法[78]，在每一采样时刻选择一定数目的雷达对各目标进行聚类优化，并针对每个子类中的雷达进行功率分配，以在资源有限的约束下进一步提升系统的性能。2015 年，陈浩文等人[79]研究了基于合作博弈功率分配的分布式 MIMO 雷达目标跟踪算法。2016 年，李艳艳等人[25]在文献[77]的基础上，以最小化目标跟踪的 BCRLB 为目标，对分布式 MIMO 雷达的发射功率和信号带宽进行联合优化分配，从而进一步提高机动目标的跟踪精度。针对集中式 MIMO 组网雷达系统，文献[80]提出了一种波束选择与功率分配联合优化算法。在每一时刻，系统中各雷达采用同时多波束工作模式对多个目标进行跟踪，通过求解优化模型，得到每部雷达产生的波束数目、各波束分配及其相应的发射功率，从而最小化目标跟踪 BCRLB 的最大值。2017 年，针对分布式 MIMO 雷达系统时间能量资源受限的情况，电子科技大学的鲁彦希等人[81]提出了多目标跟踪分布式 MIMO 雷达收发站联合选择优化算法，以发射站和接收站资源为约束条件，以最小化跟踪性能最差的目标后验克拉美-罗下界（Posterior Cramér–Rao Lower Bound，PCRLB）为优化目标，对分布式 MIMO 雷达收发站进行联合优化选择。2018 年，中国人民解放军战略支援部队信息工程大学的宋喜玉等人[82]还考虑了发射功率约束，建立了多目标跟踪下分布式 MIMO 雷达收发阵元选择与功率分配联合优化模型，仿真结果表明，该算法能够在任意雷达布阵场景下实现雷达系统资源的充分利用。2020 年，空军工程大学的谢军伟等人[83]还研究了多目标跟踪下大规模 MIMO 雷达网络中的子阵选择与功率分配联合优化算法。

1.3.2 射频隐身技术研究现状

近年来的几次高技术局部战争告诉我们，夺取战场制电磁权、获得制空权对战争的胜利起着决定性作用。如前文所述，射频隐身技术，又称为射频辐射控制技术，作为一种重要的有源隐身技术，是对抗敌方无源探测系统、保障我军有源电子设备战场作战效能的重要技术手段。具体来说，射频隐身技术是指雷达、数据链、高度表、电子对抗等机载有源电子设备抵御敌方无源探测系统截获、分选、识别的隐身技术，通过射频辐射能量控制、自适应波束形成、射频隐身信号波形设计、多传感器协同与管理等技术途径，降低无源探测系统的截获概率和截获距离，从而提升雷达、数据链等有源电子设备及其平台的战场生存能力和突防能力。射频隐身技术与雷达隐身、红外隐身、声隐身等技术不同，需要在满足系统性能和作战任务的前提下最大限度地减小机载电子设备的射频辐射特征。而要在战争中做到先敌发现、先敌打击、先敌摧毁，就必须大力发展雷达射频隐身技术。美国在雷达射频隐身技术方面的研究走在了世界的前列。据已解密的公开资料显示，美国自 20 世纪 70 年代就针对射频隐身技术开展了相关研究与应用[6]。从 20 世纪 80 年代的 F-117A 隐形战斗机、B-2 隐形轰炸机，到 21 世纪初的 F-22、F-35 等第四代战斗机，美国已经完全掌握了射频隐身技术，并将多种射频隐身雷达及数据链系统应用到实际战场环境中，其中最具代表性的是 AN/APG-77 多模式战术雷达、多用途安全雷达（Multiple Role Secure Radar，MRSR）及机载多功能先进数据链等。

我国在射频隐身技术方面的起步较晚。21 世纪初，我国学者围绕低截获概率（Low Probability of Intercept，LPI）雷达系统，开展了射频隐身技术的研究[84]。目前，中国电子科技集团 14 所、29 所、38 所、10 所，中国航空工业集团 601 所、611 所、607 所，电子科技大学、西安电子科技大学、国防科学技术大学、空军工程大学、南京理工大学、南京航空航天大学等单位先后对射频隐身技术进行了研究，并取得了一定成果。下面将结合射频隐身技术的主要技术途径，从射频隐身表征参量、射频辐射能量控制、数字波束形成、射频隐身信号波形设计及多传感器协同与管理五个方面进行阐述。

1．射频隐身表征参量

科学的射频隐身表征指标体系是开展射频隐身技术研究的基础。射频隐身表征参量分为射频目标特征参量和射频隐身性能参量。其中，射频目标特征参量只与射频传感器自身的射频特性有关，与敌方无源探测系统的性能参数无关；而射频隐身性能参量除了与射频传感器自身的射频特性有关，还取决于敌方无源探测系统的性能参数。目前已公开发表的射频隐身性能参量主要包括截获因子、截获圆等效半径、截获球等效半径、截获概率。射频目标特征参量主要包括射频辐射强度和信号波形特征不确定性。

关于射频隐身性能的表征参量，最早可以追溯到 1985 年美国的施里海尔（Schleher）在国际雷达会议上发表的论文 *Low Probability of Intercept Radar*。论文基于雷达的目标探测距离和无源探测系统对雷达信号的截获距离首次提出了截获因子的概念，简称为施里海尔截获因子[85]。施里海尔截获因子定义为无源探测系统最大截获距离与雷达最大探测距离之比，用 α 表示：

$$\alpha = \frac{R_{\mathrm{I}}}{R_{\mathrm{D}}} \tag{1.1}$$

式中，R_{I} 为无源探测系统的最大截获距离，R_{D} 为雷达的最大探测距离。若施里海尔截获因子小于 1，则无源探测系统的最大截获距离小于雷达自身的最大探测距离，此时雷达信号不易被截获，该雷达系统称为低截获概率雷达；反之，若施里海尔截获因子大于 1，则雷达信号容易被截获。若施里海尔截获因子等于 1，此时系统处于临界状态。因此，在电子对抗中截获因子越小，对雷达越有利，雷达系统的生存能力也就越好。

美国的 Schrick G[86]和 Denk A[87]均在施里海尔截获因子的基础上，比较了雷达系统和无源探测系统各自的特点和优势，通过具体实例给出了 LPI 雷达系统设计中需要注意的问题，并对未来截获接收机的性能进行了展望。2001 年，南京理工大学的 Liu G S[88]对影响施里海尔截获因子的各个参数进行了具体分析，在此基础上给出了理想 LPI 雷达系统的设计建议。2006 年，Schleher D C[5]基于 Pilot-LPI 雷达系统和不同的无源探测系统，对影响施里海尔截获因子的性能参数进行了分析，并通过仿真实验计算了不同条件下无源数字截获接收机对 Pilot-LPI 雷达的截获距离。

美国的 Wu P H[89]于 2005 年提出了用截获圆等效半径（Circular Equivalent Vulnerable Radius，CEVR）评价雷达低截获性能的方法。CEVR 定义为一个圆形区域的半径，在这个圆面积内雷达发射信号很容易被敌方截获接收机所截获，其数学表达式为

$$\begin{aligned}\mathrm{CEVR} &= \sqrt{\sum \mathrm{Area}[(P_{\mathrm{r}}/N_0)_{\mathrm{reqd}} < (P_{\mathrm{r}}/N_0)_{\mathrm{revd}}]/\pi} \\ &= f[(P_{\mathrm{r}}/N_0)_{\mathrm{reqd}}, (P_{\mathrm{r}}/N_0)_{\mathrm{revd}}]\end{aligned} \tag{1.2}$$

式中，$(P_{\mathrm{r}}/N_0)_{\mathrm{revd}}$ 为截获接收机接收到的信噪比，$(P_{\mathrm{r}}/N_0)_{\mathrm{reqd}}$ 为截获接收机在满足一定发现概率的情况下所需的输入信噪比，Area 表示满足条件 $(P_{\mathrm{r}}/N_0)_{\mathrm{reqd}} < (P_{\mathrm{r}}/N_0)_{\mathrm{revd}}$ 的圆形面积。在该圆形面积内，雷达发射机所发射的信号很容易被敌方截获接收机所截获，称该圆形面积为易受攻击面积，从而可计算出截获圆的等效半径 CEVR。

随着战场环境的日益复杂和军事需求的日益多样化，一部 LPI 雷达的设计必须同时考虑来自地面、机载甚至星载截获接收机的威胁。基于此，澳大利亚的 Dishman J F[90]于 2007 年提出采用截获球体积的等效半径（Spherical Equivalent Vulnerable

Radius，SEVR）来评价雷达的 LPI 性能。SEVR 定义为截获接收机能截获到雷达所发射信号的三维空间球体的等效半径，即

$$\text{SEVR}=\sqrt[3]{\frac{3V_{\text{det}}}{4\pi}} \tag{1.3}$$

式中，V_{det} 为在指定发现概率下，截获接收机的实际探测体积，定义为

$$V_{\text{det}}=\frac{1}{3}\int_{-\pi/2}^{\pi/2}\int_{-\pi}^{\pi}r_{\text{det}}^{3}(\theta,\varphi)\cos(\varphi)\mathrm{d}\theta\mathrm{d}\varphi \tag{1.4}$$

式中，θ 表示目标相对于雷达天线的方位角，φ 表示目标相对于雷达天线的俯仰角，r_{det} 表示在保证接收机灵敏度条件下的最大探测距离。

CEVR 和 SEVR 表征方法虽然为复杂电磁环境下雷达的 LPI 性能评价提供了途径，但 CEVR 和 SEVR 相对施里海尔截获因子而言，其计算非常复杂，实际应用十分困难，后续关于 LPI 雷达研究中未见用 CEVR 和 SEVR 作为评价其 LPI 特性的文献。

2004 年，美国的 Lynch D Jr[6]从截获概率的角度评价了雷达的射频隐身性能，并对截获概率的计算公式进行了近似，其具体的表达式为

$$\begin{aligned}p_{\text{I}}&=\left\{1-\exp\left[-\left(A_{\text{F}}\cdot D_{\text{I}}\cdot\frac{\min(T_{\text{OT}},T_{\text{I}})}{T_{\text{I}}}\right)\right]\right\}\cdot p_{\text{F}}\cdot p_{\text{D}}\\&\approx A_{\text{F}}\cdot D_{\text{I}}\cdot p_{\text{F}}\cdot p_{\text{D}}\cdot\frac{T_{\text{OT}}}{T_{\text{I}}}\end{aligned} \tag{1.5}$$

式中，p_{F} 为截获接收机的频域截获概率，p_{D} 为截获接收机的功率域截获概率，A_{F} 为天线波束覆盖面积，D_{I} 为截获接收机密度，T_{OT} 为发射机对截获接收机的照射时间，T_{I} 为截获接收机的搜索时间。由式（1.5）可以看出，截获接收机密度越大，截获概率越高；截获接收机搜索时间越短，截获概率越高。因此，降低雷达发射机主瓣波束宽度、减少波束驻留时间可以有效降低截获概率。

2010 年，南京航空航天大学的杨红兵等人[91]在此基础上考虑到天线空域扫描方式捷变对机载雷达射频隐身性能的影响，提出了信号截获率的表征方法。信号截获率将施里海尔截获因子与截获概率相结合，统一表示为

$$A=\begin{cases}1-\sum\limits_{i=0}^{K-1}P\{X=i\}, & \alpha\geqslant1\\ \alpha\left(1-\sum\limits_{i=0}^{K-1}P\{X=i\}\right), & \alpha<1\end{cases} \tag{1.6}$$

式中，α 为施里海尔截获因子，$P\{X=i\}$ 为机载雷达在 n 次天线扫描中被截获接收机截获 i 次的概率。当施里海尔截获因子大于等于 1 时，截获接收机的最大截获距离大于机载雷达的最大探测距离，此时机载雷达射频隐身性能主要取决于截获接收机截获机载雷达所需的照射时间。而当施里海尔截获因子小于 1 时，机载雷达射频

隐身性能将由截获因子及雷达天线扫描方式的捷变性共同决定。

由于射频辐射强度（Radio Frequency Intensity，RFI）只与机载有源射频传感器自身的射频特性有关，与敌方无源探测系统的性能参数无关，因此可以作为机载有源射频传感器的射频目标特征参量。射频辐射强度定义为

$$\mathrm{RFI} = \frac{P_{\mathrm{T}} G_{\mathrm{TI}}}{4\pi} \tag{1.7}$$

式中，P_{T} 为射频辐射源的辐射峰值功率，G_{TI} 为射频辐射源在截获接收机方向上的天线增益。射频辐射强度的物理含义为单位立体角内的射频辐射功率。

2013 年，朱银川[92]提出利用信息论中的熵来表征射频信号的不确定性，如信号载频 $f = \{f_1, f_2, \cdots, f_a\}$ 的熵可表示为

$$H(f) = -\sum_{i=1}^{a} p(f_i)\log(p(f_i)) \tag{1.8}$$

整个传感器的射频不确定性熵为

$$H(A_1) = H(f) + H(\tau) + H(T) + \cdots \tag{1.9}$$

式中，τ 为信号的脉宽，T 为脉冲重复周期。整个传感器平台的射频不确定性熵为

$$H(A) = H(A_1) + H(A_2) + \cdots + H(A_M) \tag{1.10}$$

式中，A_1，A_2，…，A_M 分别为传感器平台上的 M 个 RF 传感器。对于多个平台的不确定性熵的计算也可类似于式（1.10）。在已知信号特征参数概率分布时，可由式（1.9）计算该特征参数的不确定性熵，进而计算射频传感器及整个传感器平台的不确定性熵，且熵值越大，平台的射频隐身性能越好。

2014 年，哈尔滨工业大学的赵宜楠等人[93]对分布式 MIMO 雷达系统的 LPI 性能进行了分析，提出了能够定量衡量双基地雷达 LPI 性能的评估指标，并将其推广到组网雷达的情况。通过绘制 LPI 等值线分析图，可以发现分布式 MIMO 雷达系统的 LPI 性能不仅与雷达发射参数有关，而且与系统中发射机与接收机的空间位置关系有关。另外，相比于单基地雷达，空间分集增益是分布式 MIMO 雷达实现 LPI 性能的关键因素。

2017 年，针对雷达信号射频隐身性能评估中对敌方无源探测系统的依赖性和评估方法的通用性问题，空军工程大学的何召阳等人[94]提出了一种基于自身辐射信号特征的雷达信号波形域射频隐身性能定量评估方法。该方法不需要考虑敌方截获接收机装备体制和复杂的战场环境因素，只对雷达自身辐射信号的周期、占空比和脉内参数等进行计算分析，即可有效评估雷达信号波形的射频隐身性能。

2020 年，空军工程大学的杨诚修等人[95]针对突防场景下飞行器集群作战的射频隐身性能评估问题，提出了基于正态波动犹豫模糊集相关系数的评估方法。该方法在分析飞行器集群与单平台射频隐身性能评估的基础上，结合犹豫模糊集与正太波动犹豫模糊集的相关理论，推导了隶属度参考点公式，并通过计算参考点集与待

评估场景之间的相关系数，对飞行器集群的射频隐身性能进行定量评价，仿真实验验证了该评估方法的有效性。

2．射频辐射能量控制

射频辐射能量控制可以有效降低敌方无源探测系统的截获概率，是实现射频隐身的主要技术途径之一。雷达、数据链等有源电子设备发射机根据不同的工作模式和执行的任务要求，自适应调节其发射功率，使雷达、数据链等采用低峰值功率或连续波发射，并尽可能地减少发射时间，从而降低无源探测系统的截获概率和截获距离。

雷达在搜索模式下的射频辐射能量控制主要围绕搜索时间、发射功率、波束编排、扫描方式等参数进行设计。1996 年，美国的 Duncan P H Jr[96]研究了以最小化目标搜索时间为目的的雷达波束编排方式，并分析了雷达搜索模式和系统参数对搜索性能的影响。1997 年，英国的 Billam E R[97]分析了雷达扫描方式和波位间距对雷达发射功率和搜索时间的影响，并进一步研究了发射功率和搜索时间之间的平衡问题。美国的 Abdel-Samad A A 等人[98]通过优化设计雷达波束形成和天线收发模式，提升了雷达系统在高斯白噪声环境下对静态目标定位的搜索性能。2000 年，北京航空航天大学的徐斌等人[99]提出了相控阵雷达的自适应搜索算法，分析了搜索帧周期和目标强度与平均发现一个目标所消耗的雷达资源和平均搜索时间的关系，通过两步搜索方法实现区域的最优搜索，降低了区域的搜索帧周期。2002 年，美国的 Zatman M[100]提出了一种基于单个宽发射波束和多个窄接收波束的雷达目标搜索算法，将目标搜索和目标跟踪良好地结合起来。2003 年，Matthiesen D J[101]研究了如何通过调整雷达波束指向、设计搜索时间和搜索空域来优化目标检测性能，并分析了相应的雷达资源消耗等问题。同年，国防科学技术大学的王雪松等人[102]提出了基于波位编排的雷达搜索算法。周颖等人[103]利用图论提出了波位编排的边界约束算法，从而解决了复杂空域边界的动态性和非线性难题；另外，还从最大化加权检测概率的角度，提出了相控阵雷达的最优搜索随机规划算法[104]。2005 年，英国的 Gillespie B 等人[105]通过改变雷达脉冲重复周期和波束驻留时间，提升目标搜索性能，并采用启发式方法对波束扫描方式进行调度管理。2011 年，张贞凯等人[106]为了提高雷达射频隐身性能，首次研究了基于射频隐身的雷达搜索技术，分析了波束宽度、平均发射功率和驻留时间对雷达搜索性能的影响，在保证一定检测概率的前提下，最小化雷达能量消耗，并采用带精英策略的非支配排序遗传算法对优化模型进行求解。研究结果指出，与现有算法相比，所提算法能够在具有良好目标检测性能的条件下发射最少的能量。2014 年，张杰等人[107]基于无源探测系统的截获概率，研究了雷达系统参数和目标机动性能对波束驻留时间和波位间隔等参量的关系，并在满足目标检测性能和射频隐身性能的情况下，建立了雷达系统最优搜索控制模型。2015 年，空军工程大学的李寰宇等人[108]提出了一种基于联合截获威胁的射频隐身性能表征指标，在此基础上，研究了联合截获威胁下的目标搜索算法，从而更好地满足了机载雷达射频隐身性能的多域设计要求。

雷达在跟踪模式下的射频辐射能量控制主要围绕采样间隔、发射功率、波束驻留时间等参数展开研究。1990 年，美国的 Gilson W H[109]根据目标的机动特性，建立了雷达跟踪模式下的功率消耗与目标跟踪精度、采样间隔及信噪比的函数模型。1993 年，德国的 Keuk G V 和 Blackman S S[110]研究了相控阵雷达目标跟踪中的参数控制问题，通过优化波束调度、信噪比和目标检测门限，达到最小化雷达辐射能量的目的。之后，美国的 Daeipour E 等人[111]采用 IMM 方法，提出了机动目标跟踪的自适应采样间隔算法，即在保证一定目标跟踪性能的条件下，选择最大的采样间隔对目标进行跟踪。然而，Daeipour E 等人[111]的算法并未考虑目标跟踪过程中的虚警和电子对抗（Electronic Counter Measurements，ECM）问题，Blair W D 等人[112]在其基础上研究了存在虚警和 ECM 情况下相控阵雷达自适应波束控制问题。紧接着，Kirubara T 和 Blair W D 等人[113]提出了一系列算法，将目标跟踪与雷达资源管理结合起来并建立了一种统一的框架。上述工作主要研究了相控阵雷达目标跟踪过程中的自适应采样间隔和发射功率控制问题，而 Zwaga J H 等人[114]首次研究了目标跟踪过程中的雷达波束驻留时间问题，在满足给定的目标跟踪性能情况下，最小化相控阵雷达的时间资源消耗。2005 年，Kuo T W 等人[115]研究了相控阵雷达波束驻留时间调度，从而提高了雷达系统的效率。2010 年，中国科学技术大学的鉴福升等人[116]通过对采样间隔和驻留时间联合控制，提出了基于 IMM 的电控扫描雷达资源分配算法。2012 年，张贞凯等人[117]针对基于射频隐身的功率控制问题，提出了目标跟踪时的功率分级准则。该算法可在满足一定检测概率的前提下，根据目标 RCS 及其位置，实现功率的分级发射。李寰宇等人[118]则研究了电波频率对飞机射频隐身性能的影响，分析了截获距离与电波频率之间的关系，指出通过改变电波频率可以提高射频隐身性能。2013 年，空军工程大学的刘宏强等人[119]建立了单目标跟踪时机载雷达的射频隐身优化模型，实现了自适应采样间隔与发射功率的联合控制。2015 年，他们又提出了基于射频隐身的雷达单次辐射能量控制算法[120]，研究指出，雷达可根据目标运动状态及战场态势信息，自适应选择最小功率策略或最小驻留策略对目标进行跟踪，从而实现最佳的射频隐身性能。2017 年，江苏科技大学的许娇等人[121]提出了多目标跟踪时基于目标特征的雷达自适应功率分配算法，该算法基于 IMM 数据关联算法与协方差控制的思想，根据目标运动状态及 RCS 的不同，在满足给定目标跟踪精度要求的条件下，自适应分配雷达发射功率，从而同时提高了雷达可跟踪目标数量与其射频隐身性能。2019 年，陆军工程大学的张昀普等人[122]研究了基于部分可观测马尔可夫决策过程的主/被动传感器调度算法，以满足预先设定的目标跟踪精度为约束，以最小化系统辐射代价为优化目标，设计了一种改进分布式拍卖算法对优化模型进行求解。2020 年，南京航空航天大学的丁琳涛等人[123]提出了多目标跟踪下基于射频隐身的组网雷达辐射功率与信号带宽联合优化分配算法，该算法在满足给定多目标跟踪精度和系统辐射资源的条件下，通过对雷达节点选择、辐射功率和信号带宽进行联合优化，最小化组网雷达的总辐射功率，从而达到提升系统射频隐身性能的目的。

MIMO 雷达作为一种新兴的雷达体制，已受到国内外学者越来越广泛的关注。2013 年，电子科技大学的蔡茂鑫等人[124]从时域、频域、空域和功率域等角度分析了影响 MIMO 雷达截获概率的重要因素，并提出了针对集中式 MIMO 雷达系统的截获概率计算模型。2014 年，廖雯雯等人[125]针对集中式 MIMO 雷达目标跟踪中的射频隐身优化问题，提出了基于射频隐身的 MIMO 雷达目标跟踪算法，通过自适应调整天线划分子阵数、驻留时间、平均发射功率和采样间隔，优化系统射频隐身性能。杨少委等人[126]研究了目标搜索模式下 MIMO 雷达的射频隐身优化算法，仿真结果表明，相比传统相控阵雷达，在同样的目标跟踪精度或探测性能条件下，MIMO 雷达具有更好的射频隐身性能。

3. 自适应波束形成

机载相控阵雷达天线设计的好坏直接影响雷达射频隐身性能的优劣。随着近年来波束形成技术研究的进展，通过特定的波束形成算法，在保证雷达功能和任务性能的前提下，自适应降低目标方向的发射天线增益，或在截获接收机方向形成波束零陷，可有效提高系统的射频隐身性能。

对此，国内外学者和研究机构进行了大量研究。2007 年，电子工程学院的胡梦中等人[127]利用遗传算法，实现了一维、二维和三维天线阵的超低副瓣多波束形成问题。2010 年，北京理工大学的刘姜玲[128]通过分析正交激励信号对阵列辐射能量及其低截获性能的影响，分析了该阵列波束形成的原理，并推导了等效阵列天线方向图，仿真结果表明，所提阵列模型与常规阵列的主瓣宽度、副瓣电平、方向性系数等参数基本一致，从而验证了该阵列的可行性。美国的 Lawrence D E[129]提出了一种基于 LPI 的雷达发射波束形成算法，通过对低增益的方向图进行加权合成，在不影响目标检测性能的前提下，降低了雷达峰值发射增益，从而极大地缩短了 ESM 的截获距离，提升了雷达的 LPI 性能和战场生存能力。2012 年，空军工程大学的李寰宇等人[130]提出采用联合截获概率指标评估飞机射频隐身性能，计算了不同环境下天线波束的覆盖区大小，并结合联合截获概率分析了天线波束宽度对飞机射频隐身性能的影响。南京航空航天大学的肖永生等人[131]在分析机载雷达发射波束扫描方式对飞机射频隐身性能影响的基础上，提出了一种波束伪随机捷变扫描算法。电子科技大学的王文钦等人[132]提出了基于距离-角度信息的频率分集阵列雷达波束形成算法，分析指出，与传统相控阵雷达相比，频率分集阵列雷达具有更好的

SINR 性能和抗干扰、抗杂波特性。2013 年，张贞凯等人[133]针对机载雷达的射频隐身问题，提出了基于射频隐身的宽带发射波束形成算法，该算法可根据目标距离和 RCS 确定主瓣方向功率大小和工作阵元数，并考虑敌方截获接收机位置信息的角度误差，对发射波束进行自适应零陷设计。2014 年，巴基斯坦的 Basit A 等人[134]在文献[132]的基础上，结合相控阵雷达与认知雷达的特点，提出了一种认知发射波束形成算法，将雷达接收机对敌方截获接收机距离和方位的估计反馈给雷达发射机，据此对发射天线方向图进行加权合成，并利用遗传算法进行求解。同年，哈尔滨工程大学的李文兴等人[135]结合投影变换与对角加载技术，提出了一种零陷展宽算法，文中指出该算法运算简单，且具有较强的稳健性，解决了现有算法在展宽零陷时零陷深度变浅、旁瓣升高的问题。2016 年，Huang L 等人[136]则将频率分集思想应用于集中式 MIMO 雷达系统中，提出了基于 LPI 性能的频率分集 MIMO 雷达波束形成算法。该算法通过阵列权重设计，可最小化目标位置处的能量而最大化雷达接收机处的能量，从而在保证雷达本身检测概率的前提下降低了无源探测系统的截获概率。然而，目前已有的自适应波束形成文献大都以相控阵为研究对象，虽然相控阵可以灵活地对空间进行波束扫描，但只能实现定向辐射而无法实现定点辐射。频控阵可以很好地弥补相控阵雷达的这个缺点[137]。文献[138]给出了基于频控阵的射频隐身雷达自适应波束形成算法，通过对各阵元的频偏进行编码，使阵列的瞬时辐射功率在距离-方位角二维空间中尽可能地均匀分布，并通过相位调制降低发射信号被敌方无源探测系统截获的概率，最后在接收端恢复出高增益的发射阵列方向图。

4．射频隐身信号波形设计

射频隐身信号波形设计不仅要满足一定的雷达性能要求和作战任务，还要保证雷达发射信号波形的抗检测、抗分选识别性能，这是射频隐身信号波形设计与基于参数估计和分辨理论的雷达信号波形设计方法及基于信息论的雷达信号波形设计方法最大的不同之处。射频隐身信号波形设计的实质是在满足雷达功能和性能要求的基础上，设计具有射频辐射峰值功率低、信号时频域不确定性大的雷达信号波形。

根据现有文献，目前射频隐身信号波形设计主要集中在伪随机编码连续波信号波形设计、频率跳变波形设计、相位编码波形设计、具有超低旁瓣的波形设计及混合波形设计等方面。2003 年，南洋理工大学的 Sun H B 和 Lu Y L[139]研究了超宽带信号和随机信号的特点，并将两者结合，提出了一种超宽带随机混合信号，提升了雷达检测性能和参数估计性能，同时借助于信号参数的随机性，有助于保证雷达信号的低截获特性。2004 年，英国的 Witte E D 等人[140]研究了超低旁瓣雷达信号波形，该非线性调频信号具有-70 dB 的旁瓣，但对多普勒频移十分敏感。2005 年，美国的 Dietl G[141]针对双通道信道模型，研究了基于波束形成和空时分组编码的混合波形设计方法，并比较分析了最优线性预编码和正交空时分组编码的信噪比。2008年，法国的Kassab R[142]提出了准连续波雷达的模糊函数和信号波形设计算法，较好地解决了准连续波雷达回波信号的遮蔽问题。然而他们均未对所设计波形的低截获特性进行理论上的分析和仿真验证。2010 年，美国的 Geroleo F G 和 Brandt-Pearce M[143]研究了基于线性调频连续波（Linear Frequency Modulation Continuous Wave，LFMCW）雷达信号的低截获性能。

近年来，我国学者通过波形组合的方法设计了一些具有射频隐身特性的雷达信号波形。2001 年，空军工程大学的孙东延等人[144]提出了一种将三相编码和线性步进调频相结合的混合雷达波形，不仅克服了相位编码对多普勒频移的敏感性，而且可降低信号的截获概率。2002 年，姬长华等人[145]根据 LPI 雷达信号的特点，分析了信号的相关函数和模糊函数，并介绍了混合信号设计与综合的基本原理，为射频隐身雷达信号的工程应用指明了方向。国防科技大学的程翥等人[146]则分析了施里海尔截获因子与雷达信号参数的关系，探讨了直接序列扩频信号在低截获性能方面的不足，并提出了一种具有大时宽带宽积的雷达信号。仿真表明，具有大时宽带宽积的信号可降低敌方无源探测系统的截获概率。2004 年，北京理工大学的 Hou J G[147]分析了双曲跳频-巴克码雷达信号的自模糊和互模糊函数，并通过仿真验证了该信号的低截获特性。2006 年，西安电子科技大学的张艳芹等人[148]研究了基于线性调频和 Taylor 四相编码的混合调制雷达信号，分析了该信号的距离分辨率、速度分辨率和低截获性能，指出所设计的信号是具有“图钉型”模糊函数的 LPI 信号。2007 年，空军雷达学院的武文[149]提出了基于正切调频与二相巴克码的混合调制雷达信号设计方法，并对该信号的频谱旁瓣进行了抑制，但未定性分析其低截获性能。2008 年，哈尔滨工程大学的林云等人[150]利用步进频率雷达信号的高距离分辨率特点，提出了一种参差脉冲重复间隔步进频率信号，并分析了该信号的处理流程和 LPI 特性。2009 年，郭贵虎等人[151]针对频移键控（Frequency Shift Keying，FSK）信号和相移键控（Phase Shift Keying，PSK）信号的高分辨率、大时宽带宽性、抗干扰性和低截获性，设计了一种新的 FSK/PSK 混合信号，仿真结果表明，该信号具有良好的距离速度分辨率和测距测速性能，相比单一 FSK 信号或 PSK 信号，其低截获性能得到较大提升。

从 2011 年开始，南京航空航天大学的杨红兵等人[152]在总结前人工作的基础上，提出了基于对称三角线性调频连续波（Symmetrical Triangular Linear Frequency Modulation Continuous Wave，STLFMCW）的雷达信号，设计了该信号的实现原理及处理流程，并采用施里海尔截获因子分析了具有不同距离分辨率 STLFMCW 的射频隐身性能。研究表明，该信号具有较大的时宽带宽积，其截获因子小于 1 且小于脉冲多普勒雷达信号，同时具有较好的目标分辨率和运动目标参数估计能力。文献[153]则设计了一种基于噪声调制的 STLFMCW 雷达信号，指出可通过增加信号带宽、控制信号发射功率提高其射频隐身性能。考虑到在调频信号中引入 PSK 可进一步增加发射信号的脉冲压缩比和信号的随机性，文献[154]提出了一种 Costas/PSK 混合雷达信号波形，通过分析其截获因子及功率谱密度，发现该信号的射频隐身性能相比单一 Costas 信号或 PSK 信号得到明显提升。

为了提升雷达信号参数及编码形式的复杂性，增大敌方无源探测系统对我方雷达信号截获、分选、识别的难度，电子科技大学的黄美秀等人[155]分析了编码调频信号的射频隐身性能，该信号频率跳变随机性较强，跳变序列变化多样，同时具有大的时宽带宽积，还可在脉间发射正交编码的跳频序列，大大增加了截获接收机的处理难度。2016 年，南昌航空大学的肖永生等人[156]设计了一种基于最优匹配照射接收机理论和序贯假设检验的射频隐身雷达信号，仿真实验表明，该信号可以减少雷达照射次数，降低发射功率，从而提升系统的射频隐身性能。2019 年，西北工业大学的付银娟等人[157]设计了脉间 Costas 频率编码与脉内非线性调频复合雷达信号，通过理论分析，得到了信号的模糊函数、功率谱、峰值旁瓣电平等参数，并验证了该复合信号具有比非线性调频信号、Costas 信号及线性调频-Costas 复合信号更优的射频隐身性能。随后，他们又[158]针对雷达射频隐身波形设计中的复杂调制问题，通过脉间复合调频增加信号的时频复杂度，采用脉内多相码调相增加信号的相位随机性，提出了脉间复合调频脉内相位编码雷达信号设计方法，仿真结果表明，所设计的信号具有近似“图钉型”的模糊图，功率谱峰值低于-10 dB，表现出良好的射频隐身性能。

5. 多传感器协同与管理

从信息获取的角度来看，传感器探测是获取空间、空中、海面、地面目标的重要手段。信息化战争中应用的各类传感器众多，覆盖范围广泛，可将多传感器通过特定的协议与通信网络连接成一个有机整体，根据传感器已提供的先验知识及战场态势的发展，实现多传感器协同与综合管理，从而获得更多、更新的战场信息。另外，多传感器协同与管理也是实现传感器任务性能与射频隐身性能平衡的重要技术途径。

从 20 世纪 90 年代以来，该领域已经取得了丰富的研究成果。1993 年，美国的 Deb S 等人[159]提出了一种针对异类传感器的多传感器多目标数据关联算法，该算法将有源传感器和无源传感器同一时刻的量测数据进行数据融合，并对不同目标的量测数据进行数据关联，从而得到更优的目标跟踪性能。1996 年，美国的 Hathaway R J 等人[160]建立了一种异类模糊数据融合模型，为不同传感器数据的集成、处理和解算提供了统一的框架。2001 年，澳大利亚的 Challa S 和 Pulford G W[161]提出了一种基于雷达和 ESM 的目标联合跟踪与分类算法，将雷达与 ESM 的量测数据进行融合，以获得较高的目标跟踪精度和分类识别性能。2005 年，美国的 Mhatre V P 等人[162]针对异类传感器的使用时长，研究了不同网络部署形式下的资源消耗问题，在满足监视区域内目标检测性能要求的条件下，通过最小化异类传感器资源消耗，使得传感器网络的使用时长最大化。2009 年，西班牙的 Lázaro M 等人[163]针对无线传感器网络中的传感器选择问题，提出了一种最优传感器子集选择算法，在保证一定目标系统性能和资源约束的前提下，从网络中选择最优的传感器子集对目标进行探测，使得目标探测性能最佳。

我国学者也对多传感器协同与管理进行了深入研究。2004 年，空军工程大学的吴剑锋等人[164]阐述了多传感器数据融合技术的工作原理、融合结构及功能模型、融合方法等，为多传感器数据融合技术在组网雷达系统中的应用指明了方向。2007 年，王建明等人[165]分析了舰载雷达与 ESM 系统各自的特点及优势，提出了雷达与 ESM 协同探测方法，采用 ESM 系统引导雷达对目标进行探测与定位，从而缩短了雷达搜索目标的时间，将两者进行数据融合还可提高角测量精度。现代战机机载传感器功能众多，对平台上的各类传感器在时域、频域和空域上进行协同与综合管理，通过单平台无源传感器或者机间数据链的引导、多平台信息融合，在满足平台任务性能的前提下，最大限度减少机载雷达、数据链等有源辐射，从而降低被敌方无源探测系统截获的概率。2011 年，海军航空工程学院的吴巍、王国宏等人[166]-[169]基于协方差控制方法，研究了机载雷达、红外传感器、ESM 协同跟踪与管理算法，主要贡献在于充分利用了机载雷达、红外传感器与 ESM 等多种传感器的优势，并对目标进行融合滤波跟踪。仿真指出，机载多传感器协同控制能够提高战斗机的射频隐身性能，保障飞机的战场生存能力。为提高组网火控雷达的射频隐身性能，军械工程学院的熊久良、韩壮志等人[170]提出了基于红外传感器协同的组网雷达系统间歇式目标跟踪算法，充分利用红外传感器获得的量测数据对目标进行跟踪，从而减少雷达的开机时间。刘浩等人[171]针对机载雷达和无源传感器量测数据不同步的问题，研究了基于自适应变量非线性量测最优线性无偏滤波的有源/无源数据融合方法，提高了系统的目标跟踪精度。2012 年，薛朝晖等人[172]以双机编队为研究对象，研究了机载雷达与红外传感器的协同管理问题，通过雷达辐射控制因子调节目标误差协方差门限的大小，以控制雷达开关机状态和目标跟踪精度。2014 年，张贞凯等人[173]提出了一种基于目标运动特征的有源/无源传感器选择算法。首先，改进了 IMM 粒子滤波（Particle Filter，PF）目标跟踪算法；然后，根据目标运动的机动性和运动状态的不确定性，实时控制雷达工作状态及开机时刻，从而保证目标跟踪精度。仿真结果表明，所提算法不仅可保证良好的目标跟踪性能，而且大幅度降低雷达开机次数，提高了雷达射频隐身性能。同年，陈军等人[174]针对四机编队中的雷达辐射控制问题，提出了基于达到时间差（Time Difference of Arrival，TDOA）无源协同的机载雷达辐射控制算法，根据预先设定的目标跟踪精度门限，控制机载雷达辐射状态：当目标跟踪误差协方差矩阵的迹小于设定门限时，机载雷达关机，系统采用 TDOA 方法对目标进行无源跟踪；当目标跟踪误差协方差矩阵的迹大于设定门限时，机载雷达开机对目标进行有源跟踪。空军工程大学的周峰等人[175]提出了一种有源雷达辅助的无源传感器协同探测跟踪算法，该算法引入模糊理论，利用新息方差和量测误差协方差作为模糊控制量，实时控制有源雷达的工作状态，仿真结果表明，所提算法满足目标跟踪精度要求，较好地实现了对有源雷达和无源传感器的控制，降低了有源雷达的开机时间，提高了系统的射频隐身性能。2015 年，空军预警学院的吴卫华等人[176]在文献[175]的基础上，研究了杂波环境下机载雷达辅助无源传感器的机动目标跟踪问题，所提算法考虑了地球曲率和飞机姿态变化等因素对目标跟踪性能的影响，联合 IMM 算法和概率数据关联（Probabilistic Data Association Filter，PDAF）算法，根据预测误差协方差矩阵的迹来控制雷达开关机，分析指出，通过调整跟踪精度控制门限，不仅减小了机载雷达辐射能量，提升了飞机射频隐身性能，而且有效地保证了杂波环境下的目标跟踪精度。2019 年，陆军工程大学的庞策等人[177]针对目标检测背景下传感器资源受限的问题，提出了基于风险理论的主动传感器管理算法，在建立目标检测模型与传感器辐射模型的基础上，将“检测风险”与“辐射风险”之和作为系统目标函数，并提出了基于多 Agent 的分布式优化方法对传感器管理模型进行了求解。针对传统引导搜索方法难以解决数据链多拍信息引导搜索的问题，赖作镁等人[178]提出了任务性能约束下传感器协同辐射控制方法。该方法首先推导了多拍引导信息与累计发现概率、累计截获概率之间的关系，然后引入马尔科夫决策过程对传感器协同搜索与跟踪进行建模，从而实现雷达系统的射频隐身性能优化。

1.3.3 雷达通信频谱共存研究现状

随着现代战场无线射频装备数量的急剧增加及工作频谱的日益展宽，传统的用于解决雷达与无线通信系统射频频谱拥塞的方法已经越来越难以满足实际需求。在这样的背景下，借助于认知无线电的思想，频谱共存环境中的雷达与通信系统可采用波形优化设计、功率控制、频谱资源管理等技术工作于同一频段，从而有效地避免对彼此的工作性能造成影响，提高频谱利用率。

在波形优化设计方面，相对于单载波波形而言，多载波波形由于具有波形分集、频率分集、较短的驻留时间和波形捷变等独特优势，在解决雷达与通信系统频谱共存问题上展现出良好的应用潜力，得到了理论界和工程界的广泛关注。Gogineni S 等人[179]采用 OFDM 信号，根据信道特性合理地分配各子载波，设计了一种新的雷达与通信系统频谱共享机制。Romero R A 等人[180]分析了雷达波形设计对工作于同一频段的通信系统性能的影响。2016 年，Bica M 等人[181]提出了一种基于互信息的雷达与通信联合系统波形设计算法，并通过仿真实验验证了利用经目标反射到达雷达接收机的通信信号，可在保证通信系统信道容量的条件下，有效地提升雷达的目标检测性能。2018 年，针对频谱共存环境下雷达系统的射频隐身问题，文献[182]研究了基于射频隐身的稳健 OFDM 雷达波形设计问题。假设目标相对雷达和通信系统的频率响应属于上、下界已知的不确定集合，并基于此模型，提出了基于射频隐身的稳健 OFDM 雷达波形设计算法，从而在目标真实频率响应未知的情况下确保雷达系统射频隐身性能的最优下界。值得说明的是，该算法采用多普勒校正方法[183]，有效抑制了 OFDM 系统的码间串扰，且不需要在 OFDM 信号前加前缀，提升了 OFDM 雷达系统的探测距离。

在辐射功率控制方面，2012 年，Saruthirathanaworakun R 等人[184]研究了机械扫描雷达与蜂窝网络的频谱共存问题，其中，雷达作为授权用户，蜂窝通信网络作为次级用户，蜂窝网络可在保证雷达接收到的通信干扰功率不超过其最大可承受水平的条件下发射通信信号。南京邮电大学的刘小芸等人[185]针对授权雷达系统和非授权长期演进（Long Term Evolution，LTE）通信系统的频谱共存问题，提出了一种下行功率分配算法，建立了混合频谱共存系统模型，并引入子载波空闲概率参数，利用改进的注水算法对优化问题进行求解。2016 年，Raymond S S 等人[186]在文献[184]的基础上，提出了基于空时域的蜂窝网络功率控制算法，当雷达主波束照向其他方向时，通信系统可以高功率发射信号，当雷达主波束照向蜂窝网络时，通信系统通过功率控制降低其发射功率，以减小对雷达造成的干扰。

在频谱资源管理方面，2011 年，Nijsure Y 等人[187]提出了一种基于认知通信与雷达网络的频谱与功率分配算法，通过频谱感知最小化与邻近设备的有害干扰，从而实现频谱资源的智能利用。2012 年，Bhat S S 等人[188]提出了一种多模式雷达带宽共享与调度算法，该算法可根据目标散射特性，自适应优化配置和调度雷达与通信带宽资源。2015 年，Safavi-Naeini H A 等人[189]研究了雷达与 Wi-Fi 网络的频谱共存问题。2016 年，Scharrenbroich M 和 Zatman M 构建了一种雷达-通信联合系统框架[190]，并提出了协同资源管理方法，通过单次照射同时完成移动通信和目标探测双重任务。2017 年，Liu F 等人[191]研究了多用户 MIMO 通信与 MIMO 雷达共存场景下的稳健 MIMO 波束形成方法，在满足给定通信任务性能的条件下，自适应设计雷达发射波束，以最大化目标的检测概率，仿真结果证明了所提算法可实现通信与雷达性能之间的良好折中。Mahal J A 等人[192]分别采用零空间投影方法与奇异值空间投影方法，通过优化设计 MIMO 雷达预编码，实现其与 MIMO 蜂窝网络的频谱共存。

1.3.4 雷达通信一体化系统研究现状

雷达探测和无线通信作为现代无线电技术中最常见也是最为重要的两个应用，是按照不同的功能和频段独立进行设计开发的，其中，雷达主要用于目标的探测、跟踪和识别，而通信的目的则是实现不同平台间的信息传输[193]。然而，随着无线设备数量的不断增加和高速数据传输更高的带宽需求，导致了电磁频谱的过度拥挤；在军事应用中，面对日益增多的武器平台威胁和复杂电磁环境，单一电子装备之间的对抗已不能满足未来战场作战形式多样化的需求，而雷达通信一体化正是解决以上问题的有效途径。

雷达与通信在功能和工作频段上存在诸多差异，但在硬件构造与工作原理上也存在相似性。随着雷达与通信技术的不断发展，雷达与通信在工作频段和系统组成上的差异在逐渐减小，用于通信传输的工作频段与雷达使用频率存在部分重合，使得雷达与通信一体化成为可能。雷达与通信一体化具备简化结构、降低成本、缓解雷达与通信间的电磁干扰的优势，在减小 RCS 的同时可以提高系统频谱效率，此外，同时执行雷达和通信功能收发联合设计的雷达通信网络，可显著提高整个系统的工作效率。因此，针对雷达通信一体化的研究引起了军事领域广泛的关注。其中，美、德、英、法、荷兰等多个国家的大学或研究机构相继开展了对雷达通信一体化的深入探讨与研究，内容涉及波形设计、信号处理、雷达通信一体化系统等各个方面，而国内在这方面的研究还处于起步阶段。下面从波形设计、信号处理、系统设计三个方面分别介绍雷达通信一体化研究现状。

在波形设计方面，2017 年，西安电子科技大学的刘永军等人[194]研究了 OFDM 雷达通信一体化波形的相参积累问题。通过理论分析与仿真实验发现，OFDM 雷达通信一体化波形不会影响目标在主瓣内能量的相参积累。随后，他们又提出了基于 MIMO-OFDM 波形的雷达通信一体化系统设计[195]，通过优化子载波数目、载波间隔、符号数目、脉冲重复频率和循环前缀等参数，获得了良好的系统性能。2018 年，Liu F 等人[196]针对 MIMO 雷达通信一体化系统，提出了共享孔径、共享波形等方案，建立了不同方案下的波形优化设计模型。Hassanien A 等人[197]则从阵列信号处理的角度，提出了 MIMO 雷达通信一体化系统的优化算法。西安电子科技大学的 Zhang L R 等人[198]研究了基于正交调频技术的雷达通信一体化系统波形设计方法，仿真实验验证了所提算法的可行性和有效性，并指出优化后的波形在单平台上即可实现雷达与通信任务需求。电子科技大学的崔国龙等人[199]提出了一种基于线性调频信号相位/调频斜率调制的探通一体化共享信号设计算法，给出了共享信号设计参数的选取依据，分析了该信号的探测与通信性能，并证明了其在目标探测及通信应用中的优势。文献[200]提出了一种基于射频隐身的雷达通信一体化系统 OFDM 最优波形设计方法，在满足给定目标参数估计性能和通信信道容量的条件下，通过优化 OFDM 发射波形，最小化系统的总辐射功率，以提升其射频隐身性能。2019 年，西安电子科技大学的姜孟超等人[201]针对利用雷达信号调制通信信息提高雷达低占空比脉冲发射形式下的通信速率时，信号自相关旁瓣较高的问题，提出了一种基于非线性调频信号的雷达通信一体化信号形式。仿真结果表明，该信号在不损失雷达主瓣能量、距离与速度分辨率及兼顾通信可靠性的前提下，可实现低于-35 dB 的自相关旁瓣。

在信号处理方面，电子科技大学的胡飞等人[202]初步分析了雷达-通信一体化网络的建立方法，提出了一种基于步进变频信号的雷达-通信一体化系统，二进制通信信号通过 BPSK 调制在步进变频信号中，可在对雷达性能影响较小的前提下，实现二进制数据的准确传送，仿真表明，该系统具有较低的误码率。Xu R H 等人[203]研究了基于 MIMO 的雷达通信一体化系统，分析了信噪比及天线数目对雷达互信息与通信信道容量的影响。2016 年，哈尔滨工业大学的李怀远[204]以高速移动平台为背景，以通用软件无线电外设（Universal Software Radio Peripheral，USRP）平台为基础，探索了利用软件无线电技术实现雷达通信一体化的关键技术，并通过 USRP 平台对系统进行了设计与验证。测试结果表明，所设计的一体化系统能够实现以雷达的方式进行通信。2017 年，南京理工大学的金胜财[205]对基于交织分复用的雷达通信一体化系统进行了研究，分别提出了基于交织分复用的单载波与多载波一体化系统模型，并对雷达探测性能进行了仿真分析。2018 年，Chalise B K 和 Amin M G[206]研究了雷达通信一体化系统的物理层安全问题。

在系统设计方面，国外已经搭建了实验平台，取得了一些研究成果。出于机载射频系统综合化进一步完善的需要，继“宝石柱”计划后，美国又推出了“宝石台”计划，推动机载射频系统在纵深方向上继续进行综合[207]。F-35 系列飞机航电系统采用了“宝石台”计划的成果，满足了战斗机实现高度综合化机载射频系统的要求，广泛采用了模块化、外场可更换的设计思想，实现了飞机蒙皮传感器综合。美国迈阿密大学研制了超宽带合成孔径雷达[208]，并使其成为通信雷达一体化系统。该系统可对复杂地形目标进行探测与识别，将收集到的目标图像数据在无人机平台间进行传输，实现雷达侦察与通信一体化的目的。芬兰 Aalto 大学的 Mariana B 等人[209]研究了雷达与通信系统共存和频谱共享问题，提出了一种基于最大似然方法的多载波雷达时延估计器，解决了合作场景中的目标参数估计问题。南京电子技术研究所的吴远斌[210]对多功能射频综合一体化技术的体系架构进行了分析，重点阐释了该技术在数字式接收机子系统方面的性能和设计，提出了在同一硬件平台上将雷达、通信、电子战等功能集成在一起的技术途径。西南电子技术研究所的关中锋[211]提出了基于软件无线电的多功能射频综合一体化设计思路。2019 年，国防科技大学的肖博等人[193]系统地介绍了雷达通信一体化的原理与特点，指出了一体化研究中亟待解决的问题，从典型的基于线性调频的雷达通信一体化信号出发，全面梳理了国内外针对雷达通信一体化的相关研究，并分析了雷达通信一体化未来的可能发展趋势及其在军事领域和民用智能交通领域的重要应用前景。未来，机载射频设备将进一步沿着综合化、小型化、标准化和智能化方向向前发展，系统的功能、性能及可靠性、维护性、测试性和综合效能都将得到持续提升。

参考文献

[1] 姜秋喜. 网络雷达对抗系统导论[M]. 北京：国防工业出版社，2010: 1-47.

[2] 刘敏，任翔宇. 电子战动态[J]. 国际电子战，2016, 9: 34-35.

[3] 美国战略与预算评估中心. 决胜灰色地带—运用电磁战重获局势掌控优势[M]. 《国际电子战》编辑部，译. 中国电子科技集团公司发展战略研究中心，2017.

[4] 时晨光，周建江，汪飞，等. 机载雷达组网射频隐身技术[M]. 北京：国防工业出版社，2019.

[5] Schleher D C. LPI rader: fact or fiction [J]. IEEE Aerospace and Electronic Systems Magazine, 2006, 21(5): 3-6.

[6] Lynch D Jr. Introduction to RF stealth [M]. Raleigh: Sci Tech Publishing, 2004: 1-9.

[7] Hume A L, Baker C J. Netted radar sensing [C]. Proc. of the IEEE Radar Conference, 2001: 23-26.

[8] Teng Y, Griffiths H D, Baker C J, et al. Netted radar sensitivity and ambiguity [J]. IET Radar, Sonar and Navigation, 2007, 1(6): 479-486.

[9] Haimovich A M, Blum R S, Cimini L J Jr. MIMO radar with widely separated antennas [J]. IEEE Signal Processing Magazine, 2008, 25(1): 116-129.

[10] Li J, Stoica P. MIMO radar signal processing [M]. Hoboken, NJ: Wiley, 2009: 2-10.

[11] 赵锋，艾小锋，刘进，等. 组网雷达系统建模与仿真[M]. 北京：电子工业出版社，2018: 1-9.

[12] 陈浩文，黎湘，庄钊文，等. 多发多收雷达系统分析及应用[M]. 北京：科学出版社，2016: 3-22.

[13] 陈浩文. MIMO 阵列雷达目标参数估计与系统设计研究[D]. 国防科学技术大学，2012.

[14] 孙斌. 分布式 MIMO 雷达目标定位与功率分配研究[D]. 国防科学技术大学，2014.

[15] Derham T, Doughty S R, Baker C, et al. Ambiguity functions for spatially coherent and incoherent multistatic radar [J]. IEEE Transactions on Aerospace and Electronic Systems, 2010, 46(1): 230-245.

[16] Battistelli G, Chisci L, Morrocchi S, et al. Robust multisensor multitarget tracker with application to passive multistatic radar tracking [J]. IEEE Transactions on Aerospace and Electronic Systems, 2012, 48(4): 3450-3472.

[17] Baumgarten D. Optimum detection and receiver performance for multistatic radar configurations [C]. IEEE International Conference on Acoustics, Speech and Signal Processing (ICASSP), 1982: 359-362.

[18] Seliga T A, Coyne F J. Multistatic radar as a means of dealing with the detection of multipath false targets by airport surface detection equipment radars [C]. IEEE Radar Conference, 2003: 329-336.

[19] Adjrad M, Woodbridge K. A framework for the analysis of spatially coherent and incoherent multistatic radar systems [C]. 7th International Workshop on Systems, Signal Processing and their Applications (WOSSPA), 2011: 155-158.

[20] 陈卫东. 基于宽带多传感器系统的目标精确定位与跟踪[D]. 合肥：中国科学技术大学，2005.

[21] 周生华. 分集 MIMO 雷达目标散射特性与检测算法[D]. 西安：西安电子科技大学，2011.

[22] 陈伯孝，吴剑旗. 综合脉冲孔径雷达[M]. 北京：国防工业出版社，2011: 3-8.

[23] 戴喜增，彭应宁，汤俊. MIMO 雷达检测性能[J]. 清华大学学报（自然科学版），2007, 47(1): 88-91.

[24] 汤小为，唐波，汤俊. 集中式多输入多输出雷达信号盲分离算法研究[J]. 宇航学报，2013, 34(5): 679-685.

[25] 李艳艳，苏涛. 机动目标跟踪的分布式 MIMO 雷达资源分配算法[J]. 西安电子科技大学学报（自然科学版），2016, 43(4): 10-16.

[26] 冯涵哲，严俊坤，刘宏伟. 一种用于多目标定位的 MIMO 雷达快速功率分配算法[J]. 电子与信息学报，2016, 38(12): 3219-3223.

[27] 何茜. MIMO 雷达检测与估计理论研究[D]. 成都：电子科技大学，2009.

[28] 廖宇羽. 统计 MIMO 雷达检测理论研究[D]. 成都：电子科技大学，2012.

[29] Yang J C, Su W M, Gu H. 3D imaging using narrowband bistatic MIMO radar [J]. Electronics Letters, 2014, 50(15): 1090-1092.

[30] 周伟. 多发多收合成孔径雷达成像及运动目标检测技术研究[D]. 国防科学技术大学，2013.

[31] Wang P, Li H B, Himed B. Centralized and distributed tests for moving target detection with MIMO radars in clutter of non-homogeneous power [C]. 2011 Conference Record of the 44th Asilomar Conference on Signals, Systems and Computers (ASILOMAR), 2011: 878-882.

[32] Wang P, Li H B, Himed B. Distributed detection of moving target using MIMO radar in clutter with non-homogeneous power [C]. 7th International Workshop

on Systems, Signal Processing and their Applications (WOSSPA), 2011: 383-387.

[33] Hack D E, Patton, L K, Himed B, et al. Detection in passive MIMO radar networks [J]. IEEE Transactions on Signal Processing, 2014, 62(11): 2999-3012.

[34] Ali T, Sadeque A Z, Saquib M, et al. MIMO radar for target detection and localization in sensor networks [J]. IEEE Systems Journal, 2014, 8(1): 75-82.

[35] Li H B, Wang Z, Liu J, et al. Moving target detection in distributed MIMO radar on moving platforms [J]. IEEE Transactions on Signal Processing, 2015, 9(8): 1524-1535.

[36] Fisher E, Haimovich A, Blum R S, et al. Spatial diversity in radars–models and detection performance [J]. IEEE Transactions on Signal Processing, 2006, 54(3): 823-836.

[37] Song X F, Willett P, Zhou S L. Detection performance for statistical MIMO radar with identical and orthogonal waveforms [C]. IEEE Radar Conference, 2011: 22-26.

[38] 宋靖，张剑云. 分布式全相参雷达相参性能分析[J]. 电子与信息学报，2015, 37(1): 9-14.

[39] 程子扬，何子述，王智磊，等. 分布式MIMO雷达目标检测性能分析[J]. 雷达学报，2017, 6(1): 81-89.

[40] 徐洪奎，王东进. 基于卡尔曼滤波的组网雷达系统目标跟踪分析[J]. 系统工程与电子技术，2011, 23(11): 67-69.

[41] Godrich H, Haimovich A M, Blum R S. A MIMO radar system approach to target tracking [C]. 2009 Conference Record of the 43rd Asilomar Conference on Signals, Systems and Computers (ASILOMAR), 2009: 1186-1190.

[42] Hachour S, Delmotte F, Mercier D, et al. Multi-sensor multi-target tracking with robust kinematic data based creedal classification [C]. 2013 Workshop on Sensor Data Fusion: Trends, Solutions, Appilications (SDF), 2013: 1-6.

[43] 罗浩，尚朝轩，韩壮志，等. 组网火控雷达传感器分配研究[J]. 传感器与微系统，2014, 33(6): 45-48.

[44] Liu H W, Liu H L, Dan X D, et al. Cooperative track initiation for distributed radar network based on target track information [J]. IET Radar, Sonar & Navigation, 2016, 10(4): 735-741.

[45] Yan J K, Liu H W, Pu W Q, et al. Benefit analysis of data fusion for target tracking in multiple radar system [J]. IEEE Sensors Journal, 2016, 16(16): 6359-6366.

[46] 赵艳丽，王雪松，王国玉，等. 多假目标欺骗干扰下组网雷达跟踪技术[J]. 电子学报，2007, 35(3): 454-458.

[47] Yang C Q, Zhang H, Qu F Z, et al. Performance of target tracking in radar network system under deception attack [C]. International Conference on Wireless Algorithms, Systems, and Applications, 2015: 664-673.

[48] 李世忠，王国宏，吴巍，等. 分布式干扰下组网雷达目标检测与跟踪技术[J]. 系统工程与电子技术，2012, 34(4): 782-788.

[49] 胡子军，张林让，赵珊珊，等. 组网无源雷达高速多目标初始化及跟踪算法[J]. 西安电子科技大学学报（自然科学版），2014, 41(6): 29-36.

[50] 贺达超，孙殿星，杨忠，等. 压制干扰下雷达网基于 UCMKF 的目标跟踪技术[J]. 第七届中国信息融合大会，2015: 977-982.

[51] He Q, Blum R S, Haimovich A M. Noncoherent MIMO radar for location and velocity estimation: More antennas means better performance [J]. IEEE Transactions on Signal Processing, 2010, 58(7): 3661-3680.

[52] He Q, Blum R S. Noncoherent versus coherent MIMO radar: Performance and simplicity analysis [J]. Signal Processing, 2012, 92: 2454-2463.

[53] 马鹏，郑志东，张剑云，等. 分布式 MIMO 雷达的参数估计与检测联合算法[J]. 电路与系统学报，2013, 18(2): 228-235.

[54] 郑志东，周青松，张剑云，等. 运动双基地 MIMO 雷达的参数估计性能[J]. 电子与信息学报，2013, 35(8): 1847-1853.

[55] 宋靖，张剑云，郑志东，等. 分布式全相参雷达相干参数估计性能[J]. 电子与信息学报，2014, 36(8): 1926-1931.

[56] 张洪纲，雷子健，刘泉华. 基于 MUSIC 法的宽带分布式全相参雷达相参参数估计方法[J]. 信号处理，2015, 31(2): 208-214.

[57] Gogineni S, Rangaswamy M, Rigling B D, et al. Cramér–Rao bounds for UMTS-based passive multistatic radar [J]. IEEE Transactions on Signal Processing, 2014, 62(1): 95-106.

[58] Filip A, Shutin D. Cramér–Rao bounds for L-band digital aeronautical communication system type 1 based passive multiple-input multiple-output radar [J]. IET Radar, Sonar & Navigation, 2016, 10(2): 348-358.

[59] Javed M N, Ali S, Hassan S A. 3D MCRLB evaluation of a UMTS-based passive multistatic radar operating in a line-of-sight environment [J]. IEEE Transactions on Signal Processing, 2016, 64(19): 5131-5144.

[60] Antonio G S, Fuhrmann D R, Robey F C. MIMO radar ambiguity functions [J]. IEEE Journal of Selected Topics in Signal Processing, 2007, 1(1): 167-177.

[61] Chen C Y, Vaidyanathan P P. MIMO radar ambiguity properties and optimization using frequency-hopping waveforms [J]. IEEE Transactions on Signal

Processing, 2008, 56(12): 5926- 5936.

[62] Yang Y, Blum R S. MIMO radar waveform design based on mutual information and minimum mean-square error estimation [J]. IEEE Transactions on Aerospace and Electronic System, 2007, 43(1): 330-343.

[63] Tang B, Tang J, Peng Y N. MIMO radar waveform design in colored noise based on information theory [J]. IEEE Transactions on Signal Processing, 2010, 58(9): 4684-4697.

[64] Naghsh M M, Mahmoud M H, Shahram S P, et al. Unified optimization framework for multi-static radar code design using information-theoretic criteria [J]. IEEE Transactions. on Signal Processing, 2013, 61(21): 5401-5416.

[65] Nguyen N H, Dogancay K, Davis L M. Adaptive waveform selection for multistatic target tracking [J]. IEEE Transactions on Aerospace and Electronic System, 2015, 51(1): 688-700.

[66] Daniel A, Popescu D. MIMO radar waveform design for multiple extended target estimation based on greedy SINR maximization [C]. IEEE International Conference on Acoustics, Speech and Signal Processing (ICASSP), 2016: 3006-3010.

[67] Panoui A, Lambotharan S, Chambers J A. Game theoretic distributed waveform design for multistatic radar networks [J]. IEEE Transactions on Aerospace and Electronic System, 2016, 52(4): 1855-1865.

[68] Yang Y, Blum R S. Minimax robust MIMO radar waveform design [J]. IEEE Journal of Selected Topics in Signal Processing, 2007, 4(1): 1-9.

[69] Jiu B, Liu H W, Feng D Z, et al. Minimax robust transmission waveform and receiving filter design for extended target detection with imprecise prior knowledge [J]. Signal Processing, 2012, 92(1): 210-218.

[70] Godrich H, Petropulu A P, Poor H V. Power allocation strategies for target localization in distributed multiple-radar architectures [J]. IEEE Transactions on Signal Processing, 2011, 59(7): 3226-3240.

[71] Sun B, Chen H W, Wei X Z, et al. Power allocation for range-only localization in distributed multiple-input multiple-output radar networks-a cooperative game approach [J]. IET Radar, Sonar & Navigation, 2014, 8(7): 708-718.

[72] Ma B T, Chen H W, Sun B, et al. A joint scheme of antenna selection and power allocation for localization in MIMO radar sensor networks [J]. IEEE Communications Letters, 2014, 18(12): 2225-2228.

[73] Garcia N, Haimovich A M, Coulon M, et al. Resource allocation in MIMO radar with multiple targets for non-coherent localization [J]. IEEE Transactions on

Signal Processing, 2014, 62(10): 2656-2666.

[74] 胡捍英，孙扬，郑娜娥. 多目标速度估计的分布式 MIMO 雷达资源分配算法[J]. 电子与信息学报，2016, 38(10): 2453-2460.

[75] 孙扬，郑娜娥，李玉翔，等. 目标定位的分布式 MIMO 雷达资源分配算法[J]. 系统工程与电子技术，2017, 39(2): 304-309.

[76] Chavali P, Nehorai A. Scheduling and power allocation in a cognitive radar network for multiple-target tracking [J]. IEEE Transactions on Signal Processing, 2012, 60(2): 715-729.

[77] 严俊坤，戴奉周，秦童，等. 一种针对目标三维跟踪的多基地雷达系统功率分配算法[J]. 电子与信息学报，2013, 35(4): 901-907.

[78] 严俊坤，纠博，刘宏伟，等. 一种针对多目标跟踪的多基地雷达系统聚类与功率联合分配算法[J]. 电子与信息学报，2013, 35(8): 1875-1881.

[79] Chen H W, Ta S Y, Sun B. Cooperative game approach to power allocation for target tracking in distributed MIMO radar sensor networks [J]. IEEE Sensors Journal, 2015, 15(10): 5423-5432.

[80] Yan J K, Liu H W, Pu W Q, et al. Joint beam selection and power allocation for multiple targets tracking in netted collocated MIMO radar system [J]. IEEE Transactions on Signal Processing, 2016, 64(24): 6417-6427.

[81] 鲁彦希，何子述，程子扬，等. 多目标跟踪分布式 MIMO 雷达收发站联合选择优化算法[J]. 雷达学报，2017, 6(1): 73-80.

[82] 宋喜玉，任修坤，郑娜娥，等. 多目标跟踪下的分布式 MIMO 雷达资源联合优化算法[J]. 西安交通大学学报，2018, 52(10): 110-115.

[83] Zhang H W, Liu W J, Xie J W, et al. Joint subarray and power allocation for cognitive target tracking in large-scale MIMO radar networks [J]. IEEE Systems Journal, 2020, 14(2): 2569-2580.

[84] 张锡熊. 低截获概率（LPI）雷达的发展[J].现代雷达，2003, 25(12): 1-4.

[85] Schleher D C. Low probability of intercept radar [C]. International Radar Conference, 1985:346-349.

[86] Schrick G, Wiley R G. Interception of LPI radar signals [C]. Record of the IEEE 1990 International Radar Conference, 1990: 108-111.

[87] Denk A. Detection and jamming low probability of intercept (LPI) radars [D]. California: Naval Post Graduate School, 2006: 5-11.

[88] Liu G S, Gu H, Su W M, et al. The analysis and design of modern low probability of intercept radar [C]. Proceedings of the 2001 CIE International Conference on Radar, 2001: 120-124.

[89] Wu P H. On sensitivity analysis of low probability of intercept (LPI) capability[C]. IEEE Minitary Communications Conference (MILCOM), 2005: 2889-2895.

[90] Dishman J F, Beadle E R. SEVR: A LPD metric for a 3-D battle space [C]. IEEE Minitary Communications Conference (MILCOM), 2007: 1-5.

[91] 杨红兵，周建江，汪飞，等. 飞机射频隐身表征参量及其影响因素分析[J]. 航空学报，2010, 31(10): 2040-2045.

[92] 朱银川. 飞行器射频隐身技术内涵及性能度量研究[J]. 电讯技术，2013, 53(1): 6-11.

[93] 赵宜楠，亓玉佩，赵占峰，等. 分布式 MIMO 雷达的低截获特性分析[J]. 哈尔滨工业大学学报，2014, 46(1): 59-63.

[94] 何召阳，王谦喆，宋博文，等. 雷达信号波形域射频隐身性能评估方法[J]. 系统工程与电子技术，2017, 39(10): 2234-2238.

[95] 杨诚修，王谦喆，李淑婧，等. 突防场景下基于 NWHFS 的集群射频隐身性能评估[J]. 系统工程与电子技术，2020, 42(5): 1109-1115.

[96] Duncan P H Jr. Overlapping search with scanned beam applications [J]. IEEE Transactions on Aerospace and Electronic Systems, 1996, 32(3): 984-994.

[97] Billam E R. The problem of time in phased array radar [C]. Proceedings of IET Conference on Radar, 1997: 563-575.

[98] Abdel-Samad A A, Tewfik A H. Search strategies for radar target localization [C]. Proceedings of International Conference on Image Processing, 1999, 3: 862-866.

[99] 徐斌，杨晨阳，李少洪，等. 相控阵雷达的最优分区搜索算法[J]. 电子学报，2000, 28(12): 69-73.

[100] Zatman M. Radar resource management for UESA [C]. Proceedings of the IEEE Radar Conference, 2002: 73-76.

[101] Matthiesen D J. Optimal search (radar) [C]. Proceedings of the IEEE International Symposium on Phased Array Systems and Technology, 2003: 259-264.

[102] 王雪松，汪连栋，肖顺平，等. 相控阵雷达天线最佳波位研究[J]. 电子学报，2003, 31(6): 805-808.

[103] 周颖，王雪松，王国玉，等. 相控阵雷达最优波位编排的边界约束算法研究[J]. 电子学报，2004, 32(6): 997-1000.

[104] 周颖，王雪松，王国玉. 相控阵雷达最优搜索随机规划研究[J]. 现代雷达，2005, 27 (4): 60-63.

[105] Gillespie B, Hughes E, Lewis M. Scan scheduling of multi-function phased array radars using heuristic techniques [C]. Proceedings of the IEEE International Radar

Conference, 2005: 513- 518.

[106] 张贞凯，周建江，汪飞，等. 机载相控阵雷达射频隐身时最优搜索性能研究[J]. 宇航学报，2011, 32(9): 2023-2028.

[107] 张杰，汪飞，阮淑芬. 基于射频隐身的相控阵雷达搜索控制参量优化设计[J]. 数据采集与处理，2014, 29(4): 636-641.

[108] 李寰宇，查宇飞，李浩，等. 联合截获威胁下的雷达射频隐身目标搜索算法[J]. 航空学报，2015, 36(6): 1953-1963.

[109] Gilson W H. Minimum Power Requirements for Tracking [C]. IEEE International Radar Conference, 1990: 417-421.

[110] Keuk G V, Blackman S S. On phased-array radar tracking and parameter control [J]. IEEE Transactions on Aerospace and Electronic System, 1993, 29(1): 186-194.

[111] Daeipour E, Bar-Shalom Y, Li X. Adaptive beam pointing control of a phased array radar using an IMM estimator [C]. Proceedings of the American Control Conference, 1994: 2093-2097.

[112] Blair W D, Watson G A, Kirubarajan T, Bar-Shalom Y. Benchmark for radar allocation and tracking in ECM [J]. IEEE Transactions on Aerospace and Electronic System, 1998, 34(4): 1097-1114.

[113] Kirubarajan T, Bar-Shalom Y, Blair W D, Watson G A. IMMPDAF for radar management and tracking benchmark with ECM [J]. IEEE Transactions on Aerospace and Electronic System, 1998, 34(4): 1115-1134.

[114] Zwaga J H, Boers Y, Driessen H. On tracking performance constrained MFR parameter control [C]. Proceedings of the Sixth International Conference of Information Fusion, 2003: 712-718.

[115] Kuo T W, Chao Y S, Kuo C F, et al. Real-time dwell scheduling of component-oriented phased array radars [J]. IEEE Transactions on Computers, 2005, 54(1): 47-60.

[116] 鉴福升，徐跃民，阴泽杰. 基于 IMM 的电扫描雷达参数控制算法研究[J]. 中国科学技术大学学报，2010, 40(3): 294-298.

[117] 张贞凯，周建江，田雨波，等. 基于射频隐身的采样间隔和功率设计[J]. 现代雷达，2012, 34(4): 19-23.

[118] 李寰宇，柏鹏，王徐华，等. 电波频率对射频隐身性能的影响分析[J]. 系统工程与电子技术，2012, 34(6): 1108-1112.

[119] 刘宏强，魏贤智，黄俊，等.雷达单目标跟踪射频隐身控制策略[J]. 空军工程大学学报（自然科学版），2013, 14 (4): 32-35.

[120] 刘宏强，魏贤智，李飞，等. 基于射频隐身的雷达跟踪状态下单次辐射能量实时控制方法[J]. 电子学报，2015, 43(10): 2047-2052.

[121] 张贞凯，许娇，田雨波. 多目标跟踪时的自适应功率分配算法[J]. 信号处理，2017, 33(3A): 22-26.

[122] 张昀普，单甘霖，段修生，等. 主/被动传感器辐射控制的调度方法[J]. 西安电子科技大学学报，2019, 46(6): 67-74.

[123] Shi C G, Ding L T, Wang F, et al. Low probability of intercept-based collaborative power and bandwidth allocation strategy for multi-target tracking in distributed radar network system [J]. IEEE Sensors Journal, 2020, 20(12): 6367-6377.

[124] 蔡茂鑫，舒其建，李勇华，等. MIMO 雷达射频隐身性能的评估[J]. 雷达科学与技术，2013, 11(3): 267-270.

[125] 廖雯雯，程婷，何子述. MIMO 雷达射频隐身性能优化的目标跟踪算法[J]. 航空学报，2014, 35(4): 1134-1141.

[126] 杨少委，程婷，何子述. MIMO 雷达搜索模式下的射频隐身算法[J]. 电子与信息学报，2014, 36(5): 1017-1022.

[127] 胡梦中，宋铮，刘月平. 一种新的低副瓣多波束形成方法[J]. 现代雷达，2007, 29(10): 71-74.

[128] 刘姜玲，王小谟. 具有低截获概率的新型阵列天线[J]. 电波科学学报，2010, 25(3): 441-444.

[129] Lawrence D E. Low probability of intercept antenna array beamforming [J]. IEEE Transactions. on Antennas and Propagation, 2010, 58(9): 2858-2865.

[130] 李寰宇，柏鹏，王谦喆. 天线波束对飞机射频隐身性能的影响分析[J]. 现代防御技术，2012, 40(4): 128-133，137.

[131] 肖永生，周建江，黄丽贞，等. 机载雷达射频隐身的空域不确定性研究与设计[J]. 现代雷达，2012, 34(8): 11-15.

[132] Wang W Q, Shao H Z, Cai J Y. Range-angle-dependent beamforming by frequency diverse array antenna [J]. International Journal of Antennas and Propagation, 2012: 1-10.

[133] 张贞凯，周建江，汪飞. 基于射频隐身的雷达发射波束形成方法[J]. 雷达科学与技术，2013, 11(2): 203-208，213.

[134] Basit A, Qureshi I M, Khan W, et al. Hybridization of cognitive radar and phased array radar having low probability of intercept transmit beamforming [J]. International Journal of Antennas and Propagation, 2014: 1-11.

[135] 李文兴，毛晓军，孙亚秀. 一种新的波束形成零陷展宽算法[J]. 电子与信息学报，2014, 36(12): 2882-2888.

[136] Huang L, Gao K D, He Z M, et al. Cognitive MIMO frequency diverse array radar with high LPI performance [J]. International Journal of Antennas and Propagation, 2016: 1-11.

[137] 王文钦，陈慧，郑植，等. 频控阵雷达技术及其应用研究进展[J]. 电子与信息学报，2018, 7(2): 153-166.

[138] 王文钦，邵怀宗，陈慧. 频控阵雷达：概念、原理与应用[J]. 电子与信息学报，2016, 38(4): 1000-1011.

[139] Sun H B, Lu Y L. Ultra-wideband technology and random signal radar: An ideal combination [J]. IEEE Aerospace and Electronic Systems Magazine, 2003, 18(11): 3-7.

[140] Witte E D, Griffiths H D. Improved ultra-low range sidelobe pulse compression waveform design [J]. Electronics Letters, 2004, 40(22): 1448-1450.

[141] Dietl G, Wang J, Ding P, et al. Hybrid transmit waveform design based on beamforming and orthogonal space-time block coding [C]. IEEE International Conference on Acoustics, Speech, and Signal Processing, 2005: 893-896.

[142] Kassab R, Lesturgie M, Fiorina J. Quasi-continuous waveform design for dynamic range reduction [J]. Electronics Letters, 2008, 44(10): 646-647.

[143] Geroleo F G, Brandt-Pearce M. Detection and estimation of multi-pulse LFMCW radar signals [C]. IEEE Radar Conference, 2010: 1009-1013.

[144] 孙东延，陶建锋，付全喜. 用于低截获概率雷达的混合波形研究[J]. 航天电子对抗，2001, 3: 33-36.

[145] 姬长华，刘晓娟，张军杰，等. 低截获概率雷达复合信号设计技术[J]. 郑州大学学报（理学版），2002, 34(3): 53-56.

[146] 程翥. 低截获概率雷达信号分析与一种新型信号的设计[J]. 系统工程与电子技术，2002, 24(11): 31-33.

[147] Hou J G, Ran T, Tao S, et al. A novel LPI radar signal based on hyperbolic frequency hopping combined with Barker phase code [C]. 7th International Conference on Signal Processing (ICSP), 2004: 2070-2073.

[148] 张艳芹，许录平，李剑. 一种具有低截获特性的组合调制雷达信号[J]. 弹道学报，2006, 18(3): 90-93.

[149] 武文，李江，张兵，等. 一种低截获概率雷达信号设计与仿真[J]. 计算机技术与应用进展，2007, 25(6): 1393-1396.

[150] 林云，司锡才，张振. 高距离分辨率的低截获概率雷达信号性能研究[J]. 航空电子技术，2008, 39(3): 29-33.

[151] 郭贵虎，文贻军，戴天. 一种新型低截获 FSK/PSK 雷达信号分析[J]. 电

讯技术，2009, 49(8): 49-53.

[152] 杨红兵，周建江，汪飞，等. STLFMCW 雷达信号波形设计与射频隐身特性分析[J]. 现代雷达，2011, 33(4): 17-21.

[153] 杨红兵，周建江，汪飞，等. 噪声调制连续波雷达信号波形射频隐身特性[J]. 航空学报，2011, 32(6): 1102-1111.

[154] Yang H B, Zhou J J, Wang F，et al. Design and analysis of Costas/PSK RF stealth signal waveform [C]. Proceedings of 2011 IEEE CIE International Conference on Radar, 2011: 1247-1250.

[155] 黄美秀，陈祝明，段锐，等. 编码调频信号的低截获性能分析[J]. 现代雷达，2011, 33(10): 33-37.

[156] 肖永生，周建江，黄丽贞，等. 基于 OTR 和 SHT 的射频隐身雷达信号设计[J]. 航空学报，2016, 37(6): 1931-1939.

[157] 付银娟，李勇，徐丽琴，等. NLFM-Costas 射频隐身雷达信号设计及分析[J]. 吉林大学学报（工学版），2019, 49(3): 994-999.

[158] 付银娟，李勇，卢光跃，等. 脉间复合调频脉内相位编码雷达信号设计及分析[J]. 哈尔滨工程大学学报，2019, 40(7): 1347-1353.

[159] Deb S, Pattipati K R, Bar-Shalom Y. A multisensor-multitarget data association algorithm for heterogeneous sensors [J]. IEEE Transactions on Aerospace and Electronic Systems, 1993, 29(2): 560-568.

[160] Hathaway R J, Bezdek J C, Pedrycz W. A parametric model for fusing heterogeneous fuzzy data [J]. IEEE Transactions on Fuzzy Systems, 1996, 4(3): 270-281.

[161] Challa S, Pulford G W. Joint target tracking and classification using radar and ESM sensors [J]. IEEE Transactions on Aerospace and Electronic Systems, 2001, 37(3): 1039-1055.

[162] Mhatre V P, Rosenberg C, Kofman D, et al. A minimum cost heterogeneous sensor network with a lifetime constraint [J]. IEEE Transactions on Mobile Computing, 2005, 4(1): 4-15.

[163] Lázaro M, Sanchez-Fernandez M, Artés-Rodriguez A. Optimal sensor selection in binary heterogeneous sensor networks [J]. IEEE Transactions on Signal Processing, 2009, 57(4): 1577-1587.

[164] 吴剑锋，赵玉芹. 多传感器数据融合技术研究[J]. 弹箭与制导学报，2004, 24(4): 356-358.

[165] 王建明，刘国朝. 舰载雷达与 ESM 协同探测方法研究[J]. 舰船电子对抗，2007, 30(6): 11-15.

[166] 吴巍，柳毅，杨玉山，等. 机载多传感器协同跟踪与辐射控制研究[J]. 弹箭与制导学报，2011, 31(1): 153-156.

[167] 吴巍，柳毅，王国宏，等. 辐射限制下有源无源协同跟踪技术[J]. 信息与控制，2011, 40(3): 418-423.

[168] 吴巍，王国宏，柳毅，等. 机载雷达、红外、电子支援措施协同跟踪与管理[J]. 系统工程与电子技术，2011, 33(7): 1517-1522.

[169] 吴巍，王国宏，李世忠，等. ESM 量测间歇下雷达/ESM 协同跟踪与辐射控制[J]. 现代防御技术，2011, 39(3): 132-138.

[170] 熊久良，封吉平，韩壮志，等. 组网红外/雷达协同间歇式目标跟踪[J]. 电讯技术，2011, 51(11): 5-10.

[171] 刘浩，任清安，方青. 机载有源无源雷达联合探测数据融合研究[J]. 中国电子科学研究院学报，2011, 6(1): 49-53.

[172] 薛朝晖，周文辉，李元平. 机载雷达与红外协同资源管理技术[J]. 现代雷达，2012, 34(3): 1-5，21.

[173] Zhang Z, Zhu J, Tian Y, et al. Novel sensor selection strategy for LPI based on an improved IMMPF tracking method [J]. Journal of Systems Engineering and Electronics, 2014, 25(6): 1004-1010.

[174] Chen J, Wang F, Zhou J J, Shi C G. A novel radar radiation control strategy based on passive tracking in multiple aircraft platforms [C]. 2014 IEEE China Summit & International Conference on Signal and Information Processing (ChinaSIP), 2014: 777-780.

[175] 周峰，张亮亮，王建军，等. 一种主/被动雷达协同探测跟踪模式及算法研究[J]. 电光与控制，2014, 21(2): 12-16.

[176] 吴卫华，江晶，高岚. 机载雷达辅助无源传感器对杂波环境下机动目标跟踪[J]. 控制与决策，2015, 30(2): 277-282.

[177] 庞策，单甘霖，段修生，等. 基于风险理论的主动传感器管理方法及应用研究[J]. 电子学报，2019, 47(7): 1425-1433.

[178] 赖作镁，乔文昇，古博，等. 任务性能约束下传感器协同辐射控制策略[J]. 系统工程与电子技术，2019, 41(8): 1749-1754.

[179] Gogineni S, Rangaswamy M, Nehorai A. Multi-modal OFDM waveform design [C]. IEEE Radar Conference (RadarConf), 2013: 1-5.

[180] Romero R A, Shepherd K D. Friendly spectrally shaped radar waveform with legacy communication systems for shared access and spectrum management [J]. IEEE Access, 2015, 3: 1541-1554.

[181] Bica M, Huang K W, Koivunen V, et al. Mutual information based radar

waveform design for joint radar and cellular communication systems [C]. IEEE International Conference on Acoustics, Speech and Signal Processing (ICASSP), 2016: 3671-3675.

[182] Shi C G, Wang F, Sellathurai M, et al. Power minimization based robust OFDM radar waveform design for radar and communication systems in coexistence [J]. IEEE Transactions on Signal Processing, 2018, 66(5): 1316-1330.

[183] Hakobyan G, Yang B. A novel inter-carrier-interference free signal processing scheme for OFDM radar [J]. IEEE Transactions on Vehicular Technology, 2017, DOI: 10.1109/TVT.2017. 2723868.

[184] Saruthirathanaworakun R, Peha J M, Correia L M. Opportunistic sharing between rotating radar and cellular [J]. IEEE Journal on Selected Areas in Communications, 2012, 30(10): 1900-1910.

[185] 刘小芸，朱晓荣. 授权雷达和非授权 TD-LTE 系统频谱共享下行功率分配算法[J]. 南京邮电大学学报（自然科学版），2012, 32(4): 42-47.

[186] Raymond S S, Abubakari, A, Jo H S. Coexistence of power-controlled cellular networks with rotating radar [J]. IEEE Journal on Selected Areas in Communications, 2016, 34(10): 2605-2616.

[187] Nijsure Y, Chen Y F, Yuen C, et al. Location-aware spectrum and power allocation in joint cognitive communication-radar networks [C]. 6th International ICST Conference on Cognitive Radio Oriented Wireless Networks and Communications (CROWNCOM), 2011: 171-175.

[188] Bhat S S, Narayanan R M, Rangaswamy M. Bandwidth sharing and scheduling for multimodal radar with communications and tracking [C]. IEEE 7th Sensor Array and Multichannel Signal Processing Workshop (SAM), 2012: 233-236.

[189] Safavi-Naeini H A, Roy Sumit, Ashrafi S. Spectrum sharing of radar and Wi-Fi Networks: The sensing/throughout tradeoff [J]. IEEE Transactions on Cognitive Communications and Networking, 2015, 1(4): 372-382.

[190] Scharrenbroich M, Zatman M. Joint radar-communications resource management [C]. IEEE Radar Conference (RadarConf), 2016: 1-6.

[191] Liu F, Masouros C, Li A, et al. Robust MIMO beamforming for cellular and radar coexistence [J]. IEEE Wireless Communications Letters, 2017, 6(3): 374-377.

[192] Mahal J A, Khawar A, Abdelhadi A, et al. Spectral coexistence of MIMO radar and MIMO cellular system [J]. IEEE Transactions on Aerospace and Electronic Systems, 2017, 53(2): 655-668.

[193] 肖博，霍凯，刘永祥. 雷达通信一体化研究现状与发展趋势[J]. 电子与

信息学报，2019, 41(3): 739-750.

[194] 刘永军，廖桂生，杨志伟. OFDM雷达通信一体化波形相参积累研究[J]. 信号处理，2017, 33(3): 253-259.

[195] Liu Y J, Liao G S, Yang Z W, Xu J W. Design of integrated radar and communication system based on MIMO-OFDM waveform[J]. Journal of Systems Engineering and Electronics, 2017, 28(4): 669-680.

[196] Liu F, Zhou L F, Masouros C, Li A, Luo W, Petropulu A. Toward dual-function radar-communication systems: Optimal waveform design[J]. IEEE Transactions on Signal Processing, 2018, 66(16): 4264-4279.

[197] Hassanien A, Aboutanios E, Amin M G, Fabrizio G A. A dual-function MIMO radar-communication systems via waveform permutation[J]. Signal Processing, 2018, 83: 118-128.

[198] Gu Y B, Zhang L R, Zhou Y, Zhang Q Y. Waveform design for integrated radar and communication system with orthogonal frequency modulation[J]. Digital Signal Processing, 2018, 83: 129-138.

[199] 付月，崔国龙，盛彪. 基于LFM信号相位/调频率调制的探通一体化共享信号设计[J]. 现代雷达，2018, 40(6): 41-46，53.

[200] Shi C G, Wang F, Salous S, Zhou J J. Low probability of intercept-based optimal OFDM waveform design strategy for an integrated radar and communications system[J]. IEEE Access, 2018, 6: 57689-57699.

[201] 姜孟超，廖桂生，杨志伟，等. 一种NLFM-CPM雷达通信一体化信号设计[J]. 系统工程与电子技术，2019, 41(1): 35-42.

[202] 胡飞，崔国龙，孔令讲. 雷达通信一体化网络设计[J]. 雷达科学与技术，2014, 12(5): 455-459, 469.

[203] Xu R H, Peng L X, Zhao W D, Mi Z C. Radar mutual information and communication channel capacity of integrated radar-communication system using MIMO[J]. ICT Express, 2015, 1: 102-105.

[204] 李怀远. 基于软件无线电的雷达通信一体化技术研究[D]. 哈尔滨：哈尔滨工业大学，2016.

[205] 金胜财. 基于交织分复用的雷达通信一体化系统关键技术的研究[D]. 南京：南京理工大学，2017.

[206] Chalise B K, Amin M G. Performance tradeoff in a unified system of communications and passive radar: A secrecy capacity approach[J]. Digital Signal Processing, 2018, 82: 282-293.

[207] 罗钉. 机载有源相控阵火控雷达技术[M]. 北京：航空工业出版社，2018.

[208] Dimitriy G, Jonathan S Kyle K, et al. Wideband OFDM system for radar and communication[C]. IEEE Radar Conference (RadarConf), 2009: 1-6.

[209] Marian B, Visa K. Delay estimation method for coexisting radar and wireless communication systems[C]. IEEE Radar Conference (RadarConf), 2017: 1157-1161.

[210] 吴远斌. 多功能射频综合一体化技术的研究[J]. 现代雷达，2013, 35(8): 70-74.

[211] 关中锋. 基于软件无线电的多功能射频综合一体化设计[J]. 通信技术，2014, 47(11): 1333-1337.

第2章　频谱共存环境下基于非合作博弈的组网雷达功率控制

2.1　引　　言

博弈论是使用严谨的数学模型来研究具有斗争或竞争现象的数学理论和方法[1]。它是用来分析和研究多个理智、自私的决策实体之间相互冲突与合作问题的工具[2]。1950年，美国的John Nash提出了纳什均衡的概念，极大地推进了博弈理论的研究。随后，顺序博弈、重复博弈、随机博弈、势博弈、贝叶斯博弈等许多重要的概念被相继提出。20世纪70年代，Smith J M提出的进化博弈又将博弈理论引入了生物学领域。在博弈行为中，参加竞争的各方各自具有不同的目标或利益。为了达到各自的目标或利益，各方必须考虑对手的各种可能的行动方案，并力图选取对自己最为有利或最为合理的方案[3]-[5]。

现在，博弈论已成为一种处理多个具有利益冲突或者资源争用的局中人的策略选择及均衡的有效数学工具。由于合作、冲突、竞争等行为是现实中比较常见的现象，因此，博弈论已被应用于经济学、政治学、计算机科学、生物学、无线电信号处理等国民经济的各个领域。非合作博弈是博弈论中的一个重要分支，而且在认知无线电研究中得到了广泛应用。1998年，Rashid-Farrokhi F等人[6]研究了无线阵列网络中基于博弈论的波束形成与发射功率联合优化问题，并采用迭代算法更新波束形成器的权重与阵列发射功率。2012年，空军工程大学的贺刚等人[7]针对机载数据链中的功率控制问题，研究了基于非合作博弈的功率控制算法。该算法设计了一种新的组合代价函数，使得在最大化系统吞吐量的同时降低节点的资源消耗，从而提升了机载数据链的射频隐身性能和抗干扰能力。2013年，桂林电子科技大学的彭青和肖海林[8]提出了基于非合作博弈的认知无线电自适应功率控制算法，设计了一种基于反馈的效用函数对惩罚因子进行自适应调整。中国科学院大学的张北伟等人[9]则提出了基于博弈论和效用论的认知无线电功率控制算法，该算法将认知用户的效用函数分为效用部分和惩罚部分，并用Sigmoid型效用函数作为效用部分，参考历史发射功率经验作为惩罚部分，仿真结果表明，所提算法能够有效提高系统的稳定性，同时降低了网络功率资源消耗。2015年，合肥工业大学的胡松华等人[10]提出了基于非合作博弈功率控制的无线网络串行干扰消除方法，获得了较高的无线通信吞吐量。2016 年，重庆邮电大学的朱江等人[11]针对现有认知无线电网络中功率控制算法存在的干扰问题和功率消耗较大的问题，提出了一种新的基于非合作博弈的功率控制算法。作者针对效用函数中的 SINR 和发射功率设定不同的影响因子，并将信道状态引入影响因子中，从而有效地控制认知用户，同时减小用户间的干扰。2018 年，曹瑛等人[12]将非合作博弈思想应用在微电网多目标优化问题中。2019 年，桂林电子科技大学的李民政等人[13]针对设备到设备（Device-to- Device，D2D）通信系统中的资源管理问题，提出了基于帕累托最优的非合作博弈功率控制方法。

近年来，随着对博弈论研究的不断深入，博弈论在雷达信号处理问题中的应用受到国内外众多学者和研究机构的高度关注，并被越来越多地应用在雷达系统设计中。2012 年，Godineni S 和 Nehorai A[14]从博弈论的角度，提出了一种针对分布式 MIMO 雷达目标探测的极化策略优化设计算法，该算法根据各天线相对目标的一维距离分析了不同极化策略对目标探测性能的影响。Song X F 等人[15]将目标与分布式 MIMO 雷达之间的对抗行为建立为一个双人零和博弈模型。Bacci G 等人[16]首次利用非合作博弈论研究了组网雷达系统的分布式功率分配算法，该算法通过优化分配系统中各雷达的发射功率，在最大化组网雷达系统检测概率的同时最小化系统的虚警概率，从而有效提升了组网雷达的目标探测性能。2013 年，Piezzo M 等人[17]提出了一种基于非合作博弈的组网雷达信号编码设计算法，该算法将系统中各雷达看作非合作博弈中的参与者，通过优化设计各雷达发射信号编码，最大化雷达系统的 SINR 性能。2014 年，Panoui A 等人[18]针对多基地 MIMO 组网雷达系统，提出了基于非合作博弈的功率控制算法，在保证一定目标探测性能的前提下，最小化系统的总发射功率。随后，他们又研究了估计误差存在下的稳健功率控制算法[19]。2016 年，Panoui A 等人[20]提出了基于势博弈的多基地 MIMO 雷达波形设计算法。Han K 和 Nehorai A[21]利用非合作博弈思想，研究了 MIMO 雷达跳频波形设计问题。在文献[22]中，Deligiannis A 等人研究了战场中存在多架干扰机情况下组网雷达系统的功率资源分配问题，其中，组网雷达旨在满足一定目标探测性能的条件下，最小化系统总发射功率，而干扰机则通过优化干扰功率分配，最小化组网雷达的目标探测性能。2017 年，Deligiannis A 和 Lambotharan S[23]又提出了基于贝叶斯博弈的多基地雷达网络功率分配算法，在满足一定目标探测性能及系统功率资源约束的条件下，动态调整各雷达功率分配，最大化系统 SINR，从而提升多基地雷达网络的目标探测性能。

上述研究成果提出了基于非合作博弈的组网雷达资源管理思想，以提高组网雷达系统的目标检测性能，为后续研究打下了坚实的基础。然而，上述算法却存在如下几个不足之处：（1）上述算法均通过优化分配各雷达发射功率以达到提升系统目标检测性能的目的，而现代战争对雷达系统射频隐身性能的需求，则要求最小化组网雷达系统的总发射功率[24]-[35]。因此，如何利用博弈论思想优化配置各雷达的发射功率，进而在满足一定系统性能的情况下，获得更好的射频隐身性能，是组网雷达系统设计的一个关键问题。（2）虽然文献[36]～[47]等研究了雷达与通信系统的频谱共存问题，建立了混合频谱共存系统模型，并提出了不同的解决方案，但都针对单基地雷达系统，且至今尚未有频谱共存环境下基于非合作博弈的组网雷达功率控制的公开报道，这促使我们首次研究这个问题。

本章针对上述存在的问题，研究频谱共存环境下基于非合作博弈的组网雷达功率控制算法。首先，本章设计了一种综合考虑目标探测性能、雷达发射功率及通信系统接收到干扰功率的效用函数。然后，建立了基于非合作博弈的组网雷达分布式功率控制模型，该优化模型在满足一定目标探测性能和组网雷达对通信系统干扰功率约束的条件下，最小化组网雷达系统中各雷达的发射功率，同时可实现各雷达之间的公平性。最后，将基于非合作博弈的组网雷达分布式功率控制问题转化为经典的最优化问题，采用牛顿迭代法获得了频谱共存环境下各雷达的最优发射功率迭代公式，并证明了纳什均衡解的存在性和唯一性。仿真结果验证了频谱共存环境下基于非合作博弈的组网雷达功率控制算法的可行性和有效性。

本章符号说明：上标 $(\cdot)^{\mathrm{T}}$ 和 $(\cdot)^{*}$ 分别代表转置和最优解；$[x]_a^b = \max\{\min(x,b),a\}$；当 $x>0$ 时，$[x]_a^+ = x$，否则，$[x]_a^+ = a$。

2.2 系统模型描述

本节考虑一个由 N_{t} 部雷达组成的组网雷达系统与一个通信基站组成的频谱共存系统，如图 2.1 所示。为了提高系统的频谱资源利用率，组网雷达与通信基站工作于同一频段。第 i 部雷达发射并接收经目标反射的雷达信号以对目标进行探测。同时，雷达可由两条信道接收其他雷达发射的信号：一条是雷达 $j(j=1,\cdots,N_{\mathrm{t}})$ 到雷达 i 接收机的直达波信号，另一条是雷达 j 发射并经目标反射达到雷达 i 接收机的回波信号。通信基站通过向自由空间发射信号来进行数据传输。另外，假设各雷达的高增益、窄波束定向天线指向目标，从而使得通信系统只能接收到各雷达的直达波信号。由于经目标反射到达通信基站的雷达信号强度远远小于直达波信号，为方便起见，忽略不计。另外，本章假设各雷达工作于同一频段对目标进行探测，且由于各雷达异步造成不同雷达的发射信号之间互相相关。系统中每部雷达可以独立对目标进行探测，并将目标探测数据经数据链路发送至系统融合中心进行信息融合。当目标存在时，雷达 i 接收到的信号为[48][49]

$$\boldsymbol{s}_i = \sum_{j=1,\, j\neq i}^{N_{\mathrm{t}}} \zeta_{i,j}\sqrt{P_j}\,\boldsymbol{x}_j + \boldsymbol{w}_i \tag{2.1}$$

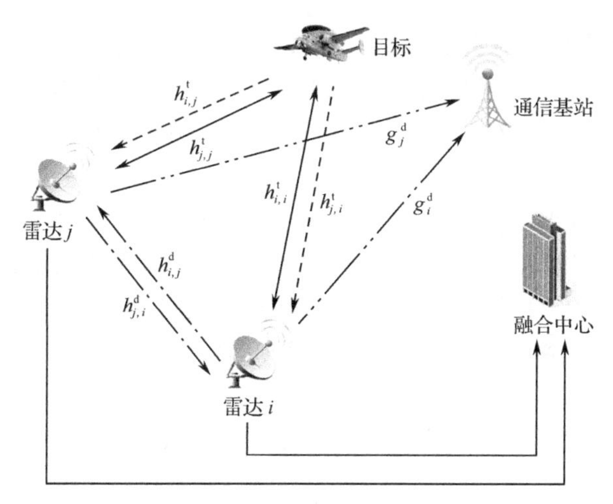

图 2.1　组网雷达与通信系统频谱共存系统模型

当目标不存在时，雷达 i 接收到的信号为

$$\boldsymbol{s}_i = \chi_i\sqrt{P_i}\boldsymbol{x}_i + \sum_{j=1, j\neq i}^{N_t} \zeta_{i,j}\sqrt{P_j}\boldsymbol{x}_j + \boldsymbol{w}_i \tag{2.2}$$

式中，$\boldsymbol{x}_i=\phi_i\boldsymbol{a}_i$ 表示雷达 i 的发射信号，$\boldsymbol{a}_i=[1,\mathrm{e}^{\mathrm{j}2\pi f_{D,i}},\cdots,\mathrm{e}^{\mathrm{j}2\pi(N-1)f_{D,i}}]$ 表示雷达 i 相对目标的多普勒转向矢量，$f_{D,i}$ 为目标相对于雷达 i 的多普勒频移，N 为雷达驻留时间内接收到的脉冲数目，ϕ_i 为雷达 i 的发射信号。χ_i 表示雷达 i 与目标之间的信道增益，P_i 为雷达 i 的发射功率，$\zeta_{i,j}$ 为雷达 i 与雷达 j 之间的互信道增益，$\boldsymbol{w}_i$ 表示雷达 i 接收机处均值为零、方差为 σ^2 的高斯白噪声。假设 $\alpha_i\sim\mathcal{CN}(0,h_{i,i}^{\mathrm{t}})$，$\beta_{i,j}\sim\mathcal{CN}(0,c_{i,j}(h_{i,j}^{\mathrm{t}}+h_{i,j}^{\mathrm{d}}))$，且 $\boldsymbol{w}_i\sim\mathcal{CN}(0,\sigma^2\boldsymbol{I}_N)$，其中，$h_{i,i}^{\mathrm{t}}$ 表示雷达 i-目标-雷达 i 信道增益的方差，$c_{i,j}h_{i,j}^{\mathrm{t}}$ 表示雷达 i-目标-雷达 j 信道增益的方差，$c_{i,j}h_{i,j}^{\mathrm{d}}$ 表示雷达 i-雷达 j 信道增益的方差，$c_{i,j}$ 表示雷达 i 与雷达 j 之间的互相关系数，$\boldsymbol{I}_N$ 为 N 阶单位矩阵。定义相应信道增益的方差如下

$$\left.\begin{aligned}
h_{i,i}^{\mathrm{t}} &= \frac{G_{\mathrm{t}}G_{\mathrm{r}}\sigma_{i,i}^{\mathrm{RCS}}\lambda^2}{(4\pi)^3R_i^4}\\
h_{i,j}^{\mathrm{t}} &= \frac{G_{\mathrm{t}}G_{\mathrm{r}}\sigma_{i,j}^{\mathrm{RCS}}\lambda^2}{(4\pi)^3R_i^2R_j^2}\\
h_{i,j}^{\mathrm{d}} &= \frac{G_{\mathrm{t}}'G_{\mathrm{r}}'\lambda^2}{(4\pi)^2d_{i,j}^2}\\
g_i^{\mathrm{d}} &= \frac{G_{\mathrm{t}}'G_{\mathrm{c}}\lambda^2}{(4\pi)^2d_i^2}
\end{aligned}\right\} \tag{2.3}$$

式中，G_{t}为雷达发射天线主瓣增益，G_{r}为雷达接收天线主瓣增益，G_{t}'为雷达发射天线旁瓣增益，G_{r}'为雷达接收天线旁瓣增益，G_{c}为通信基站接收天线增益，$\sigma_{i,i}^{\mathrm{RCS}}$为目标相对于雷达$i$的RCS，$\sigma_{i,j}^{\mathrm{RCS}}$为目标相对于雷达$i$和雷达$j$的双站RCS，$\lambda$为雷达发射信号波长，$R_i$为雷达$i$与目标之间的距离，$R_j$为雷达$j$与目标之间的距离，$d_{i,j}$为雷达$i$与雷达$j$之间的直线距离，$d_i$为雷达$i$与通信基站之间的直线距离。假设所有信道增益的方差在雷达波束驻留时间内保持恒定。

在此，采用GLRT作为组网雷达系统的最优检测器[16][18][48][49]。雷达i的目标检测概率$p_{\mathrm{D},i}(\delta_i,\gamma_i)$和虚警概率$p_{\mathrm{FA},i}(\delta_i)$分别定义为

$$\left.\begin{aligned}p_{\mathrm{D},i}(\delta_i,\gamma_i)&=\left(1+\frac{\delta_i}{1-\delta_i}\cdot\frac{1}{1+N\gamma_i}\right)^{1-N}\\p_{\mathrm{FA},i}(\delta_i)&=(1-\delta_i)^{N-1}\end{aligned}\right\}\tag{2.4}$$

式中，δ_i为检测门限，γ_i表示雷达i接收到的SINR值，其定义如下

$$\gamma_i=\frac{h_{i,i}^{\mathrm{t}}P_i}{\sum\limits_{j=1,j\neq i}^{N_{\mathrm{t}}}c_{i,j}(h_{i,j}^{\mathrm{d}}P_j+h_{i,j}^{\mathrm{t}}P_j)+\sigma^2}\tag{2.5}$$

式（2.5）可以重写为

$$\gamma_i=\frac{h_{i,i}^{\mathrm{t}}P_i}{I_{-i}}\tag{2.6}$$

式中，雷达i接收到的总干扰加噪声可表示为

$$I_{-i}=\sum_{j=1,j\neq i}^{N_{\mathrm{t}}}c_{i,j}(h_{i,j}^{\mathrm{d}}P_j+h_{i,j}^{\mathrm{t}}P_j)+\sigma^2\tag{2.7}$$

根据Bacci G和Panoui A等人[16][18]的分析易知，可由预先设定的目标检测概率$p_{\mathrm{D},i}(\delta_i,\gamma_i)$和虚警概率$p_{\mathrm{FA},i}(\delta_i)$求得检测门限$\delta_i$，随后可得到各雷达接收到的SINR值$\gamma_i$，并可用其表征雷达目标探测性能。为了得到组网雷达系统的最优发射功率策略，本章基于非合作博弈理论来建模和分析频谱共存环境下组网雷达系统中各雷达与通信系统之间的相互影响。在非合作博弈中，各雷达通过最大化自身的效用函数来实现发射功率控制。

2.3 基于非合作博弈的组网雷达分布式功率控制算法

本节建立频谱共存环境下基于非合作博弈的组网雷达分布式功率控制模型，该模型以最小化组网雷达系统中各雷达的发射功率为目标，以给定目标探测性能及组网雷达对通信系统最大可接受干扰功率为约束条件，借助非合作博弈理论对优化模型进行求解，控制雷达组网系统中各雷达的发射功率，从而提升频谱共存环境下

组网雷达系统的射频隐身性能。

2.3.1　基于非合作博弈的组网雷达分布式功率控制模型

所谓博弈，即指决策主体在相互对抗中，对抗双方或多方相互依存的一系列策略和行动的过程的集合[1][3]。通常而言，一个博弈模型$\mathcal{G}$可以表示为

$$\mathcal{G}=[\mathcal{M},\mathcal{P},\{u_i(P_i,\boldsymbol{P}_{-i})\}_{i\in\mathcal{M}}] \tag{2.8}$$

其中，博弈包含三个基本要素：

（a）博弈参与者或决策者：参与博弈的各方，通常用集合$\mathcal{M}=\{1,2,\cdots,N_\mathrm{t}\}$表示博弈参与者集合；

（b）策略空间：每个博弈参与者可以采取的行动方案的全体，通常用所有博弈参与者策略集的笛卡尔乘积表示策略空间，即$\mathcal{P}=\times_{i\in\mathcal{M}}\mathcal{P}_i$，其中，$\mathcal{P}_i$为博弈参与者$i$的发射功率策略集；

（c）效用函数：每个博弈参与者在一定策略组合下所获得的收益，通常用$u_i(P_i,\boldsymbol{P}_{-i})$表示，其中，$\boldsymbol{P}_{-i}$为除雷达$i$外其他雷达的发射功率策略矢量，且有$P_i\in\mathcal{P}_i$。

一般地，博弈主要分为非合作博弈与合作博弈。非合作博弈指的是博弈参与者之间不能达成具有约束力协议的博弈，而合作博弈指的是博弈参与者之间能够达成具有约束力协议的博弈[1]。它们两者的区别在于相互作用的博弈参与者之间有没有这样一个具有约束力的协议。

在非合作博弈中，理性且自私的博弈参与者都会相互竞争有限的资源，通过选择策略使得自身的系统效用函数$u_i(P_i,\boldsymbol{P}_{-i})$最大化。这样一来，非合作博弈模型就与最优化问题一样，可以表示为

$$\max_{P_i\in\mathcal{P}_i} u_i(P_i,\boldsymbol{P}_{-i}) \tag{2.9}$$

频谱共存环境下组网雷达系统中的各雷达能够自适应地观察、学习和决策，从而使自身的利益最大化。另外，这些雷达分属于不同的利益方，当各自目标不一致时，这些雷达之间显然不会发生合作行为。在此，综合考虑目标探测性能、雷达发射功率及通信系统接收到干扰功率，设计一种新的效用函数

$$u_i(P_i,\boldsymbol{P}_{-i})=\ln(\gamma_i-\gamma_\mathrm{th}^\mathrm{min})-\mu_i h_{i,i}^\mathrm{t}P_i-\vartheta_i\sum_{i=1}^{N_\mathrm{t}}g_i^\mathrm{d}P_i \tag{2.10}$$

式中，$\gamma_\mathrm{th}^\mathrm{min}$为表征目标探测性能的 SINR 阈值，$\mu_i$和$\vartheta_i$分别为雷达$i$的发射功率与对通信系统干扰功率的影响因子，且均为非负值。

因此，本章建立的基于非合作博弈的组网雷达分布式功率控制模型为

$$\left.\begin{aligned}&\max_{P_i,\, i\in\mathcal{M}} u_i(P_i,\boldsymbol{P}_{-i}),\\ \text{s.t.:}\ &\gamma_i \geqslant \gamma_{\text{th}}^{\min}, i\in\mathcal{M}\\ &\sum_{i=1}^{N_{\text{t}}} g_i^{\text{d}} P_i \leqslant T_{\max},\\ &0\leqslant P_i \leqslant P_i^{\max}, i\in\mathcal{M}\end{aligned}\right\} \tag{2.11}$$

式中，$T_{\max}$ 为通信系统最大可接受干扰功率阈值，$P_i^{\max}$ 为雷达 i 的最大发射功率。需要注意的是，参数 $h_{i,i}^{\text{t}}$ 是与目标 RCS 和雷达 i 与目标之间距离有关的函数。通过引入参数 $h_{i,i}^{\text{t}}$，可以适当降低 SINR 以达到减小各雷达发射功率的目的，但仍可以保证各雷达的目标探测性能要求。由 2.4 节仿真结果可以知道，组网雷达系统中各雷达的发射功率主要由目标相对各雷达的 RCS 及其相对位置关系决定[48][49]。在目标探测过程中，距离目标较远及目标相对 RCS 较小的雷达倾向于发射更大的功率，从而在保证各雷达目标探测性能的前提下，最小化其发射功率，以提升其射频隐身性能。

2.3.2 雷达发射功率迭代公式求解

本小节采用牛顿迭代法来推导频谱共存环境下各雷达的最优发射功率迭代公式。对式（2.10）中的效用函数 $u_i(P_i,\boldsymbol{P}_{-i})$ 求关于 P_i 的一阶偏导数，可以得到

$$\frac{\partial u_i(P_i,\boldsymbol{P}_{-i})}{\partial P_i}=\frac{1}{\gamma_i-\gamma_{\text{th}}^{\min}}\cdot\frac{h_{i,i}^{\text{t}}}{I_{-i}}-\mu_i h_{i,i}^{\text{t}}-\vartheta_i g_i^{\text{d}} \tag{2.12}$$

令 $\partial u_i(P_i,\boldsymbol{P}_{-i})/\partial P_i=0$，则有

$$\frac{1}{\gamma_i-\gamma_{\text{th}}^{\min}}\cdot\frac{h_{i,i}^{\text{t}}}{I_{-i}}=\mu_i h_{i,i}^{\text{t}}+\vartheta_i g_i^{\text{d}} \tag{2.13}$$

重新整理式（2.13）后，有

$$\gamma_i=\gamma_{\text{th}}^{\min}+\frac{h_{i,i}^{\text{t}}}{I_{-i}}\cdot\frac{1}{\mu_i h_{i,i}^{\text{t}}+\vartheta_i g_i^{\text{d}}} \tag{2.14}$$

将式（2.6）代入式（2.14）中，经整理，可得雷达 i 发射功率的最优解 P_i^* 为

$$P_i^*=\frac{I_{-i}}{h_{i,i}^{\text{t}}}\gamma_{\text{th}}^{\min}+\frac{1}{\mu_i^* h_{i,i}^{\text{t}}+\vartheta_i^* g_i^{\text{d}}} \tag{2.15}$$

于是，借助牛顿迭代法，得到雷达 i 的发射功率迭代公式为

$$P_i^{(n+1)}=\left[\frac{P_i^{(n)}}{\gamma_i^{(n)}}\gamma_{\text{th}}^{\min}+\frac{1}{\mu_i^{(n)} h_{i,i}^{\text{t}}+\vartheta_i^{(n)} g_i^{\text{d}}}\right]_0^{P_i^{\max}} \tag{2.16}$$

式中，n 为迭代次数索引。当 $\gamma_i^{(n)}\leqslant\gamma_{\text{th}}^{\min}$ 时，$\mu_i^{(n+1)}$ 不变；当 $\gamma_i^{(n)}>\gamma_{\text{th}}^{\min}$ 时，$\mu_i^{(n+1)}=$

$\mu_i^{(n)}\left(\dfrac{\gamma_i^{(n)}}{\gamma_{\mathrm{th}}^{\min}}\right)^2$。另外，采用次梯度算法来对影响因子 $\{\vartheta_i^{(n)}\}_{i=1}^{N_\mathrm{t}}$ 进行更新，以保证算法的快速收敛：

$$\vartheta_i^{(n+1)}=\left[\vartheta_i^{(n)}-\beta^{(n)}\left(T_{\max}-\sum_{i=1}^{N_\mathrm{t}}g_i^{\mathrm{d}}P_i^{(n+1)}\right)\right]_0^+ \tag{2.17}$$

式中，$\beta^{(n)}$ 为第 n 次迭代的步长，$n\in\{1,\cdots,L_{\max}\}$，其中，$L_{\max}$ 为算法最大迭代次数。$\beta^{(n)}$ 需要满足以下条件：

$$\begin{cases}\displaystyle\sum_{l=1}^{\infty}\beta^{(l)}=\infty\\ \displaystyle\lim_{l\to\infty}\beta^{(l)}=0\end{cases} \tag{2.18}$$

2.3.3　纳什均衡解的存在性与唯一性证明

纳什均衡解是一种所有博弈参与者策略组合状态，在这种状态下，没有博弈参与者单方面偏离此状态以增加自身收益[3]。只要博弈参与者改变当前策略，就可能会导致自身收益减少，这就使得博弈进入一个相对稳定的状态。针对纯策略集，纳什均衡解的定义如下：

定义 2.1（纳什均衡解）： 策略矢量 $\boldsymbol{P}^*=(P_i^*,\boldsymbol{P}_{-i}^*)\in\mathcal{P}$ 是战略形式博弈 $\mathcal{G}=[\mathcal{M},\mathcal{P},\{u_i(P_i,\ \boldsymbol{P}_{-i})\}_{i\in\mathcal{M}}]$ 的一个纳什均衡解，假设

$$u_i(P_i^*,\boldsymbol{P}_{-i}^*)\geqslant u_i(P_i,\boldsymbol{P}_{-i}^*),\ P_i\in\mathcal{P}_i,\ i\in\mathcal{M} \tag{2.19}$$

成立。

定理 2.1（存在性）： $\forall i\in\mathcal{M}$，满足下列两个条件时，本章提出的基于非合作博弈的组网雷达分布式功率控制算法至少有一个纳什均衡解存在[48][49]：

（a）雷达 i 的发射功率 P_i 是欧几里得空间上的非空、闭合、有界的凸集合；

（b）雷达 i 的效用函数 $u_i(P_i,\boldsymbol{P}_{-i})$ 是连续的拟凹函数。

证明： 由式（2.11）中各雷达的发射功率策略易知，雷达 i 的发射功率 P_i 是欧几里得空间上的非空、闭合、有界的凸集合，所以满足条件（a）。

对效用函数 $u_i(P_i,\boldsymbol{P}_{-i})$ 相对于 P_i 求二阶偏导数，可得

$$\frac{\partial^2 u_i(P_i,\boldsymbol{P}_{-i})}{\partial P_i^2}=-\frac{(h_{i,i}^{\mathrm{t}})^2}{I_{-i}^2(\gamma_i-\gamma_{\mathrm{th}}^{\min})^2}<0 \tag{2.20}$$

则效用函数 $u_i(P_i,\boldsymbol{P}_{-i})$ 在策略空间上为连续的凹函数，而凹函数也是拟凹函数。因此，本章所提算法存在纳什均衡解，证毕。

定理 2.2（唯一性）： 本章提出的基于非合作博弈的组网雷达分布式功率控制算法具有唯一的纳什均衡解。

证明：雷达i的最优响应策略函数为

$$f(P_i)=\frac{P_i}{\gamma_i}\gamma_{\mathrm{th}}^{\min}+\frac{1}{\mu_i h_{i,i}^{\mathrm{t}}+\vartheta_i g_i^{\mathrm{d}}} \tag{2.21}$$

根据文献[48][49]，当且仅当最优响应策略函数$f(P_i)$满足如下三个条件时，非合作博弈模型存在唯一纳什均衡解：

（a）正定性：$\forall i\in\mathcal{M}$，有$f(P_i)>0$；

（b）单调性：如果$P_i^a>P_i^b$，则有$f(P_i^a)>f(P_i^b)$；

（c）可扩展性：如果$\alpha>1$，则有$\alpha f(P_i)>f(\alpha P_i)$。

对于条件（a），显然有

$$f(P_i)=\frac{P_i}{\gamma_i}\gamma_{\mathrm{th}}^{\min}+\frac{1}{\mu_i h_{i,i}^{\mathrm{t}}+\vartheta_i g_i^{\mathrm{d}}}>0 \tag{2.22}$$

因此，雷达i的最优响应策略函数$f(P_i)$满足正定性。

对于条件（b），如果$P_i^a>P_i^b$，则有

$$\begin{aligned}f(P_i^a)-f(P_i^b)&=\frac{P_i^a-P_i^b}{\gamma_i}\gamma_{\mathrm{th}}^{\min}+\left(\frac{1}{\mu_i h_{i,i}^{\mathrm{t}}+\vartheta_i g_i^{\mathrm{d}}}-\frac{1}{\mu_i h_{i,i}^{\mathrm{t}}+\vartheta_i g_i^{\mathrm{d}}}\right)\\&=\frac{P_i^a-P_i^b}{\gamma_i}\gamma_{\mathrm{th}}^{\min}>0\end{aligned} \tag{2.23}$$

于是，$f(P_i^a)>f(P_i^b)$。因此，雷达i的最优响应策略函数$f(P_i)$满足单调性。

对于条件（c），如果$\alpha>1$，则有

$$\begin{aligned}\alpha f(P_i)-f(\alpha P_i)&=\alpha\left(\frac{P_i}{\gamma_i}\gamma_{\mathrm{th}}^{\min}+\frac{1}{\mu_i h_{i,i}^{\mathrm{t}}+\vartheta_i g_i^{\mathrm{d}}}\right)-\left(\frac{\alpha P_i}{\gamma_i}\gamma_{\mathrm{th}}^{\min}+\frac{1}{\mu_i h_{i,i}^{\mathrm{t}}+\vartheta_i g_i^{\mathrm{d}}}\right)\\&=\frac{\alpha}{\mu_i h_{i,i}^{\mathrm{t}}+\vartheta_i g_i^{\mathrm{d}}}-\frac{1}{\mu_i h_{i,i}^{\mathrm{t}}+\vartheta_i g_i^{\mathrm{d}}}\\&=\frac{\alpha-1}{\mu_i h_{i,i}^{\mathrm{t}}+\vartheta_i g_i^{\mathrm{d}}}>0\end{aligned} \tag{2.24}$$

于是，$\alpha f(P_i)>f(\alpha P_i)$。因此，雷达$i$的最优响应策略函数$f(P_i)$满足可扩展性。

综上所述，本章提出的基于非合作博弈的组网雷达分布式功率控制算法具有唯一的纳什均衡解，证毕。

2.3.4 组网雷达分布式发射功率迭代算法

在证明本章基于非合作博弈的组网雷达分布式功率控制算法具有唯一纳什均衡解的基础上，根据雷达i的发射功率迭代公式（2.16），给出基于非合作博弈的分布式发射功率迭代算法，如算法2.1所示。

算法 2.1　基于非合作博弈的分布式发射功率迭代算法

1. 参数初始化：设置参数初始值 $\gamma_{\mathrm{th}}^{\min}$，$P_{i,\max}$，影响因子 $\{\mu_i^{(0)}\}_{i=1}^{N_t}$ 和 $\{\vartheta_i^{(0)}\}_{i=1}^{N_t}$，迭代次数索引 $n=1$，误差容限 $\varepsilon>0$；
2. 循环：对 $i=1,\cdots,N_{\mathrm{t}}$，利用式（2.16）计算 $P_i^{(n)}$；

   当 $\gamma_i^{(n)}\leqslant\gamma_{\mathrm{th}}^{\min}$ 时，$\mu_i^{(n+1)}\leftarrow\mu_i^{(n)}$；

   当 $\gamma_i^{(n)}>\gamma_{\mathrm{th}}^{\min}$ 时，$\mu_i^{(n+1)}\leftarrow\mu_i^{(n)}\left(\dfrac{\gamma_i^{(n)}}{\gamma_{\mathrm{th}}^{\min}}\right)^2$；

   利用式（2.17）更新权重因子 $\{\vartheta_i^{(n)}\}_{i=1}^{N_t}$；

   更新 $n\leftarrow n+1$；
3. 当 $|P_i^{(n+1)}-P_i^{(n)}|<\varepsilon$ 或 $n=L_{\max}$ 时，结束循环；
4. 参数更新：$\forall i$，更新 $P_i^*\leftarrow P_i^{(n)}$。

由算法 2.1 可知，各雷达的发射功率在满足一定目标探测性能和组网雷达对通信系统干扰功率约束的情况下，根据式（2.16）进行博弈迭代计算。经过有限次博弈迭代，当各雷达的发射功率水平不再发生变化时，即获得满足模型优化目标的最优发射功率策略 $\{P_i^*\}_{i=1}^{N_t}$。

为了满足算法 2.1 的分布式计算要求，各雷达需要预先获得各信道增益的方差 $\{h_{i,j}^{\mathrm{t}}\}_{j=1,j\neq i}^{N_t}$，$\{h_{i,j}^{\mathrm{d}}\}_{j=1,j\neq i}^{N_t}$，$\{h_{i,i}^{\mathrm{t}}\}_{i=1}^{N_t}$ 和 $\{g_i^{\mathrm{d}}\}_{i=1}^{N_t}$。另外，雷达 i 第 $n+1$ 时刻发射功率策略 $P_i^{(n+1)}$ 的获得需要其他雷达前一时刻的发射功率，即 $\boldsymbol{P}_{-i}^{(n)}$，因此，各雷达需要将自身第 n 时刻的发射功率经数据链路发送给其他雷达，以满足其第 $n+1$ 时刻功率迭代计算的要求。

2.4　仿真结果与分析

2.4.1　仿真参数设置

为了验证频谱共存环境下基于非合作博弈的组网雷达功率控制算法的可行性和有效性，本节进行了仿真。假设组网雷达系统由 $N_{\mathrm{t}}=4$ 部雷达组成，且各雷达在目标探测模式下某一时刻的相对位置如表 2.1 所示。通信基站的位置为 $[-10,0]\,\mathrm{km}$。为了验证目标相对于系统中各雷达的位置关系对功率分配结果的影响，本节考虑某一时刻两种不同的目标位置。其中，第一种情况下目标位置为 $[0,0]\,\mathrm{km}$，第二种情况下目标位置为 $[-25/\sqrt{2},25/\sqrt{2}]\,\mathrm{km}$。雷达间的互干扰系数为 $c_{i,j}=0.01(i\neq j)$。其他系统参数分别设置如下：雷达天线增益 $G_{\mathrm{t}}=G_{\mathrm{r}}=27\,\mathrm{dB}$，$G_{\mathrm{t}}'=G_{\mathrm{r}}'=-30\,\mathrm{dB}$，雷达信号波长 $\lambda=0.10\,\mathrm{m}$；每部雷达的发射功率上限为 $P_{i,\max}=1000\,\mathrm{W}$；目标检测概率 $p_{\mathrm{D},i}(\delta_i,\gamma_i)=0.9973$，虚警概率 $p_{\mathrm{FA},i}(\delta_i)=10^{-6}$，雷达发射脉冲数 $N=512$，检测门限 $\delta_i=0.0267$，由式（2.4）可计算得到相应的 SINR 阈值 $\gamma_{\mathrm{th}}^{\min}=10\,\mathrm{dB}$；通信基站接收天线增益 $G_{\mathrm{c}}=0\,\mathrm{dB}$，通信系统最大可接受干扰功率阈值 $T_{\max}=-105\,\mathrm{dBmW}$；雷达接收

机噪声功率 $\sigma^2 = 10^{-18}$ W 。设置算法最大迭代次数 $L_{\max} = 50$ ，影响因子 $\mu_i^{(0)} = 10^{10}$ ，$\vartheta_i^{(0)} = 10^{10}$ ，误差容限 $\varepsilon = 10^{-15}$ 。

表 2.1 组网雷达在空间中的相对位置分布

雷 达 系 统	空 间 位 置
雷达 1	$[50/\sqrt{2}, 50/\sqrt{2}]$ km
雷达 2	$[-50/\sqrt{2}, 50/\sqrt{2}]$ km
雷达 3	$[-50/\sqrt{2}, -50/\sqrt{2}]$ km
雷达 4	$[50/\sqrt{2}, -50/\sqrt{2}]$ km

在此，考虑两种目标 RCS 模型 $\boldsymbol{\sigma}_1^{\text{RCS}}$ 和 $\boldsymbol{\sigma}_2^{\text{RCS}}$（若无特别说明，本书中 RCS 单位一律为平方米）。其中，第一种 RCS 模型为 $\boldsymbol{\sigma}_1^{\text{RCS}} = [1,1,1,1]$ ，表示目标相对各雷达视角下的 RCS 均相等，功率分配结果只与目标到雷达的距离及它们之间的相对位置有关。为了进一步分析目标 RCS 对功率分配结果的影响，本节还考虑了第二种 RCS 模型 $\boldsymbol{\sigma}_2^{\text{RCS}} = [1, 0.2, 3, 5]$，表示目标相对各雷达视角下的 RCS 不相等。

2.4.2 功率控制结果

图 2.2 所示为频谱共存环境下基于非合作博弈的组网雷达功率控制算法中雷达发射功率随博弈迭代次数变化的曲线。从图 2.2 可以看出，所提算法经过 5～8 次迭代计算可以达到纳什均衡解，从而验证了算法的收敛性。为了分析不同因素对雷达功率分配结果的影响，图 2.3 给出了不同情况下的组网雷达发射功率分配比，其中，定义第 i 部雷达的功率分配比为

$$\begin{cases} \eta_i = \dfrac{P_i}{\sum\limits_{i=1}^{N_t} P_i} \\ \sum\limits_{i=1}^{N_t} \eta_i = 1 \end{cases} \tag{2.25}$$

如图 2.3（b）所示，在第一种目标位置下，雷达 2 发射较大的功率，而雷达 1、雷达 3 和雷达 4 则发射较小的功率，说明相对目标视角 RCS 小的雷达发射较大的功率。由图 2.3（c）给出的功率分配结果可以发现，在第二种目标位置下，雷达 4 发射最大的功率，原因是雷达 4 距离目标最远，需要发射更大的功率以满足其目标探测 SINR 性能要求。因此，目标相对于各雷达位置关系的不同会产生不同的发射功率，从而影响组网雷达系统的射频隐身性能。由图 2.3（c）给出的功率控制结果可以发现，雷达 4 发射较大的功率，而雷达 1、雷达 2 和雷达 3 则发射很小的功率，说明距离目标位置较远的雷达发射较大的功率。综上所述，频谱共存环境下基于非合作博弈的组网雷达功率控制算法的雷达发射功率与目标相对系统中各雷

达的位置关系及目标相对各雷达视角下的 RCS 有关，且距离目标较远、相对目标视角 RCS 较小的雷达需要发射较大的功率，从而满足其设定的目标探测 SINR 性能要求。

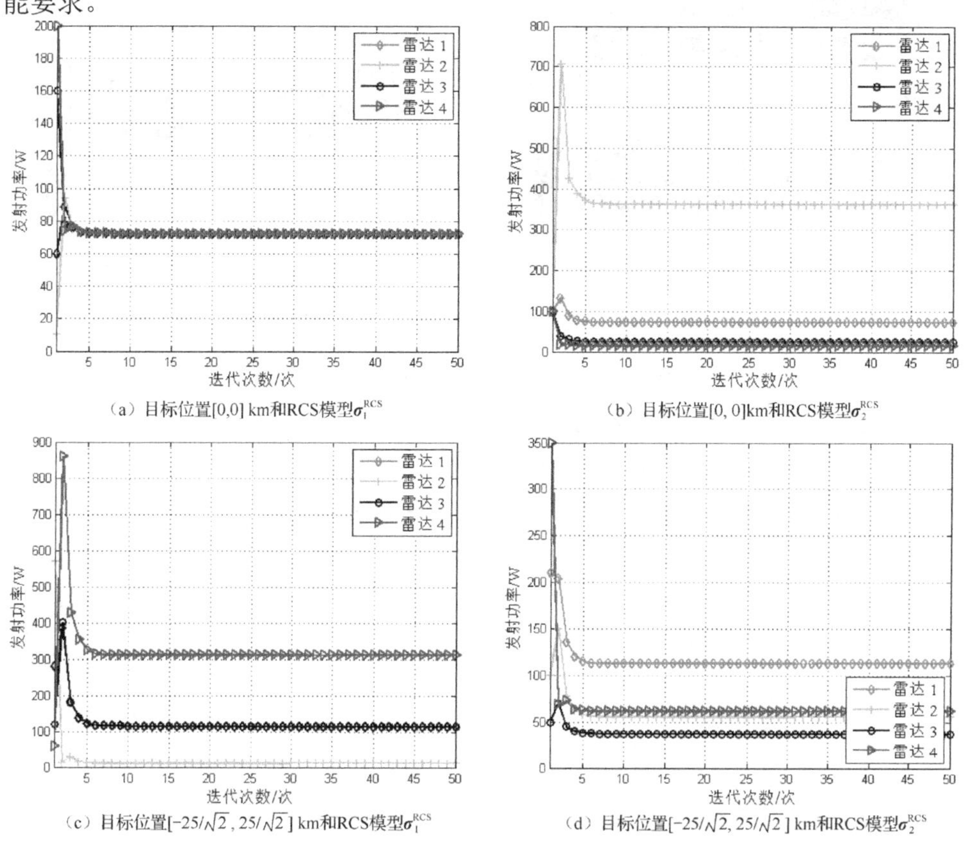

（a）目标位置[0,0] km和RCS模型σ_1^{RCS}　（b）目标位置[0, 0]km和RCS模型σ_2^{RCS}

（c）目标位置$[-25/\sqrt{2}, 25/\sqrt{2}]$ km和RCS模型σ_1^{RCS}　（d）目标位置$[-25/\sqrt{2}, 25/\sqrt{2}]$ km和RCS模型σ_2^{RCS}

图 2.2　不同情况下雷达发射功率收敛性能

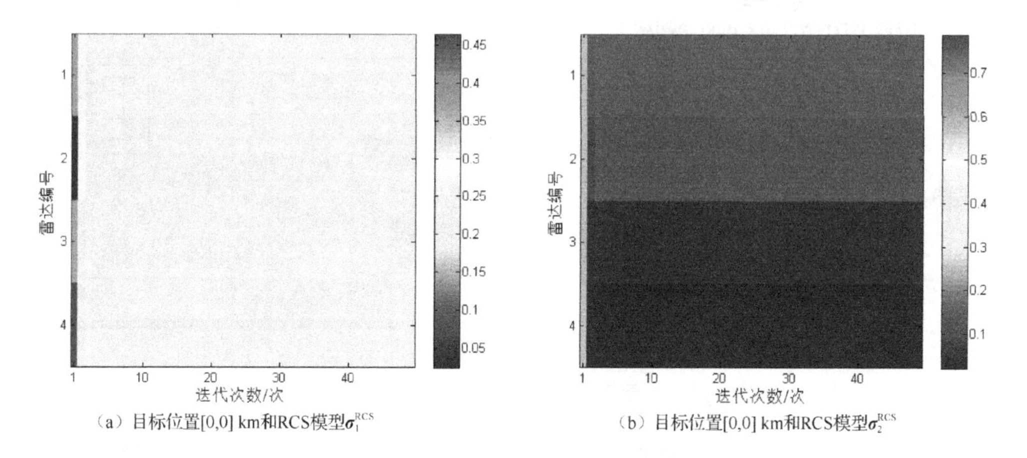

（a）目标位置[0,0] km和RCS模型σ_1^{RCS}　（b）目标位置[0,0] km和RCS模型σ_2^{RCS}

图 2.3　不同情况下组网雷达发射功率分配比

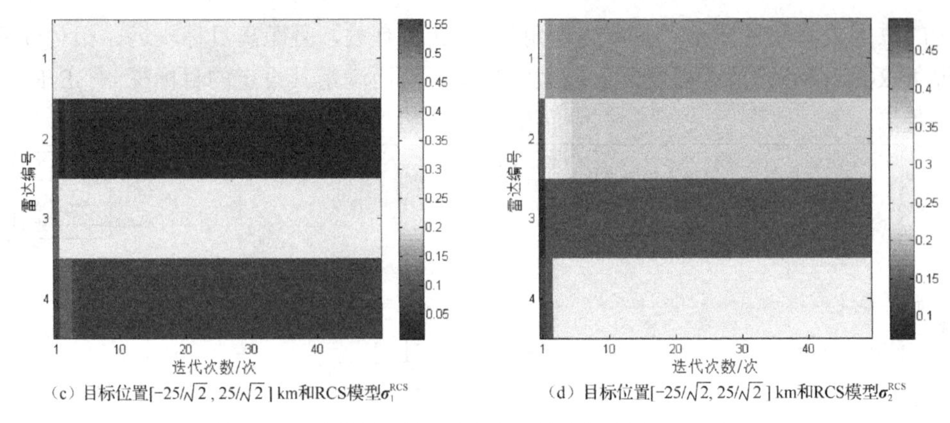

（c）目标位置$[-25/\sqrt{2}, 25/\sqrt{2}]$ km和RCS模型σ_1^{RCS}　（d）目标位置$[-25/\sqrt{2}, 25/\sqrt{2}]$ km和RCS模型σ_2^{RCS}

图 2.3　不同情况下组网雷达发射功率分配比（续）

图 2.4 给出了频谱共存环境下基于非合作博弈的组网雷达功率控制算法的 SINR 收敛性能。结果显示，经过 6 次左右的迭代计算，各雷达的 SINR 收敛到预先设定的 SINR 阈值γ_{th}^{min}，从而验证了本章算法可以在控制各雷达发射功率的同时，满足其目标探测 SINR 性能要求，同时实现了各雷达之间的公平性。

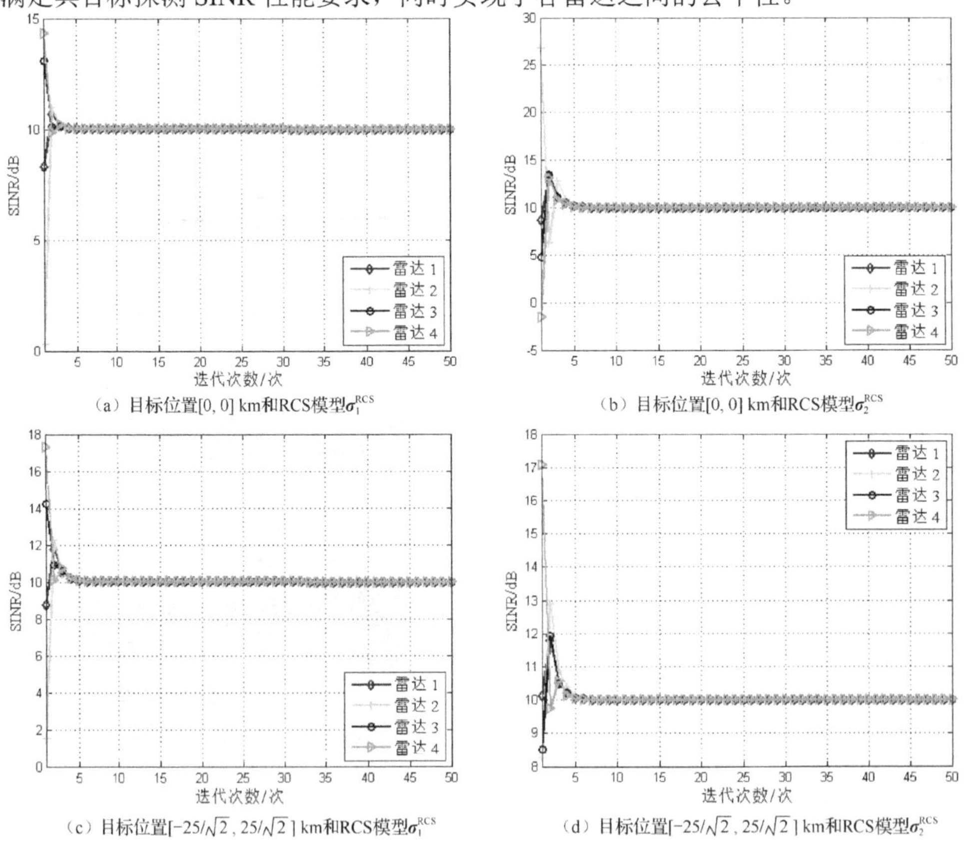

（a）目标位置[0, 0] km和RCS模型σ_1^{RCS}　（b）目标位置[0, 0] km和RCS模型σ_2^{RCS}

（c）目标位置$[-25/\sqrt{2}, 25/\sqrt{2}]$ km和RCS模型σ_1^{RCS}　（d）目标位置$[-25/\sqrt{2}, 25/\sqrt{2}]$ km和RCS模型σ_2^{RCS}

图 2.4　不同情况下雷达 SINR 收敛性能

为了进一步证明频谱共存环境下基于非合作博弈的组网雷达功率控制算法的优势，图 2.5 和图 2.6 分别将本章算法的雷达发射功率和 SINR 性能与均匀功率分配算法、Koskie 和 Gajic 所提的 K-G 算法、Yang 等人所提的 ANCPC 算法进行对比。从图 2.5 中可以看出，相对于其他算法，均匀功率分配算法中各雷达的发射功率最大，这是因为该算法是在没有任何关于目标和环境先验知识的情况下，将系统功率均匀分配给各部雷达。ANCPC 算法中各雷达发射功率次之，这是因为在频谱共存环境下，组网雷达采用非合作博弈模式进行目标探测，各雷达通过单纯地增大发射功率来获得自身效用函数的最大化，从而其探测性能超过设定的 SINR 阈值。然而，这不仅增大了对网络中其他雷达及通信系统的干扰，而且造成自身发射功率的浪费，大大降低了系统的射频隐身性能。K-G 算法中各雷达的发射功率最小，但由于其对雷达发射功率的严格控制，使得雷达的 SINR 性能低于 $\gamma_{\mathrm{th}}^{\min}$，显然，K-G 算法无法满足各雷达对目标探测性能的需求。相对于以上几种功率控制算法，本章算法并不是单纯地通过增大各雷达发射功率来最大化自身的效用函数，而是综合考虑雷达目标探测性能需求、雷达发射功率及各雷达对通信系统的干扰等因素，从而

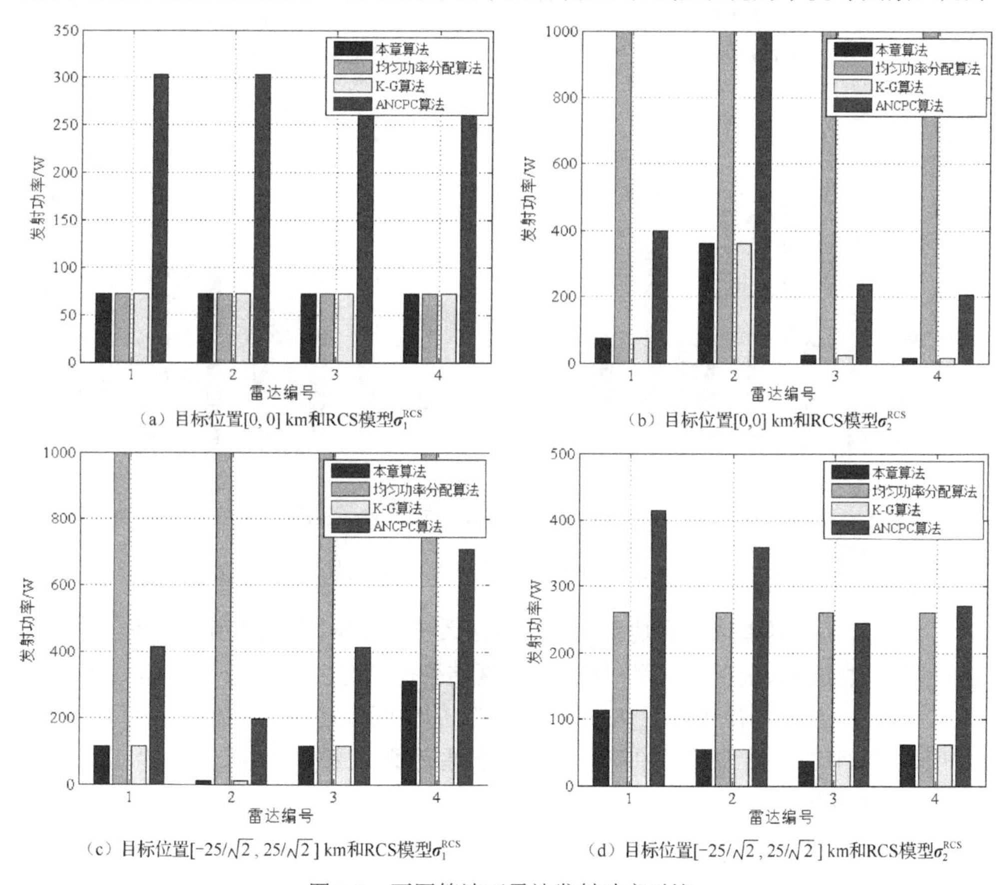

（a）目标位置[0, 0] km和RCS模型σ_1^{RCS}　（b）目标位置[0,0] km和RCS模型σ_2^{RCS}

（c）目标位置$[-25/\sqrt{2}, 25/\sqrt{2}]$ km和RCS模型σ_1^{RCS}　（d）目标位置$[-25/\sqrt{2}, 25/\sqrt{2}]$ km和RCS模型σ_2^{RCS}

图 2.5　不同算法下雷达发射功率对比

在满足一定目标探测性能和组网雷达对通信系统干扰功率约束的条件下，降低各雷达发射功率。因此，从图 2.5 和图 2.6 中可以看出，频谱共存环境下基于非合作博弈的组网雷达功率控制算法不仅能满足所有雷达目标探测性能的要求，即各雷达的 SINR 值均达到预先设定的 SINR 阈值，同时可有效地降低各雷达发射功率，提升了组网雷达系统的射频隐身性能。

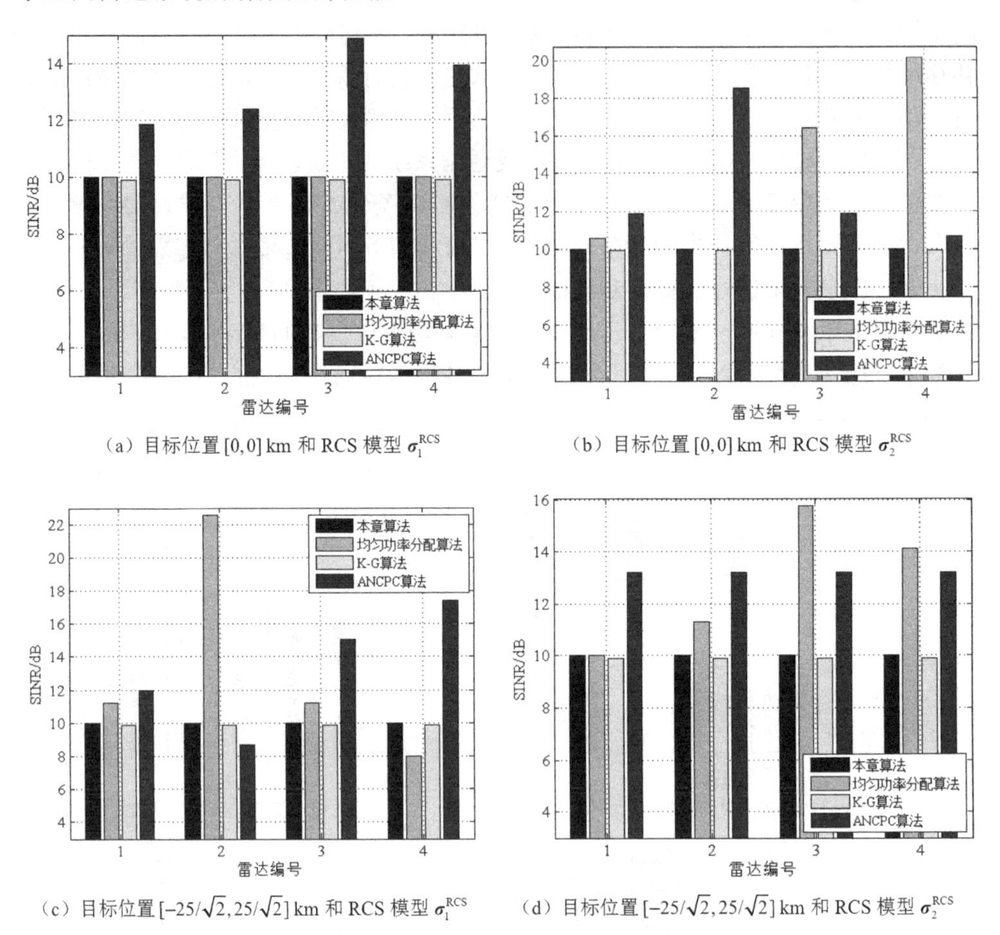

（a）目标位置 $[0,0]$ km 和 RCS 模型 σ_1^{RCS}　（b）目标位置 $[0,0]$ km 和 RCS 模型 σ_2^{RCS}

（c）目标位置 $[-25/\sqrt{2},25/\sqrt{2}]$ km 和 RCS 模型 σ_1^{RCS}　（d）目标位置 $[-25/\sqrt{2},25/\sqrt{2}]$ km 和 RCS 模型 σ_2^{RCS}

图 2.6　不同算法下雷达 SINR 对比

为了验证组网雷达发射功率控制对通信系统的影响，图 2.7 所示为不同算法下组网雷达对通信系统干扰功率对比。从仿真结果可以看出，在不同目标位置和 RCS 模型条件下，频谱共存环境下基于非合作博弈的组网雷达功率控制算法所得的雷达发射功率对通信系统产生的干扰均小于通信系统最大可接受干扰功率阈值 $T_{\max}=-105\ \mathrm{dBmW}$。

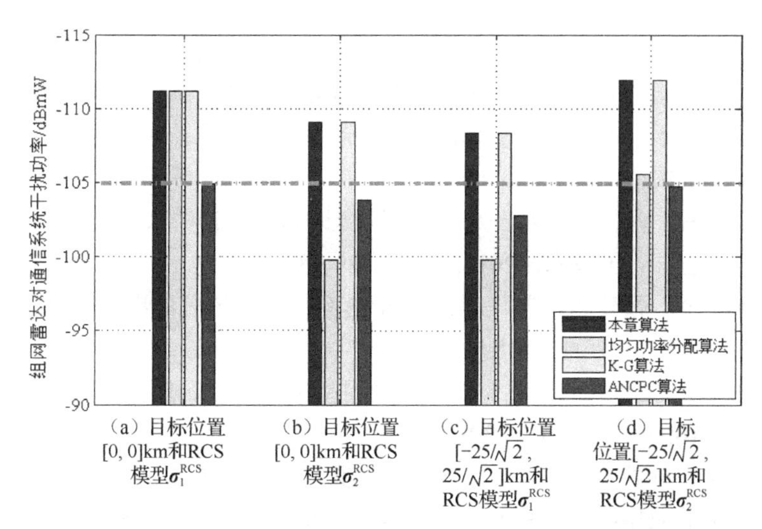

图 2.7　不同算法下组网雷达对通信系统干扰功率对比

综上所述，频谱共存环境下基于非合作博弈的组网雷达功率控制算法在满足一定目标探测性能和组网雷达对通信系统干扰功率约束的条件下，具有最低的发射功率，不仅降低了各雷达间的相互干扰及组网雷达系统对通信系统的干扰，而且提升了系统的射频隐身性能，实现了频谱共存环境下组网雷达射频隐身性能与目标探测性能之间的良好折中。

参考文献

[1] 徐友云，李大鹏，钟卫，等. 认知无线电网络资源分配—博弈模型与性能分析[M]. 北京：电子工业出版社，2013.

[2] 王正强. 认知无线电网络中基于博弈论的功率控制算法研究[M]. 北京：科学出版社，2016.

[3] 曾碧卿，邓会敏，张翅. 博弈论视角的认知无线电网络[M]. 北京：科学出版社，2015.

[4] 陈炳啸. 基于合作博弈的认知无线电功率控制方法[D]. 南京：南京邮电大学，2011.

[5] 赵之旭. 基于博弈论的认知无线电功率控制算法研究[D]. 南京：南京邮电大学，2013.

[6] Rashid-Farrokhi F, Tassiulas L, Liu K J R. Joint optimal power control and beamforming in wireless networks using antenna arrays [J]. IEEE Transactions on Communications, 1998, 46(10): 1313-1324.

[7] 贺刚，柏鹏，彭卫东，等. 数据链中基于组合代价函数的博弈功率控制[J]. 江西师范大学学报（自然科学版），2012, 36(6): 615-618.

[8] 彭青，肖海林. 基于博弈论的认知无线电自适应功率控制算法[J]. 电信科学，2013, 1: 46-50.

[9] 张北伟，胡琨元，朱云龙. 基于博弈论和效用论的认知无线电功率控制算法[J]. 系统工程与电子技术，2013, 35(3): 629-633.

[10] 胡松华，张建军，陆阳，等. 基于博弈论功率控制的串行干扰消除算法[J]. 通信学报，2015, 36(9): 215-221.

[11] 朱江，巴少为，杜青敏. 认知无线网络中一种非合作博弈功率控制算法[J]. 电讯技术，2016, 56(12): 1301-1309.

[12] 曹瑛，刘建锋，范梦琪，等. 基于非合作博弈的布谷鸟搜索算法在微电网多目标优化中的应用[J]. 上海电力学院学报，2018, 34(6): 531-536, 546.

[13] 李民政，苗春伟. D2D 通信中基于帕累托占优的非合作博弈功率控制算法[J]. 系统工程与电子技术，2019, 41(6): 1408-1413.

[14] Gogineni S, Nehorai A. Game theoretic design for polarimetric MIMO radar target detection [J]. Signal Processing, 2012, 92: 1281-1289.

[15] Song X F, Peter W, Zhou S L, et al. The MIMO radar and jammer games [J]. IEEE Transactions on Signal Processing, 2014, 60(2): 687-699.

[16] Bacci G, Sanguinetti L, Greco M S, et al. A game-theoretic approach for energy-efficiency detection in radar sensor network [C]. IEEE 7th Sensor Array and Multichannel Signal Processing Workshop (SAM), 2012: 157-160.

[17] Piezzo M, Aubry A, Buzzi S, et al. Non-cooperative code design in radar networks: A game-theoretic approach [J]. EURASIP Journal on Advances in Signal Processing, 2013: 1-17.

[18] Panoui A, Lambotharan S, Chambers J A. Game theoretic power allocation technique for a MIMO radar network [C]. International Symposium on Communications, Control and Signal Processing (ISCCSP), 2014: 509-512.

[19] Panoui A, Lambotharan S, Chambers J A. Game theoretic power allocation for a multistatic radar network in the presence of estimation error [C]. Sensor Signal Processing for Defense (SSPD), 2014: 1-5.

[20] Panoui A, Lambotharan S, Chambers J A. Game theoretic distributed waveform design for multistatic radar networks [J]. IEEE Transactions on Aerospace and Electronic Systems, 2016, 52(4): 1855-1865.

[21] Han K, Nehorai A. Jointly optimal design for MIMO radar frequency-hopping waveforms using game theory [J]. IEEE Transactions on Aerospace and

Electronic Systems, 2016, 52(2): 809-820.

[22] Deligiannis A, Rossetti G, Panoui A, et al. Power allocation game between a radar network and multiple jammers [C]. IEEE Radar Conference (RadarConf), 2016, DOI: 10.1109/RADAR.2016.7485077.

[23] Deligiannis A, Lambotharan S. A Bayesian game theoretic framework for resource allocation in multistatic radar networks [C]. IEEE Radar Conference (RadarConf), 2017: 546-551.

[24] Schleher D C. LPI radar: fact or fiction [J]. IEEE Aerospace and Electronic Systems Magazine, 2006, 21(5): 3-6.

[25] Pace P E. Detecting and classifying low probability of intercept radar [M]. Boston: Artech House, 2009.

[26] Stove A G, Hume A L, Baker C J. Low probability of intercept radar strategies [J]. IEE Proceedings of Radar, Sonar and Navigation, 2004, 151(5): 249-260.

[27] Lawrence D E. Low probability of intercept antenna array beamforming [J]. IEEE Transactions on Antennas and Propagation, 2010, 58(9): 2858-2865.

[28] Zhang Z K, Zhou J J, Wang F, et al. Multiple-target tracking with adaptive sampling intervals for phased-array radar [J]. Journal of Systems Engineering and Electronics, 2011, 22(5): 760-766.

[29] Zhang Z K, Salous S, Li H L, et al. Optimal coordination method of opportunistic array radars for multi-target-tracking-based radio frequency stealth in clutter [J]. Radio Science, 2015, 55(11): 1187-1196.

[30] Shi C G, Wang F, Zhou J J, et al. Security information factor based low probability of identification in distributed multiple-radar system [C]. IEEE International Conference on Acoustics, Speech and Signal Processing (ICASSP), 2015: 3716-3720.

[31] Shi C G, Zhou J J, Wang F. LPI based resource management for target tracking in distributed radar network [C]. IEEE Radar Conference (RadarConf), 2016: 822-826.

[32] Zhang Z K, Tian Y B. A novel resource scheduling method of netted radars based on Markov decision process during target tracking in clutter [J]. EURASIP Journal on Advances in Signal Processing, 2016, 2016(1): 1-9.

[33] Shi C G, Wang F, Sellathurai M, et al. Low probability of intercept based multicarrier radar jamming power allocation for joint radar and wireless communications systems [J]. IET Radar Sonar Navigation, 2017, 11(5): 802-811.

[34] Shi C G, Wang F, Sellathurai M, et al. Power minimization based robust OFDM radar waveform design for radar and communication systems in coexistence [J].

IEEE Transactions on Signal Processing, 2018, 66(5): 1316-1330.

[35] 时晨光，周建江，汪飞，等. 机载雷达组网射频隐身技术[M]. 北京：国防工业出版社，2019.

[36] 刘小芸，朱晓荣. 授权雷达和非授权 TD-LTE 系统频谱共享下行功率分配算法[J]. 南京邮电大学学报（自然科学版），2012, 32(4): 42-47.

[37] 许泱流. 授权雷达系统与非授权 LTE 系统共存技术研究[D]. 南京：南京邮电大学，2011.

[38] 韩金鹏. 2300～2400MHz 频段上雷达对 LTE 系统的干扰分析[D]. 北京：北京邮电大学，2012.

[39] 李国华. 监视雷达与 TD-LTE 频谱共用技术[D]. 长沙：国防科学技术大学，2013.

[40] Paul B, Chiriyath A R, Bliss D W. Survey of RF communications and sensing convergence research [J]. IEEE Access, 2017, 5: 252-270.

[41] Li C, Raymondi N, Xia B, et al. Outer bounds for MIMO communicating radars: Three-node uplink [C]. 2018 52nd Asilomar Conference on Signals, Systems, and Computers, 2018: 934-938.

[42] Raymondi N, Li C, Sabharwal A. Outer bounds for MIMO communicating radars: Three-node downlink [C]. 2018 52nd Asilomar Conference on Signals, Systems, and Computers, 2018: 939-943.

[43] Sturm C, Zwick T, Wiesbeck W. An OFDM system concept for joint radar and communications operations [J]. VTC Spring, 2009: 1-5.

[44] Huang K W, Bica M, Mitra U, et al. Radar waveform design in spectrum sharing environment: Coexistence and cognition [C]. IEEE Radar Conference (RadarConf), 2015: 1698-1703.

[45] Bica M, Huang K W, Koivunen V, et al. Mutual information based radar waveform design for joint radar and cellular communication systems [C]. IEEE International Conference on Acoustics, Speech and Signal Processing (ICASSP), 2016: 3671-3675.

[46] Chiriyath A R, Paul B, Jacyna G M, et al. Inner bounds on performance of radar and communications co-existence [J]. IEEE Transactions on Signal Processing, 2016, 64(2): 464-474.

[47] Romero R A, Shepherd K D. Friendly spectrally shaped radar waveform with legacy communication systems for shared access and spectrum management [J]. IEEE Access, 2015, 3: 1541-1554.

[48] Shi C G, Wang F, Sellathurai M, et al. Non-cooperative game theoretic power allocation strategy for distributed multiple-radar architecture in a spectrum sharing environment [J]. IEEE Access, 2018, 6: 17787-17800.

[49] Shi C G, Salous S, Wang F, et al. Power allocation for target detection in radar networks based on low probability of intercept: A cooperative game theoretical strategy [J]. Radio Science, 2017, 52(8): 1030-1045.

第3章 频谱共存环境下基于合作博弈的组网雷达功率控制

3.1 引言

由于非合作博弈局势中各博弈参与者自私理性地选择自己的策略最大化效用函数，没有考虑相互之间的策略选择所带来的影响，导致获得的系统性能并不能达到最优，所得的纳什均衡解也不是帕累托最优[1]-[4]。因此，本章将在第2章的基础上，研究频谱共存环境下基于合作博弈的组网雷达功率控制算法。

相对非合作博弈理论而言，合作博弈理论指的是博弈参与者在进行博弈时采用的是同盟、合作的方式[1][5]。这并不意味着各博弈参与者真正地去合作，他们之间的合作行为是受到第三方（如裁判或监督者）约束而产生的。在合作博弈中，每个博弈参与者采用妥协和讨价还价的方法，使得各博弈参与者之间达成合作的协议。相对于非合作博弈自私地选择最优的策略行为以增大自身的效用，合作博弈更注重整体最优策略，可增加系统的整体性能。通过合作博弈，各博弈参与者能够公平、高效地共享系统资源。通常，合作博弈主要有两种形式，一种是议价博弈，另一种是联盟博弈。本章主要研究议价博弈。

2010年，西安电子科技大学的杨春刚等人[5]针对认知无线电网络，研究了基于纳什议价解的分布式功率控制问题，保证了系统性能的帕累托最优和认知用户之间的公平性。2013年，南京邮电大学的赵之旭[6]提出了一种基于归一化效用函数的合作博弈功率控制算法，与传统纳什议价解算法相比，所提算法具有更低的发射功率，降低了对主用户的干扰，而且可以保证各用户之间的公平性。2014年，上海交通大学的王正强等人[7]提出了基于合作博弈的多信道认知无线电网络频谱共享算法，采用次级用户在各信道上的SINR乘积作为综合效用函数，并通过最大化该效用函数来进行功率配置。仿真结果表明，所提算法可以实现次级用户速率与公平性之间的良好折中。北京交通大学的邢晓双[8]将次级用户之间的合作过程建模为一个合作博弈模型，在此基础上，研究了基于合作博弈理论的认知无线电网络协作频谱状态预测问题，改善了频谱状态预测的准确率。国防科学技术大学的孙斌等人[9]借助博弈理论对目标定位的资源优化管理问题进行建模，推导了目标位置参数的贝叶斯FIM，提出了一种基于合作博弈的最优功率分配算法，利用沙普利值代表每部雷达发射机的贡献来分配功率资源。仿真结果表明，所提算法可获得比平均功率分配更优的目标定位精度，且目标定位精度由目标位置的先验信息和目标相对于雷达发射机、接收机的几何位置关系决定。2018 年，南京航空航天大学的时晨光等人[10]提出了基于合作博弈的组网雷达功率控制算法，该算法在满足一定目标探测性能和组网雷达功率资源约束的条件下，通过优化分配各雷达发射功率，最小化组网雷达系统的总发射功率，实现了帕累托最优性和各雷达之间的公平性，提升了系统的射频隐身性能。

上述研究成果提出了基于合作博弈的组网雷达资源管理思想，以提高组网雷达系统的目标探测性能，为后续研究打下了坚实的基础。然而，上述算法却存在如下几个不足之处：（1）上述算法均通过优化分配各雷达发射功率以达到提升系统目标探测性能的目的，而现代战争对雷达系统射频隐身性能的需求，则要求最小化组网雷达系统的总发射功率[11]-[22]。因此，如何优化配置各雷达发射功率，进而在满足一定系统性能的情况下，获得更好的射频隐身性能，是组网雷达系统设计的一个关键问题。（2）第 2 章研究内容虽然涉及频谱共存环境下组网雷达功率控制，但是仅采用非合作博弈模型对问题进行建模[23]。由于非合作博弈局势中各博弈参与者自私理性地选择自己的策略最大化效用函数，没有考虑相互之间的策略选择所带来的影响，导致获得的系统总效用不能达到最优，具有一定的局限性[1]-[5]。另外，至今尚未有频谱共存环境下基于合作博弈的组网雷达功率控制的公开报道，这促使我们首次研究这个问题。

本章针对上述存在的问题，研究频谱共存环境下基于合作博弈的组网雷达功率控制算法。首先，本章设计了一种基于目标探测性能的综合效用函数。然后，建立基于纳什议价解的组网雷达分布式功率控制模型，该优化模型在满足一定目标探测性能和组网雷达对通信系统干扰功率约束的条件下，通过优化分配各雷达发射功率，最小化组网雷达系统的总发射功率，同时可实现帕累托最优性和各雷达之间的公平性。最后，证明了纳什议价解的存在性和唯一性，并采用拉格朗日乘子法获得频谱共存环境下各雷达的最优发射功率策略，并通过牛顿迭代法得出该模型的功率迭代公式。仿真结果验证了频谱共存环境下基于合作博弈的组网雷达功率控制算法的可行性和有效性。

系统模型见第 2.2 节。

本章符号说明：上标 $(\cdot)^{\mathrm{T}}$ 和 $(\cdot)^{*}$ 分别代表转置和最优解；$[x]_a^b=\max\{\min(x,b),a\}$；当 $x>0$ 时，$[x]_a^+=x$，否则，$[x]_a^+=a$。

3.2　基于纳什议价解的组网雷达分布式功率控制算法

本节建立了频谱共存环境下基于纳什议价解的组网雷达分布式功率控制模

型，该模型以最小化组网雷达系统的总发射功率为目标，以给定目标探测性能及组网雷达对通信系统最大可接受干扰功率为约束条件，借助合作博弈理论对优化模型进行求解，优化雷达组网系统中各雷达间的功率配置，从而提升频谱共存环境下组网雷达系统的射频隐身性能。

3.2.1 基于纳什议价解的组网雷达分布式功率控制模型

合作博弈也称为正和博弈，研究的重点是各博弈参与者达成合作时如何分配通过合作所获得的资源，即收益分配问题。合作博弈采用的是一种合作的方式，经过各博弈参与者的讨价还价，达成共识进行合作，合作博弈注重的是整体参与者的效率、公平和公正。

合作博弈主要由两部分组成：一是所有的博弈参与者，二是综合效用函数。合作博弈的参与者集合可以表示为$\mathcal{M}=\{1,2,\cdots,N_{\mathrm{t}}\}$，令$S$表示博弈参与者经过合作之后所获得的支付集合，$R_{\min}^{i}$表示博弈参与者$i$的最小支付，即在非合作博弈时所获得的收益。令$R_{\min}$表示为各博弈参与者最小支付的集合，即$R_{\min}=\{R_{\min}^{1},R_{\min}^{2},\cdots,R_{\min}^{N_{\mathrm{t}}}\}$，$\{R_i\in S\,|\,R\geqslant R_{\min}^{i},i\in\mathcal{M}\}$表示非空的有界集，则可称$(S,R_{\min})$为一个有$N_{\mathrm{t}}$个博弈参与者的合作博弈。

合作博弈有很多求解方式，其中应用最广泛的就是纳什议价解。纳什议价解是指所有的博弈参与者经过多次的讨价还价之后，最终所获得的均衡解，并在此过程中逐渐除去不满足纳什公设的解。纳什在提出这些公设后，证明了使纳什积最大化的解，即纳什议价解。

在合作博弈中，雷达i的效用函数可以表示为$u_i(P_i,\boldsymbol{P}_{-i})$。令$s_i^{*}$表示合作博弈中最大化效用函数$u_i(P_i,\boldsymbol{P}_{-i})$的纳什积的解，即

$$s_i^{*}=\arg\max\prod_{i=1}^{N_{\mathrm{t}}}u_i(P_i,\boldsymbol{P}_{-i}) \tag{3.1}$$

式中，$\boldsymbol{P}_{-i}$为除雷达i外其他雷达的发射功率策略矢量。由于信干噪比γ_i能够很好地表示组网雷达系统中各雷达的目标探测性能，则合作博弈的效用函数$u_i(P_i,\boldsymbol{P}_{-i})$可由SINR的一定函数形式来表示。

效用函数是当雷达i以发射功率P_i进行目标探测时，所获得的SINR度量的物理量。根据纳什定理，合作博弈模型下的综合效用函数定义为

$$u(P_i,\boldsymbol{P}_{-i})=\prod_{i=1}^{N_{\mathrm{t}}}u_i(P_i,\boldsymbol{P}_{-i}) \tag{3.2}$$

由式（3.2）可以看出，此合作博弈模型中包含N_{t}个博弈参与者，第i个博弈参与者的策略行为集合为$S_i=\{P_i\,|\,P_i\in[0,P_i^{\max}]\}$。每部雷达都在保证总发射功率小于系统最大发射功率$P_i^{\max}$限制的条件下，通过互相讨价还价使得综合效用函数达到最大。考虑频谱共存环境下的组网雷达系统，基于纳什议价解的分布式功率控制模型

定义为

$$\left.\begin{aligned}&\max_{P_i,i\in\mathcal{M}}\prod_{i=1}^{N_t}u_i\left(P_i,\boldsymbol{P}_{-i}\right),\\ \text{s.t.:}\ &\gamma_i\geqslant\gamma_{\text{th}}^{\min},i\in\mathcal{M}\\ &\sum_{i=1}^{N_t}g_i^{\text{d}}P_i\leqslant T_{\max}\\ &g_i^{\text{d}}P_i\leqslant T_{i,\max},i\in\mathcal{M}\\ &0\leqslant P_i\leqslant P_i^{\max},i\in\mathcal{M}\\ &\sum_{i=1}^{N_t}P_i\leqslant P_{\text{tot}}^{\max}\end{aligned}\right\}\tag{3.3}$$

式中，$\gamma_{\text{th}}^{\min}$ 为表征目标探测性能的 SINR 阈值，$T_{\max}$ 为通信系统最大可接受干扰功率阈值，$T_{i,\max}$ 为通信系统可接受雷达 i 的最大干扰功率阈值，$P_i^{\max}$ 为雷达 i 的最大发射功率，$P_{\text{tot}}^{\max}$ 为组网雷达系统总发射功率的上限。考虑到对数形式的效用函数仍能够保证可行的效用空间是凸集合，于是，可将式（3.3）转化为

$$\left.\begin{aligned}&\max_{P_i,i\in\mathcal{M}}\sum_{i=1}^{N_t}\ln u_i(P_i,\boldsymbol{P}_{-i}),\\ \text{s.t.:}\ &\gamma_i\geqslant\gamma_{\text{th}}^{\min},i\in\mathcal{M}\\ &\sum_{i=1}^{N_t}g_i^{\text{d}}P_i\leqslant T_{\max}\\ &g_i^{\text{d}}P_i\leqslant T_{i,\max},i\in\mathcal{M}\\ &0\leqslant P_i\leqslant P_i^{\max},i\in\mathcal{M}\\ &\sum_{i=1}^{N_t}P_i\leqslant P_{\text{tot}}^{\max}\end{aligned}\right\}\tag{3.4}$$

式（3.3）和式（3.4）所描述的合作博弈功率控制模型是等价的，可以采用模型等价定理进行说明。若效用函数 $u_i(P_i,\boldsymbol{P}_{-i})$ 中的策略行为集合 $S_i=\{P_i\,|\,P_i\in[0,P_i^{\max}]\}$ 到效用集合是一一映射的关系，并且该函数满足凹函数的特性，令 $v_i(P_i,\boldsymbol{P}_{-i})=\ln u_i(P_i,\boldsymbol{P}_{-i})$，则函数 $v_i(P_i,\boldsymbol{P}_{-i})$ 满足凹函数的特性，且在策略行为集合上为严格凹函数。因此，式（3.3）和式（3.4）所描述的博弈功率控制模型是等价的，具有相同的纳什议价解。

然而，传统基于纳什议价解的博弈功率控制模型难以保证各博弈参与者之间的公平性和性能要求。在此，采用 SINR 表征系统的目标探测性能，并通过引入信道增益的方差，提出了一种新的基于 SINR 的综合效用函数

$$\begin{aligned} v(P_i,\boldsymbol{P}_{-i}) &= \sum_{i=1}^{N_t} v_i(P_i,\boldsymbol{P}_{-i}) \\ &= \sum_{i=1}^{N_t} h_{i,i}^{t} \ln\left(\frac{\gamma_i - \gamma_{th}^{min}}{\gamma_i}\right) \end{aligned} \tag{3.5}$$

因此，本章建立的基于纳什议价解的组网雷达分布式功率控制模型为

$$\left.\begin{aligned} &\max_{P_i, i\in\mathcal{M}} v(P_i,\boldsymbol{P}_{-i}) = \sum_{i=1}^{N_t} h_{i,i}^{t} \ln\left(\frac{\gamma_i - \gamma_{th}^{min}}{\gamma_i}\right), \\ \text{s.t.: } &\gamma_i \geqslant \gamma_{th}^{min}, i\in\mathcal{M} \\ &\sum_{i=1}^{N_t} g_i^{d} P_i \leqslant T_{max} \\ &g_i^{d} P_i \leqslant T_{i,max}, i\in\mathcal{M} \\ &0 \leqslant P_i \leqslant P_i^{max}, i\in\mathcal{M} \\ &\sum_{i=1}^{N_t} P_i \leqslant P_{tot}^{max} \end{aligned}\right\} \tag{3.6}$$

3.2.2 纳什议价解的存在性与唯一性证明

定理 3.1（存在性）：$\forall i\in\mathcal{M}$，满足下列两个条件时，本章提出的基于纳什议价解的组网雷达分布式功率控制算法至少有一个纳什议价解存在[10][24]：

（a）雷达 i 的发射功率 P_i 是欧几里得空间上的非空、闭合、有界的凸集合；

（b）雷达 i 的效用函数 $v_i(P_i,\boldsymbol{P}_{-i})$ 是连续的拟凹函数。

证明：由式（3.6）中各雷达的发射功率策略易知，雷达 i 的发射功率 P_i 是欧几里得空间上的非空、闭合、有界的凸集合，所以满足条件（a）。

对效用函数 $v_i(P_i,\boldsymbol{P}_{-i})$ 相对于 P_i 求二阶偏导数，可得

$$\frac{\partial^2 v_i(P_i,\boldsymbol{P}_{-i})}{\partial P_i^2} = -\frac{2h_{i,i}^{t}\gamma_{th}^{min}}{P_i^2(\gamma_i - \gamma_{th}^{min})^2}\left(\gamma_i - \frac{1}{2}\gamma_{th}^{min}\right) < 0 \tag{3.7}$$

则效用函数 $v_i(P_i,\boldsymbol{P}_{-i})$ 在策略空间上为连续的凹函数，而凹函数也是拟凹函数。因此，本章所提算法存在纳什均衡点，证毕。

定理 3.2（唯一性）：本章提出的基于纳什议价解的组网雷达分布式功率控制算法具有唯一的纳什议价解。

证明：根据文献[30][31]，当且仅当下列四个条件满足时，合作博弈模型存在唯一纳什均衡解：

（a）$A_i = \{P_i \in S, f(P_i) = \overline{P} - P_i \geqslant 0\}$ 为非空集合，其中，$\overline{P}$ 为各雷达的平均发射功率；

（b）存在 $P_i \in s_i$ 使得 $f(P_i) \geqslant 0$；

（c）博弈参与者i的效用函数$v_i(P_i,\boldsymbol{P}_{-i})$是连续的拟凹函数；

（d）对于任意的$\boldsymbol{P}^{(0)}\neq\boldsymbol{P}^{(1)}$，其中，$\boldsymbol{P}^{(k)}=[P_1^k,\cdots,P_{N_t}^k]\in S$，$k=0,1$，且有$\boldsymbol{t}=[t_1,\cdots,t_{N_t}]\geqslant 0$，满足

$$(\boldsymbol{P}^{(0)}-\boldsymbol{P}^{(1)})^{\mathrm{T}}\boldsymbol{d}(\boldsymbol{P}^{(0)},\boldsymbol{t})+(\boldsymbol{P}^{(1)}-\boldsymbol{P}^{(0)})^{\mathrm{T}}\boldsymbol{d}(\boldsymbol{P}^{(1)},\boldsymbol{t})<0 \tag{3.8}$$

而，

$$\boldsymbol{d}(\boldsymbol{P},\boldsymbol{t})=\left[t_1\frac{\partial u_1}{\partial P_1},\cdots,t_{N_t}\frac{\partial u_{N_t}}{\partial P_{N_t}}\right]^{\mathrm{T}} \tag{3.9}$$

由式（3.6）中各雷达的发射功率策略易知，条件（a）和（b）满足，而条件（c）已由定理3.1证明。下面证明条件（d）。由于

$$\begin{aligned}
&(\boldsymbol{P}^{(0)}-\boldsymbol{P}^{(1)})^{\mathrm{T}}\boldsymbol{d}(\boldsymbol{p}^{(0)},\boldsymbol{t})+(\boldsymbol{P}^{(1)}-\boldsymbol{P}^{(0)})^{\mathrm{T}}\boldsymbol{d}(\boldsymbol{P}^{(1)},\boldsymbol{t})\\
&=(\boldsymbol{P}^{(0)}-\boldsymbol{P}^{(1)})^{\mathrm{T}}[\boldsymbol{d}(\boldsymbol{P}^{(0)},\boldsymbol{t})-\boldsymbol{d}(\boldsymbol{P}^{(1)},\boldsymbol{t})]\\
&=\boldsymbol{d}(\boldsymbol{P}^{(0)},\boldsymbol{t})\left[t_1\left(\frac{\partial u_1}{\partial P_1^{(0)}}-\frac{\partial u_1}{\partial P_1^{(1)}}\right),\cdots,t_{N_t}\left(\frac{\partial u_{N_t}}{\partial P_{N_t}^{(0)}}-\frac{\partial u_{N_t}}{\partial P_{N_t}^{(1)}}\right)\right]^{\mathrm{T}}\\
&=\sum_{i=1}^{N_t}t_i(P_i^{(0)}-P_i^{(1)})\left(\frac{\partial u_i}{\partial P_i^{(0)}}-\frac{\partial u_i}{\partial P_i^{(1)}}\right)
\end{aligned} \tag{3.10}$$

令$\alpha_i=t_i(P_i^{(0)}-P_i^{(1)})\left(\frac{\partial u_i}{\partial P_i^{(0)}}-\frac{\partial u_i}{\partial P_i^{(1)}}\right)$，其中，$t_i\geqslant 0$。根据定理3.1可知，$\frac{\partial u_i(P_i,\boldsymbol{P}_{-i})}{\partial P_i}$为$p_i$的单调递减函数。由此可以得到，对于$P_i^{(0)}>P_i^{(1)}$，有$\frac{\partial u_i}{\partial P_i^{(0)}}-\frac{\partial u_i}{\partial P_i^{(1)}}<0$成立，则$\alpha_i\leqslant 0$。同样地，当$P_i^{(0)}<P_i^{(1)}$时，有$\frac{\partial u_i}{\partial P_i^{(0)}}-\frac{\partial u_i}{\partial P_i^{(1)}}>0$成立，则$\alpha_i\leqslant 0$。因此，条件（d）满足。综上所述，本章提出的基于纳什议价解的组网雷达分布式功率控制算法有唯一的纳什议价解，证毕。

3.2.3 雷达发射功率迭代公式求解

从式（3.6）可以看出，本章建立的优化模型是一个具有多重约束条件的最优化问题，考虑采用经典的拉格朗日松弛算法求解该模型。引入拉格朗日乘子$\{\eta_i\}_{i=1}^{N_t}$，ϕ，$\{\xi_i\}_{i=1}^{N_t}$，$\{\mu_i\}_{i=1}^{N_t}$，$\{\mu_i\}_{i=1}^{N_t}$，$\{\psi_i\}_{i=1}^{N_t}$和κ，则优化模型（3.6）可转化为

$$\begin{aligned}
&L(\{v_i(P_i,\boldsymbol{P}_{-i})\}_{i=1}^{N_t},\{\eta_i\}_{i=1}^{N_t},\phi,\{\xi_i\}_{i=1}^{N_t},\{\mu_i\}_{i=1}^{N_t},\{\psi_i\}_{i=1}^{N_t},\kappa)\\
&=\sum_{i=1}^{N_t}h_{i,i}^{\mathrm{t}}\ln\left(\frac{\gamma_i-\gamma_{\mathrm{th}}^{\min}}{\gamma_i}\right)-\eta_i(\gamma_i-\gamma_{\mathrm{th}}^{\min})+\phi\left(\sum_{i=1}^{N_t}g_i^{\mathrm{d}}P_i-T_{\max}\right)+\xi_i(g_i^{\mathrm{d}}P_i-T_{i,\max})+\\
&\mu_i(P_i-P_{i,\max})-\psi_iP_i+\kappa\left(\sum_{i=1}^{N_t}P_i-P_{\mathrm{tot}}^{\max}\right)
\end{aligned} \tag{3.11}$$

对式（3.11）相对于 P_i 求一阶偏导数，并令 $\partial L/\partial P_i=0$，则有

$$\begin{aligned}\frac{\partial L}{\partial P_i}&=\frac{h_{i,i}^{\mathrm{t}}}{\gamma_i-\gamma_{\mathrm{th}}^{\min}}\cdot\frac{\dfrac{\partial\gamma_i}{\partial P_i}\gamma_{\mathrm{th}}^{\min}}{\gamma_i^2}-\eta_i\frac{\partial\gamma_i}{\partial P_i}+\phi g_i^{\mathrm{d}}+\xi_i g_i^{\mathrm{d}}+\mu_i-\psi_i+\kappa\\&=\frac{h_{i,i}^{\mathrm{t}}}{\gamma_i-\gamma_{\mathrm{th}}^{\min}}\cdot\frac{\dfrac{\gamma_i}{P_i}\gamma_{\mathrm{th}}^{\min}}{\gamma_i^2}-\eta_i\frac{\partial\gamma_i}{\partial P_i}+(\phi+\xi_i)g_i^{\mathrm{d}}+\mu_i-\psi_i+\kappa\\&=\frac{h_{i,i}^{\mathrm{t}}}{P_i(\gamma_i-\gamma_{\mathrm{th}}^{\min})}-\eta_i\frac{\gamma_i}{P_i}+(\phi+\xi_i)g_i^{\mathrm{d}}+\mu_i-\psi_i+\kappa\\&=0\end{aligned}\tag{3.12}$$

将式（2.6）代入式（3.12）中，可得

$$P_i\left(\frac{h_{i,i}^{\mathrm{t}}P_i}{I_{-i}}-\gamma_{\mathrm{th}}^{\min}\right)=\frac{h_{i,i}^{\mathrm{t}}\gamma_{\mathrm{th}}^{\min}}{\eta_i\dfrac{\gamma_i}{P_i}-(\phi+\xi_i)g_i^{\mathrm{d}}-\mu_i+\psi_i-\kappa}$$

即

$$P_i\left(\frac{h_{i,i}^{\mathrm{t}}P_i}{I_{-i}}-\gamma_{\mathrm{th}}^{\min}\right)-\frac{h_{i,i}^{\mathrm{t}}\gamma_{\mathrm{th}}^{\min}}{\eta_i\dfrac{\gamma_i}{P_i}-(\phi+\xi_i)g_i^{\mathrm{d}}-\mu_i+\psi_i-\kappa}=0\tag{3.13}$$

经化简，可得到雷达 i 发射功率的最优解 P_i^* 为

$$P_i^*=\frac{1}{2}\left(\frac{I_{-i}}{h_{i,i}^{\mathrm{t}}}\gamma_{\mathrm{th}}^{\min}+\sqrt{A^*}\right)\tag{3.14}$$

式中，

$$A^*=\left(\frac{I_{-i}}{h_{i,i}^{\mathrm{t}}}\gamma_{\mathrm{th}}^{\min}\right)^2+\frac{4\gamma_{\mathrm{th}}^{\min}I_{-i}^2}{h_{i,i}^{\mathrm{t}}\eta_i^*+[\psi_i^*-(\phi^*+\xi_i^*)g_i^{\mathrm{d}}-\mu_i^*-\kappa^*]I_{-i}}\tag{3.15}$$

借助牛顿迭代法，得到雷达 i 的发射功率迭代公式为

$$P_i^{(n+1)}=\left[\frac{1}{2}\left(\frac{P_i^{(n)}}{\gamma_i^{(n)}}\gamma_{\mathrm{th}}^{\min}+\sqrt{B^{(n)}}\right)\right]_0^{P_{i,\max}}\tag{3.16}$$

式中，

$$B^{(n)}=\left(\frac{P_i^{(n)}}{\gamma_i^{(n)}}\gamma_{\mathrm{th}}^{\min}\right)^2+\frac{4\gamma_{\mathrm{th}}^{\min}h_{i,i}^{\mathrm{t}}\left(\dfrac{P_i^{(n)}}{\gamma_i^{(n)}}\right)^2}{\eta_i^{(n)}+\left[\psi_i^{(n)}-\left(\phi^{(n)}+\xi_i^{(n)}\right)g_i^{\mathrm{d}}-\mu_i^{(n)}-\kappa^{(n)}\right]\left(\dfrac{P_i^{(n)}}{\gamma_i^{(n)}}\right)}\tag{3.17}$$

式中，n 为迭代次数索引。采用次梯度算法来对拉格朗日乘子 $\{\eta_i^{(n)}\}_{i=1}^{N_t}$，$\phi^{(n)}$，$\{\xi_i^{(n)}\}_{i=1}^{N_t}$，$\{\mu_i^{(n)}\}_{i=1}^{N_t}$，$\{\psi_i^{(n)}\}_{i=1}^{N_t}$ 和 $\kappa^{(n)}$ 进行更新，以保证算法的快速收敛。

$$\begin{cases} \eta_i^{(n+1)} = \left[\eta_i^{(n)} - s_t\left(\gamma_i^{(n)} - \gamma_{th}^{min}\right)\right]_0^+ \\ \phi^{(n+1)} = \left[\phi^{(n)} - s_t\left(T_{max} - \sum_{i=1}^{N_t} g_i^d P_i^{(n)}\right)\right]_0^+ \\ \xi_i^{(n+1)} = \left[\xi_i^{(n)} - s_t\left(T_{i,max} - g_i^d P_i^{(n)}\right)\right]_0^+ \\ \mu_i^{(n+1)} = \left[\mu_i^{(n)} - s_t\left(P_{i,max} - P_i^{(n)}\right)\right]_0^+ \\ \psi_i^{(n+1)} = \left[\psi_i^{(n)} - s_t P_i^{(n)}\right]_0^+ \\ \kappa^{(n+1)} = \left[\kappa^{(n)} - s_t\left(P_{tot}^{max} - \sum_{i=1}^{N_t} P_i^{(n)}\right)\right]_0^+ \end{cases} \tag{3.18}$$

式中，s_t 为迭代步长，$n \in \{1,\cdots,L_{max}\}$，其中，$L_{max}$ 为算法最大迭代次数。由式(3.18)可以看出，拉格朗日乘子 $\{\eta_i^{(n)}\}_{i=1}^{N_t}$，$\{\xi_i^{(n)}\}_{i=1}^{N_t}$，$\{\mu_i^{(n)}\}_{i=1}^{N_t}$ 和 $\{\psi_i^{(n)}\}_{i=1}^{N_t}$ 可通过局部迭代进行更新，而 $\phi^{(n)}$ 和 $\kappa^{(n)}$ 则需要各博弈参与者协作进行迭代更新。在每次迭代中，各雷达通过不断更新自身的发射功率使得综合效用函数式（3.5）最大化。

在证明本章基于纳什议价解的组网雷达分布式功率控制算法具有唯一纳什议价解的基础上，根据雷达 i 的发射功率迭代公式（3.16），给出基于纳什议价解的组网雷达分布式功率控制迭代算法，如算法 3.1 所示。

算法 3.1　基于纳什议价解的组网雷达分布式功率控制算法

1．参数初始化：设置参数初始值 γ_{th}^{min}，$P_{i,max}$，P_{tot}^{max}，拉格朗日乘子 $\{\eta_i^{(0)}\}_{i=1}^{N_t}$，$\phi^{(0)}$，$\{\xi_i^{(0)}\}_{i=1}^{N_t}$，$\{\mu_i^{(0)}\}_{i=1}^{N_t}$，$\{\psi_i^{(0)}\}_{i=1}^{N_t}$ 和 $\kappa^{(0)}$，迭代次数索引 $n=1$，误差容限 $\varepsilon > 0$；

2．循环：对 $i=1,\cdots,N_t$，利用式（3.16）计算 $P_i^{(n)}$；

　　利用式（3.18）更新拉格朗日乘子 $\{\eta_i^{(n)}\}_{i=1}^{N_t}$，$\phi^{(n)}$，$\{\xi_i^{(n)}\}_{i=1}^{N_t}$，$\{\mu_i^{(n)}\}_{i=1}^{N_t}$，$\{\psi_i^{(n)}\}_{i=1}^{N_t}$ 和 $\kappa^{(n)}$；

　　更新 $n \leftarrow n+1$；

3．当 $|P_i^{(n-1)} - P_i^{(n)}| < \varepsilon$ 或 $n = L_{max}$ 时，结束循环；

4．参数更新：$\forall i$，更新 $P_i^* \leftarrow P_i^{(n)}$。

如第 2 章所述，各雷达的发射功率在满足一定目标探测性能和组网雷达对通信系统干扰功率约束的情况下，根据式（3.16）进行博弈迭代计算。经过有限次议价博弈，当各雷达的发射功率水平不再发生变化时，即获得满足模型优化目标的最优发射功率策略 $\{P_i^*\}_{i=1}^{N_t}$。

3.3　仿真结果与分析

3.3.1　仿真参数设置

为了验证频谱共存环境下基于合作博弈的组网雷达功率控制算法的可行性和有效性，本节进行了仿真。假设组网雷达系统由 $N_{\mathrm{t}}=4$ 部雷达组成，且各雷达在目标探测模式下某一时刻的相对位置如表 3.1 所示。通信基站的位置为 $[-10,0]\,\mathrm{km}$ 。为了验证目标相对于系统中各雷达的位置关系对功率分配结果的影响，本节考虑某一时刻两种不同的目标位置。其中，第一种情况下目标位置为 $[0,0]\,\mathrm{km}$ ，第二种情况下目标位置为 $[-25/\sqrt{2},25/\sqrt{2}]\,\mathrm{km}$ 。雷达间的互干扰系数为 $c_{i,j}=0.01(i\neq j)$ 。其他系统参数分别设置如下：雷达天线增益 $G_{\mathrm{t}}=G_{\mathrm{r}}=27\,\mathrm{dB}$ ， $G_{\mathrm{t}}'=G_{\mathrm{r}}'=-30\,\mathrm{dB}$ ，雷达信号波长 $\lambda=0.10\,\mathrm{m}$ ；每部雷达的发射功率上限为 $P_{i,\max}=0.5P_{\mathrm{tot}}^{\max}=1000\,\mathrm{W}$ ；目标检测概率 $p_{\mathrm{D},i}(\delta_i,\gamma_i)=0.99$ ，虚警概率 $p_{\mathrm{FA},i}(\delta_i)=10^{-6}$ ，雷达发射脉冲数 $N=512$ ，检测门限 $\delta_i=0.027$ ，由式（2.4）可计算得到相应的 SINR 阈值 $\gamma_{\mathrm{th}}^{\min}=10\,\mathrm{dB}$ ；通信基站接收天线增益 $G_{\mathrm{c}}=0\,\mathrm{dB}$ ，通信系统最大可接受干扰功率阈值 $T_{\max}=-108\,\mathrm{dBmW}$ ；雷达接收机噪声功率 $\sigma^2=10^{-18}\,\mathrm{W}$ 。设置算法最大迭代次数 $L_{\max}=30$ ，拉格朗日乘子 $\eta_i^{(0)}=10$ ， $\phi^{(0)}=10$ ， $\xi_i^{(0)}=10$ ， $\mu_i^{(0)}=10$ ， $\psi_i^{(0)}=10$ ， $\kappa^{(0)}=10$ ，误差容限 $\varepsilon=10^{-15}$ ，迭代步长 $s_{\mathrm{t}}=0.001$ 。

表 3.1　组网雷达在空间中的相对位置分布

雷 达 系 统	空 间 位 置
雷达 1	$[50/\sqrt{2},50/\sqrt{2}]\,\mathrm{km}$
雷达 2	$[-50/\sqrt{2},50/\sqrt{2}]\,\mathrm{km}$
雷达 3	$[-50/\sqrt{2},-50/\sqrt{2}]\,\mathrm{km}$
雷达 4	$[50/\sqrt{2},-50/\sqrt{2}]\,\mathrm{km}$

在此，考虑两种目标 RCS 模型 $\boldsymbol{\sigma}_1^{\mathrm{RCS}}$ 和 $\boldsymbol{\sigma}_2^{\mathrm{RCS}}$ 。其中，第一种 RCS 模型为 $\boldsymbol{\sigma}_1^{\mathrm{RCS}}=[1,1,1,1]$，表示目标相对各雷达视角下的 RCS 均相等，功率分配结果只与目标到雷达的距离及它们之间的相对位置有关。为了进一步分析目标 RCS 对功率分配结果的影响，本节还考虑了第二种 RCS 模型 $\boldsymbol{\sigma}_2^{\mathrm{RCS}}=[4,2,1,30]$，表示目标相对各雷达视角下的 RCS 不相等。

3.3.2　功率控制结果

图 3.1 所示为频谱共存环境下基于合作博弈的组网雷达功率控制算法中雷达发射功率随博弈迭代次数变化的曲线。从图 3.1 可以看出，所提算法经过 10～14

次迭代计算可以达到纳什议价解，从而验证了算法的收敛性。为了分析不同因素对雷达功率分配结果的影响，图 3.2 给出了不同情况下的组网雷达发射功率分配比，其中，定义第 i 部雷达的功率分配比为

$$\begin{cases} \eta_i = \dfrac{P_i}{\sum\limits_{i=1}^{N_t} P_i} \\ \sum\limits_{i=1}^{N_t} \eta_i = 1 \end{cases} \tag{3.19}$$

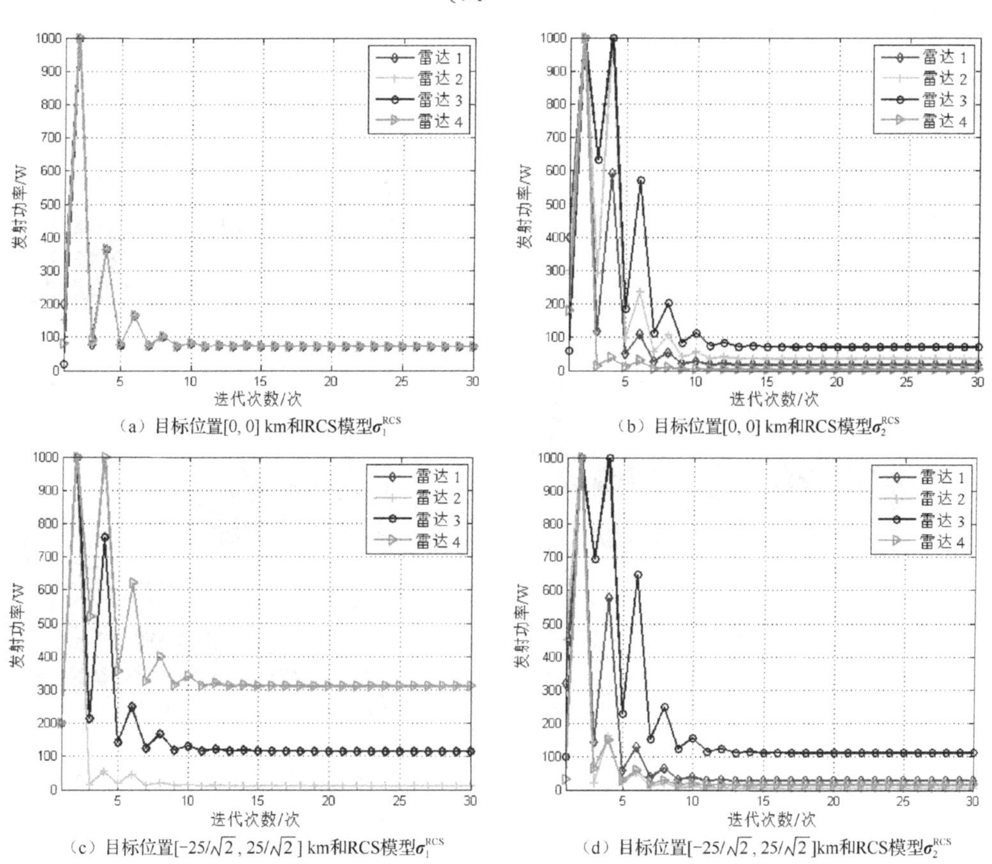

（a）目标位置[0, 0] km和RCS模型$\boldsymbol{\sigma}_1^{\mathrm{RCS}}$

（b）目标位置[0, 0] km和RCS模型$\boldsymbol{\sigma}_2^{\mathrm{RCS}}$

（c）目标位置$[-25/\sqrt{2}, 25/\sqrt{2}]$ km和RCS模型$\boldsymbol{\sigma}_1^{\mathrm{RCS}}$

（d）目标位置$[-25/\sqrt{2}, 25/\sqrt{2}]$km和RCS模型$\boldsymbol{\sigma}_2^{\mathrm{RCS}}$

图 3.1　不同情况下雷达发射功率收敛性能

如图 3.2（b）所示，在第一种目标位置下，雷达 2 和雷达 3 发射较大的功率，而雷达 1 和雷达 4 则发射较小的功率，说明相对目标视角 RCS 小的雷达发射较大的功率。由图 3.2（c）给出的功率分配结果可以发现，在第二种目标位置下，雷达 4 发射最大的功率，原因是雷达 4 距离目标最远，需要发射更大的功率以满足其目标探测 SINR 性能要求。因此，目标相对于各雷达位置关系的不同会产生不同的功率分配结果，从而影响组网雷达系统的射频隐身性能。由图 3.2（c）给出的功率控

制结果可以发现，雷达 4 发射较大的功率，而雷达 1、雷达 2 和雷达 3 则发射很小的功率，说明距离目标位置较远的雷达发射较大的功率。综上所述，频谱共存环境下基于合作博弈的组网雷达功率控制算法的功率控制结果与目标相对系统中各雷达的位置关系及目标相对各雷达视角下的 RCS 有关，且距离目标较远、相对目标视角 RCS 较小的雷达发射较大的功率，从而满足其设定的目标探测 SINR 性能要求。

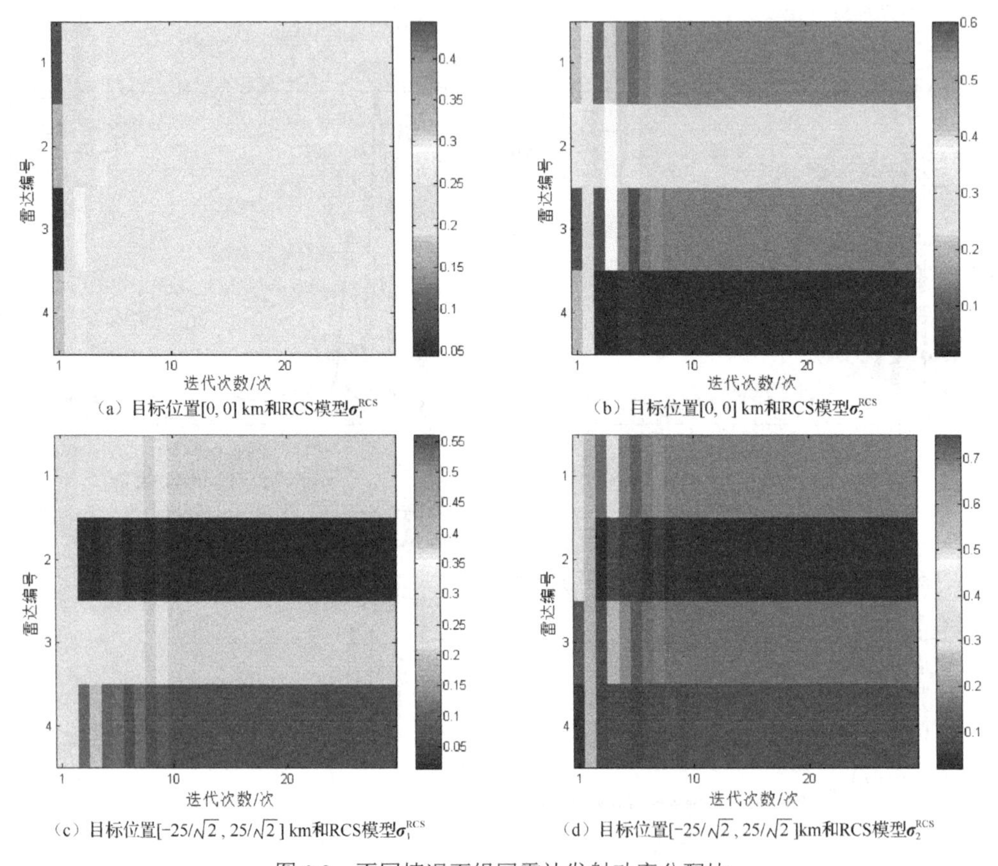

（a）目标位置[0, 0] km和RCS模型$\boldsymbol{\sigma}_1^{\mathrm{RCS}}$　（b）目标位置[0, 0] km和RCS模型$\boldsymbol{\sigma}_2^{\mathrm{RCS}}$

（c）目标位置$[-25/\sqrt{2}, 25/\sqrt{2}]$ km和RCS模型$\boldsymbol{\sigma}_1^{\mathrm{RCS}}$　（d）目标位置$[-25/\sqrt{2}, 25/\sqrt{2}]$km和RCS模型$\boldsymbol{\sigma}_2^{\mathrm{RCS}}$

图 3.2　不同情况下组网雷达发射功率分配比

图 3.3 给出了频谱共存环境下基于合作博弈的组网雷达功率控制算法的 SINR 收敛性能。结果显示，经过 10～12 次迭代计算，各雷达的 SINR 收敛到预先设定的 SINR 阈值 $\gamma_{\mathrm{th}}^{\min}$，从而验证了本章算法可以在控制各雷达发射功率的同时，满足其目标探测 SINR 性能要求，同时实现了各雷达之间的公平性。

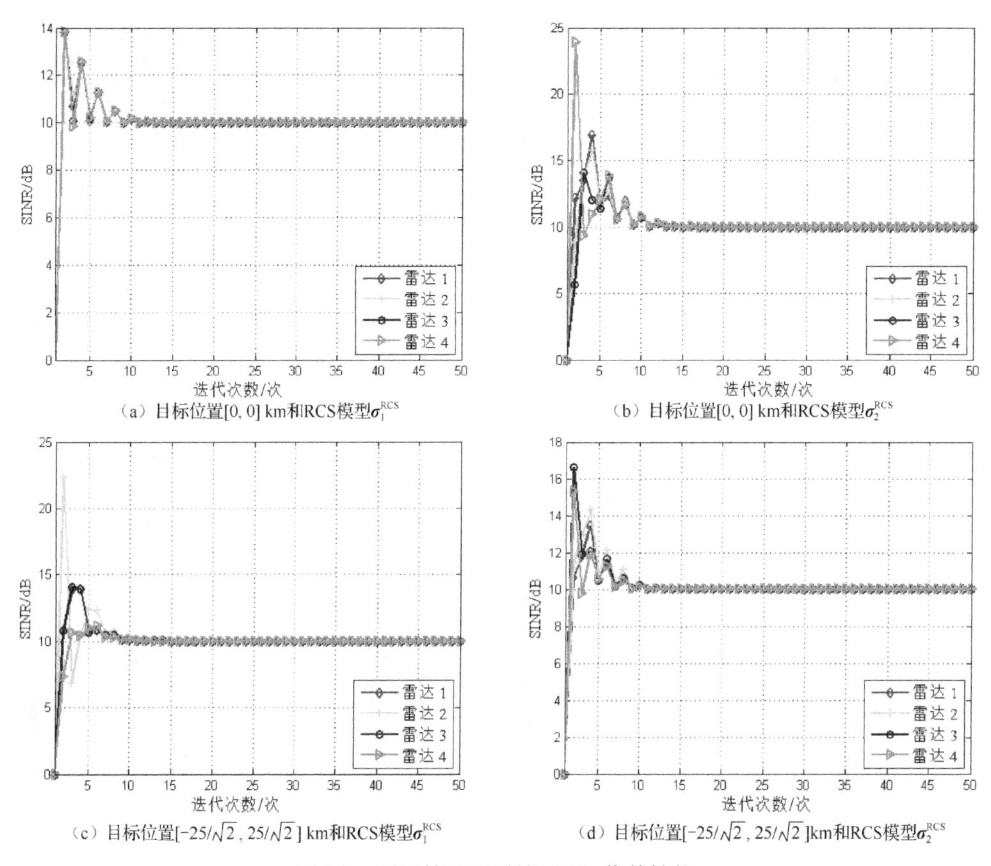

（a）目标位置[0, 0] km和RCS模型σ_1^{RCS}　（b）目标位置[0, 0] km和RCS模型σ_2^{RCS}

（c）目标位置$[-25/\sqrt{2}, 25/\sqrt{2}]$ km和RCS模型σ_1^{RCS}　（d）目标位置$[-25/\sqrt{2}, 25/\sqrt{2}]$km和RCS模型$\sigma_2^{\text{RCS}}$

图 3.3　不同情况下雷达 SINR 收敛性能

为了进一步证明频谱共存环境下基于合作博弈的组网雷达功率控制算法的优势，图 3.4 和图 3.5 分别将本章算法的雷达发射功率和 SINR 性能与均匀功率分配算法、传统纳什议价解算法、Koskie 和 Gajic 所提的 K-G 算法、Yang 等人所提的 ANCPC 算法进行对比。从图 3.4 中可以看出，相对于其他算法，均匀功率分配算法中各雷达的发射功率最大，ANCPC 算法中各雷达发射功率次之，K-G 算法中各雷达的发射功率最小。但由图 3.5 可知，传统纳什议价解算法也不能保证所有雷达的目标探测性能都满足 SINR 阈值。相对于非合作博弈功率控制算法，本章算法并不是单纯地通过增大各雷达发射功率来最大化自身的效用函数，而是通过与其他雷达讨价还价，确保系统整体性能最优，从而降低各雷达发射功率。因此，从图 3.4 和图 3.5 中可以看出，频谱共存环境下基于合作博弈的组网雷达功率分配算法不仅能满足所有雷达目标探测性能的要求，即各雷达的 SINR 值均达到预先设定的 SINR 阈值，同时可有效地降低各雷达发射功率，提升了组网雷达系统的射频隐身性能。

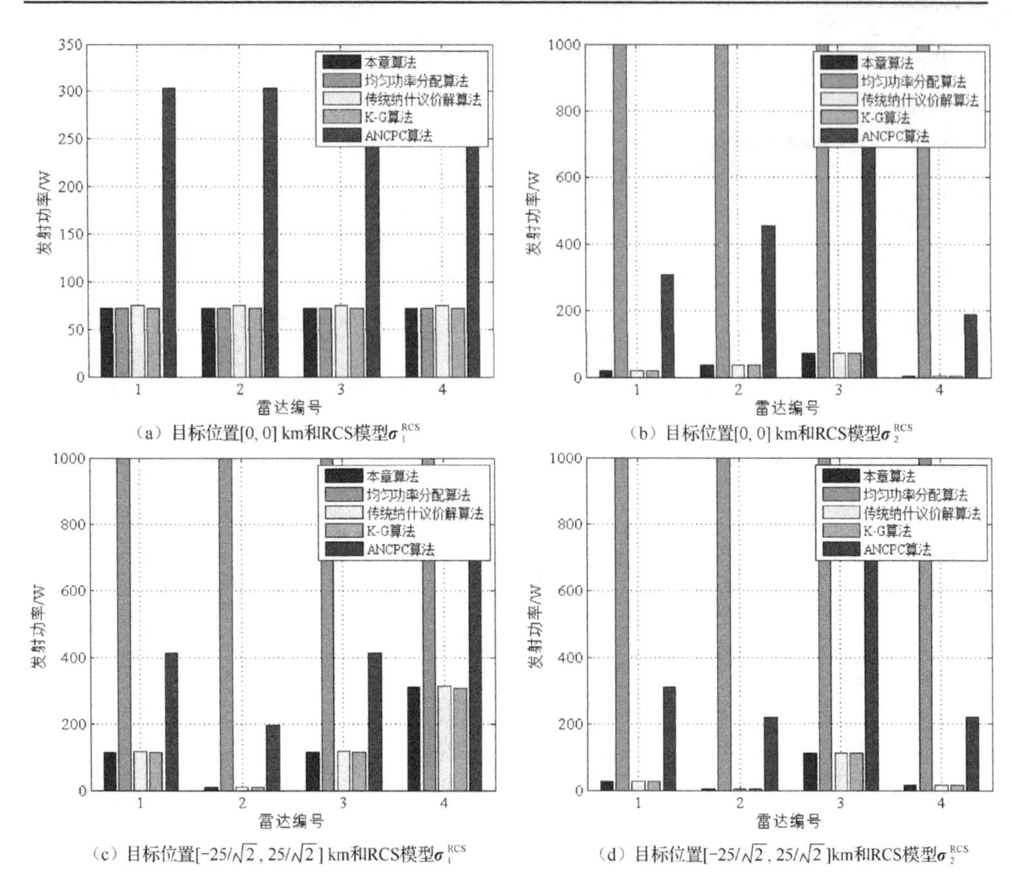

（a）目标位置[0, 0] km和RCS模型σ_1^{RCS} （b）目标位置[0, 0] km和RCS模型σ_2^{RCS}

（c）目标位置$[-25/\sqrt{2}, 25/\sqrt{2}]$ km和RCS模型σ_1^{RCS} （d）目标位置$[-25/\sqrt{2}, 25/\sqrt{2}]$ km和RCS模型σ_2^{RCS}

图 3.4　不同算法下雷达发射功率对比

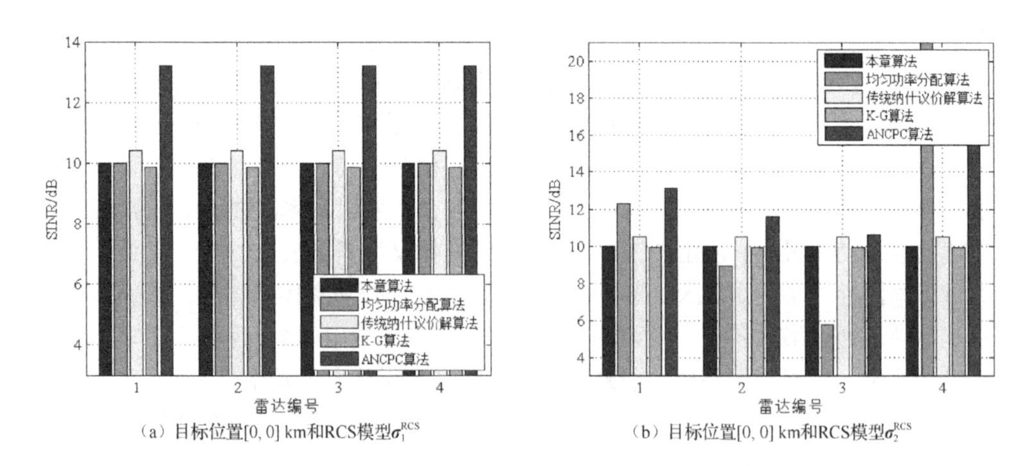

（a）目标位置[0, 0] km和RCS模型σ_1^{RCS} （b）目标位置[0, 0] km和RCS模型σ_2^{RCS}

图 3.5　不同算法下雷达 SINR 对比

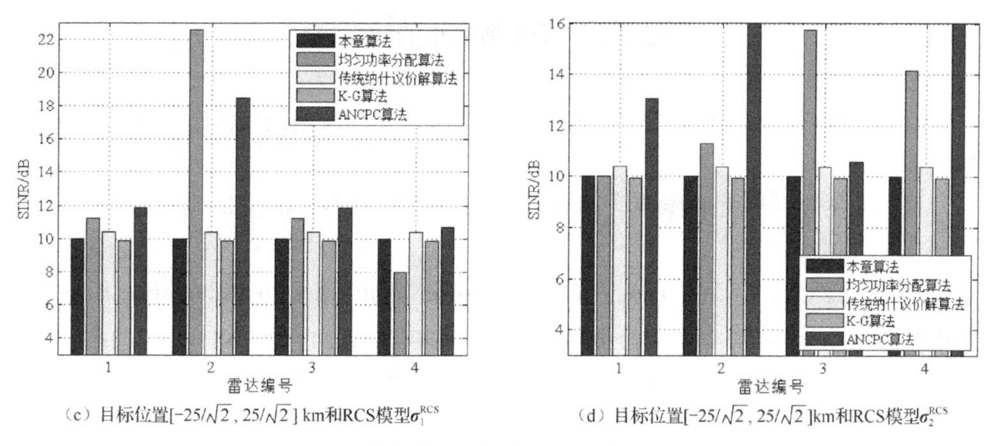

（c）目标位置$[-25/\sqrt{2}, 25/\sqrt{2}]$ km和RCS模型$\boldsymbol{\sigma}_1^{\mathrm{RCS}}$　（d）目标位置$[-25/\sqrt{2}, 25/\sqrt{2}]$km和RCS模型$\boldsymbol{\sigma}_2^{\mathrm{RCS}}$

图 3.5　不同算法下雷达 SINR 对比（续）

为了验证组网雷达发射功率分配对通信系统的影响，图 3.6 所示为不同算法下组网雷达对通信系统干扰功率对比。从仿真结果可以看出，在不同情况下，频谱共存环境下基于合作博弈的组网雷达功率控制算法所得的雷达发射功率对通信系统产生的干扰均小于通信系统最大可接受干扰功率阈值 $T_{\max} = -108$ dBmW 。

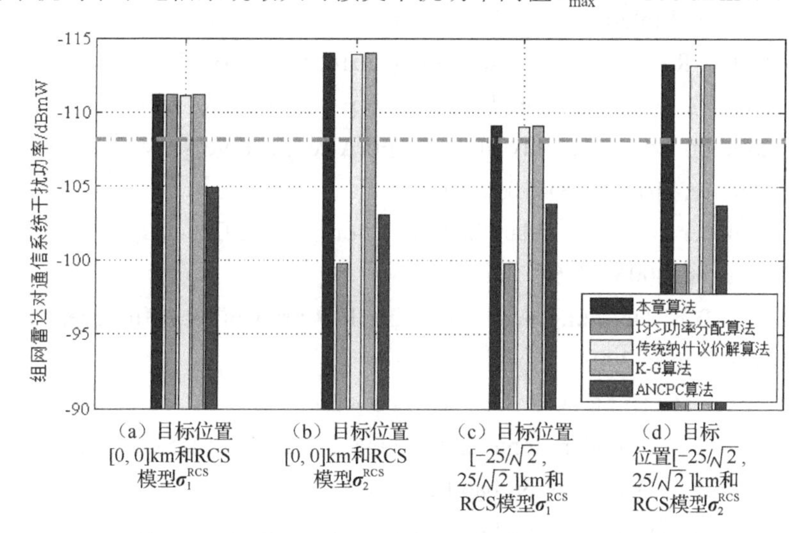

（a）目标位置[0, 0]km和RCS模型$\boldsymbol{\sigma}_1^{\mathrm{RCS}}$　（b）目标位置[0, 0]km和RCS模型$\boldsymbol{\sigma}_2^{\mathrm{RCS}}$　（c）目标位置$[-25/\sqrt{2}, 25/\sqrt{2}]$km和RCS模型$\boldsymbol{\sigma}_1^{\mathrm{RCS}}$　（d）目标位置$[-25/\sqrt{2}, 25/\sqrt{2}]$km和RCS模型$\boldsymbol{\sigma}_2^{\mathrm{RCS}}$

图 3.6　不同算法下组网雷达对通信系统干扰功率对比

参考文献

[1] 徐友云，李大鹏，钟卫，等. 认知无线电网络资源分配—博弈模型与性能分析[M]. 北京：电子工业出版社，2013.

[2] 王正强. 认知无线电网络中基于博弈论的功率控制算法研究[M]. 北京：科学出版社，2016.

[3] 曾碧卿，邓会敏，张翅. 博弈论视角的认知无线电网络[M]. 北京：科学出版社，2015.

[4] 陈炳啸. 基于合作博弈的认知无线电功率控制方法[D]. 南京邮电大学，2011.

[5] Yang C G, Li J D, Tian Z. Optimal power control for cognitive radio networks under coupled interference constraints: A cooperative game-theoretic perspective [J]. IEEE Transactions on Vehicular Technology, 2010, 59(4): 1696-1706.

[6] 赵之旭. 基于博弈论的认知无线电功率控制算法研究[D]. 南京邮电大学，2013.

[7] 王正强，蒋玲鸽，何晨. 基于合作博弈的多信道认知无线电网络中的频谱共享算法[J]. 通信学报，2014, 35(2): 70-75.

[8] 邢晓双. 认知无线电网络中的频谱预测技术研究[D]. 北京交通大学，2014.

[9] Sun B, Chen H W, Wei X Z, et al. Power allocation for range-only localization in distributed multiple-input multiple-output radar networks-a cooperative game approach [J]. IET Radar, Sonar & Navigation, 2014, 8(7): 708-718.

[10] Shi C G, Salous S, Wang F, et al. Power allocation for target detection in radar networks based on low probability of intercept: A cooperative game theoretical strategy [J]. Radio Science, 2017, 52(8): 1030-1045.

[11] Schleher D C. LPI radar: fact or fiction [J]. IEEE Aerospace and Electronic Systems Magazine, 2006, 21(5): 3-6.

[12] Pace P E. Detecting and classifying low probability of intercept radar [M]. Boston: Artech House, 2009.

[13] Stove A G, Hume A L, Baker C J. Low probability of intercept radar strategies [J]. IEE Proceedings of Radar, Sonar and Navigation, 2004, 151(5): 249-260.

[14] Lawrence D E. Low probability of intercept antenna array beamforming [J]. IEEE Transactions on Antennas and Propagation, 2010, 58(9): 2858-2865.

[15] Zhang Z K, Zhou J J, Wang F, et al. Multiple-target tracking with adaptive sampling intervals for phased-array radar [J]. Journal of Systems Engineering and Electronics, 2011, 22(5): 760-766.

[16] Zhang Z K, Salous S, Li H L, et al. Optimal coordination method of opportunistic array radars for multi-target-tracking-based radio frequency stealth in clutter [J]. Radio Science, 2015, 55(11): 1187-1196.

[17] Shi C G, Wang F, Zhou J J, et al. Security information factor based low probability of identification in distributed multiple-radar system [C]. IEEE International Conference on Acoustics, Speech and Signal Processing (ICASSP), 2015: 3716–3720.

[18] Shi C G, Zhou J J, Wang F. LPI based resource management for target tracking in distributed radar network [C]. IEEE Radar Conference (RadarConf), 2016: 822–826.

[19] Zhang Z K, Tian Y B. A novel resource scheduling method of netted radars based on Markov decision process during target tracking in clutter [J]. EURASIP Journal on Advances in Signal Processing, 2016, 2016(1): 1-9.

[20] Shi C G, Wang F, Sellathurai M, et al. Low probability of intercept based multicarrier radar jamming power allocation for joint radar and wireless communications systems [J]. IET Radar Sonar Navigation, 2017, 11(5): 802–811.

[21] Shi C G, Wang F, Sellathurai M, et al. Power minimization based robust OFDM radar waveform design for radar and communication systems in coexistence [J]. IEEE Transactions on Signal Processing, 2018, 66(5): 1316–1330.

[22] 时晨光，周建江，汪飞，等. 机载雷达组网射频隐身技术[M]. 北京：国防工业出版社，2019.

[23] Shi C G, Wang F, Sellathurai M, et al. Non-cooperative game theoretic power allocation strategy for distributed multiple-radar architecture in a spectrum sharing environment [J]. IEEE Access, 2018, 6: 17787-17800.

[24] Shi C G, Wang F, Salous S, et al. Nash bargaining game-theoretic framework for power control in distributed multiple-radar architecture underlying wireless communication system [J]. Entropy, 2018, 20, 267; DOI: 10.3390/e20040267.

[25] Bacci G, Sanguinetti L, Greco M S, et al. A game-theoretic approach for energy-efficiency detection in radar sensor network [C]. IEEE 7th Sensor Array and Multichannel Signal Processing Workshop (SAM), 2012: 157-160.

[26] Panoui A, Lambotharan S, Chambers J A. Game theoretic power allocation technique for a MIMO radar network [C]. International Symposium on Communications, Control and Signal Processing (ISCCSP), 2014: 509-512.

[27] Panoui A, Lambotharan S, Chambers J A. Game theoretic power allocation for a multistatic radar network in the presence of estimation error [C]. Sensor Signal Processing for Defense (SSPD), 2014: 1-5.

[28] Panoui A, Lambotharan S, Chambers J A. Game theoretic distributed waveform design for multistatic radar networks [J]. IEEE Transactions on Aerospace and Electronic Systems, 2016, 52(4): 1855-1865.

[29] Deligiannis A, Lambotharan S. A Bayesian game theoretic framework for resource allocation in multistatic radar networks [C]. IEEE Radar Conference (RadarConf), 2017: 546-551.

[30] Alireza A, Nakhai M R, Hamid A A. Cognitive radio game for secondary spectrum access problem [J]. IEEE Transactions on Wireless Communications, 2009, 8(4): 2121-2131.

[31] Kalai E, Smorodinsky M. Other solutions to Nash's bargaining problem [J]. Econometrica, 1975, 43(3): 513-518.

第4章　频谱共存环境下基于 Stackelberg 博弈的组网雷达功率控制

4.1　引　　言

第 2 章和第 3 章分别引入了非合作博弈理论和合作博弈理论来研究频谱共存环境下的组网雷达功率控制问题，采用纳什均衡解和纳什议价解作为组网雷达系统最优功率控制的设计准则，在此基础上，分别提出了频谱共存环境下基于非合作博弈和合作博弈的组网雷达功率控制算法，在满足一定目标探测性能和组网雷达对通信系统干扰功率约束的条件下，最小化组网雷达系统中各雷达的发射功率。然而，在所提出的基于非合作博弈和合作博弈的组网雷达功率控制模型中，只把组网雷达作为唯一的博弈参与者纳入博弈模型中，最大限度地降低各雷达的发射功率来减少对通信系统的干扰，而忽视了通信系统的作用，没有充分调动通信系统的积极性[1]-[3]。因此，本章将在上述两章的基础上，根据通信系统与组网雷达频谱共存这一模型，从经济学角度出发，将通信系统也纳入博弈模型中，在博弈论框架下设计一种通信系统与组网雷达动态交互的功率控制模型，即在保证通信系统性能要求的条件下，考虑通信系统在博弈过程中的收益，同时关注组网雷达中各雷达节点的发射功率及目标探测性能需求[4]。

在非合作博弈与合作博弈中，每个博弈参与者都有自己的策略集，他们的目标是在假设其他博弈参与者确定了博弈策略的情况下，为自己选择能使收益最大化或成本最小化的策略。在这种博弈模型中，每个博弈参与者的地位都是平等的[5]-[20]。Stackelberg 博弈是以德国经济学家 Heinrich Von Stackelberg 的名字命名的，它可以被看作非合作博弈与合作博弈的拓展[21]。而与后两者最大的不同是，在 Stackelberg 博弈中，有一个更高层次的博弈参与者，该博弈参与者根据低一层次博弈参与者的策略及实际反馈信息，选择自己的最优博弈策略；而对于低层次的博弈参与者而言，当高层次的博弈参与者确定了自己的博弈策略后，他们才会选择各自的策略。因此，更高层次的博弈参与者被称为博弈领导者，而低层次的博弈参与者被称为博弈跟随者。在 Stackelberg 博弈模型中，博弈领导者与博弈跟随者处于不同的策略层，博弈领导者根据自己的博弈目标调控博弈跟随者的策略，而博弈跟随者的策略反过来也会影响博弈领导者的策略选择，两者之间具有相互制约的主从关系。

近年来，Stackelberg 博弈已被广泛地应用在认知无线电及雷达信号处理等问题中[22]-[25]。2010 年，南京邮电大学的罗荣华和杨震[26]提出了认知无线电中基于 Stackelberg 博弈的分布式功率分配算法，将主用户作为博弈模型中的博弈领导者，认知用户作为博弈跟随者，认知用户使用主用户的工作频段时需要支付给主用户相应的费用，而主用户则通过调整干扰功率价格，限制认知用户产生的干扰功率不超过其最大可接受的干扰温度阈值，以获得最大收益。另外，不同认知用户之间则根据主用户制定的干扰功率价格，进行非合作博弈。仿真结果表明，该算法不仅减少了主用户与认知用户之间的信息交互，而且可以获得与最优功率分配算法相近的系统性能。2013 年，武汉大学的沈田[21]提出了基于 Stackelberg 博弈的授权-认知用户动态频谱交易功率控制算法，该算法将授权用户考虑进博弈模型中，充分调动授权用户与认知用户共享频谱资源的积极性。在博弈过程中，授权用户动态调整单位干扰功率价格，以获得自身的最大收益，不仅限制了认知用户产生的干扰功率不超过其所设定的最大干扰阈值，而且保证了授权用户的正常通信质量。在此基础上，又提出了基于 Stackelberg 博弈的认知用户传输速率与发射功率联合控制算法，在满足认知用户 SINR 要求的同时，降低了功耗，为无线通信系统多传输速率业务的开展奠定了基础。文献[27]研究了协作通信中基于 Stackelberg 博弈的功率与带宽资源联合分配算法。2014 年，文献[28]提出了异构网络中基于能效的低复杂度 Stackelberg 博弈功率分配算法，并用拉格朗日对偶分解法对此问题进行了求解。北京邮电大学的都晨辉等人[29]运用 Stackelberg 博弈理论研究了基于物理层安全的协作干扰策略，仿真结果表明，与平均功率分配算法相比，该算法具有更优的能效。2016 年，Yin R 等人[30]研究了 D2D 通信与蜂窝网络共存下的频谱与功率资源联合分配问题。作者将通信基站作为博弈领导者，将 D2D 通信对作为博弈跟随者，建立了基于 Stackelberg 博弈的频谱与功率联合优化模型，并从数学上严格证明了纳什均衡解的存在性和唯一性。2018 年，重庆邮电大学的朱江等人[31][32]针对认知无线网络功耗过大的问题，提出了一种基于 Stackelberg 博弈的功率控制算法，将主用户作为博弈领导者，次用户作为博弈跟随者，建立主次用户双层博弈模型，并定量分析了次用户对主用户产生的干扰。2019 年，王汝言等人[33]针对虚拟化无线传感器网络中的资源竞争问题，提出了基于 Stackelberg 博弈的虚拟化无线传感器网络资源分配算法，根据不同业务对服务质量的需求，采用分布式迭代算法，获取无线传感器网络的最优价格和虚拟传感网络请求的最优资源需求，并根据纳什均衡进行优化分配。针对无人机网络的抗干扰问题，北京邮电大学的张新宇[34]采用 Stackelberg 博弈理论，建立了单一信道和多信道传输的无人机网络模型，并通过分析求得博弈均衡解，从而得到无人机 Stackelberg 博弈最优抗干扰策略。

2012 年，Song X F 等人[35]首次利用 Stackelberg 博弈理论研究了目标与分布式

MIMO 雷达之间的电子对抗问题。2015 年，空军工程大学的兰星等人[36]-[38]提出了基于 Stackelberg 博弈的 MIMO 雷达信号与目标干扰优化算法，将环境中的杂波因素考虑进博弈模型中，分别获得了强弱杂波环境下目标占优与雷达占优两种 Stackelberg 博弈优化策略，可为杂波环境中雷达与目标的博弈提供有用的借鉴。

上述研究成果提出了基于 Stackelberg 博弈的认知无线电功率分配思想，在保证认知用户正常通信的条件下，有效降低了认知无线电系统的功耗及对授权用户的干扰，为后续研究打下了坚实的基础。然而，上述算法存在如下几个不足之处：（1）虽然上述算法均采用 Stackelberg 博弈模型研究无线传感网络功率分配问题，进一步提升了系统能效，然而，已有的研究成果绝大部分是针对认知无线通信中的功率控制问题，如何将 Stackelberg 博弈思想应用于组网雷达功率控制问题中，还有待进一步研究。（2）虽然文献[35]～[38]将 Stackelberg 博弈模型运用于雷达信号处理问题中，分析了杂波背景中 MIMO 雷达与目标之间的动态博弈问题，而现代战争对雷达系统射频隐身性能的需求，则要求最小化组网雷达系统的总发射功率[39]-[52]。因此，如何利用 Stackelberg 博弈思想优化控制各雷达发射功率，从而在保证雷达系统目标探测性能的条件下，获得更好的射频隐身性能，是组网雷达系统设计的一个关键问题。另外，至今尚未有频谱共存环境下基于 Stackelberg 博弈的组网雷达功率控制的公开报道，这促使我们首次研究这个问题。

本章针对上述存在的问题，研究频谱共存环境下基于 Stackelberg 博弈的组网雷达功率控制问题。首先，基于 Stackelberg 博弈理论，将通信系统作为博弈领导者，将组网雷达系统中各雷达节点作为博弈跟随者，组网雷达使用通信系统的工作频段并以干扰功率为单位支付给通信系统相应的费用，而通信系统则通过调整单位干扰功率价格，限制各雷达产生的总干扰功率不影响给定的通信速率性能阈值，以获得最大收益。同时，各雷达与目标之间根据通信系统制定的价格，进行非合作博弈功率分配。在此基础上，分别设计综合考虑目标探测性能、雷达发射功率及通信系统接收到干扰功率的各博弈参与者效用函数，并建立频谱共存环境下基于 Stackelberg 博弈的组网雷达分布式功率控制模型，该优化模型在满足一定目标探测性能和组网雷达对通信系统干扰功率约束的条件下，最小化组网雷达系统中各雷达的发射功率，同时可实现各雷达之间的公平性。最后，将基于 Stackelberg 博弈的组网雷达功率控制问题转化为经典的最优化问题，采用牛顿迭代法获得频谱共存环境下各雷达的最优发射功率迭代公式，并证明了纳什均衡解的存在性和唯一性。仿真结果验证了频谱共存环境下基于 Stackelberg 博弈的组网雷达功率控制算法的可行性和有效性。

系统模型见第 2.2 节。

本章符号说明：上标 $(\cdot)^{\mathrm{T}}$ 和 $(\cdot)^{*}$ 分别代表转置和最优解；$[x]_a^b = \max\{\min(x,b),a\}$；当 $x>0$ 时，$[x]_a^+ = x$，否则，$[x]_a^+ = a$。

4.2 基于Stackelberg博弈的组网雷达分布式功率控制算法

从数学角度来说，本节建立的频谱共存环境下基于 Stackelberg 博弈的组网雷达分布式功率控制模型，以最小化组网雷达系统中各雷达的发射功率为目标，以给定目标探测性能及组网雷达对通信系统最大可接受干扰功率为约束条件，借助 Stackelberg 博弈理论对优化模型进行求解，控制雷达组网系统中各雷达的发射功率，从而提升频谱共存环境下组网雷达系统的射频隐身性能。

4.2.1 基于 Stackelberg 博弈的组网雷达分布式功率控制模型

本章将通信系统与组网雷达之间的动态交互过程建模为 Stackelberg 博弈，通信系统出售频谱资源给组网雷达系统中各雷达，并根据接收到的雷达干扰功率和自身最大可接受的干扰功率，设定单位干扰功率价格，同时将价格发送给各雷达。各雷达根据通信系统设定的单位干扰功率价格，通过非合作博弈功率分配，最大化各自的效用函数。在这一博弈过程中，通信系统和组网雷达就单位干扰功率价格和各雷达发射功率进行动态交互，直至博弈领导者和博弈跟随者的效用最大化，即达到 Stackelberg 均衡。

作为 Stackelberg 博弈模型中的领导者，在整个动态频谱共享过程中，通信系统在制定单位干扰功率价格以获取最大收益的同时，必须首先满足自身的 SINR 需求。因此，综合考虑目标探测性能、雷达发射功率及通信基站接收到干扰功率，设计通信系统的效用函数为组网雷达支付给通信系统的费用减去组网雷达对通信系统的干扰给后者造成的性能损失[51]，即

$$U_{\text{com}}(\boldsymbol{\xi},\boldsymbol{P})=\left[\sum_{i=1}^{N_\text{t}}\xi_i g_i^\text{d} P_i-\frac{\left(\sum_{i=1}^{N_\text{t}} g_i^\text{d} P_i-T_\text{tar}\right)^2}{T_\text{max}}\right]\times\varepsilon\left(T_\text{max}-\sum_{i=1}^{N_\text{t}} g_i^\text{d} P_i\right) \tag{4.1}$$

式中，$\boldsymbol{\xi}=[\xi_1,\cdots,\xi_{N_\text{t}}]^\text{T}$ 为通信系统对组网雷达的单位干扰功率价格矢量，其中，ξ_i 为通信系统对雷达 i 的单位干扰功率价格；$\boldsymbol{P}=[P_1,\cdots,P_{N_\text{t}}]^\text{T}$ 为组网雷达发射功率矢量，T_tar 为干扰功率的目标值，T_max 为通信系统最大可接受干扰功率阈值，$\varepsilon(\cdot)$ 为阶跃函数。由式（4.1）可以看出，$\sum_{i=1}^{N_\text{t}}\xi_i g_i^\text{d} P_i$ 表示组网雷达使用通信系统频谱而支付的费用[31]。在整个频谱共享过程中，通信系统作为博弈领导者，在保证组网雷达对其产生的干扰不超过最大可接受干扰功率阈值的条件下，通过制定单位干扰功率价格 ξ_i 以获得最大收益。值得说明的是，单位干扰功率价格在整个动态博弈过程中

扮演着重要角色，如果 ξ_i 较大，则组网雷达中各雷达节点将采用较小的发射功率以降低频谱共享所付出的成本，同时，也可能由于雷达发射功率过低而无法满足预先设定的目标探测性能需求；如果 ξ_i 较小，则组网雷达中各雷达节点将采用较大的发射功率，这也有可能导致组网雷达对通信系统造成的干扰超过给定的干扰功率阈值 $T_{\max}$，从而使得通信系统无法满足其性能需求。$\left(\sum_{i=1}^{N_t} g_i^{d} P_i - T_{\text{tar}}\right)^2 \Big/ T_{\max}$ 表示由于组网雷达发射信号而造成的通信系统性能损失。本章所设定的干扰功率目标值 T_{tar} 极小。若干扰功率无限接近于 T_{tar}，则 $\left(\sum_{i=1}^{N_t} g_i^{d} P_i - T_{\text{tar}}\right)$ 可近似为 0，此时认为通信系统没有因为组网雷达发射信号而造成的性能损失。

因此，作为博弈领导者，通信系统的主要目的是通过调整单位干扰功率价格，限制各雷达产生的总干扰功率不影响给定的通信速率性能阈值，从而最大化其自身效用函数。于是，通信系统的效用函数优化模型为

$$\left.\begin{aligned}&\max_{\xi} U_{\text{com}}(\xi, \boldsymbol{P}),\\ \text{s.t.:}\ &\sum_{i=1}^{N_t} g_i^{d} P_i \geqslant T_{\max},\\ &\xi_i \geqslant 0.\end{aligned}\right\} \tag{4.2}$$

作为 Stackelberg 博弈模型中的跟随者，各雷达与目标之间根据通信系统制定的价格，进行非合作博弈功率分配。在目标探测场景下，各雷达对目标的 SINR 值必须大于等于预先设定的目标检测性能 SINR 阈值。较高的 SINR 值将获得较好的目标探测性能，然而各雷达将发射较大的功率，这不仅有损于组网雷达的射频隐身性能，还使得各雷达之间、各雷达与通信系统之间的干扰问题进一步恶化。由于组网雷达与通信系统工作于同一频段，各雷达需要向通信系统支付一定的费用。在此，综合考虑目标探测性能、雷达发射功率及通信基站接收到干扰功率，设计雷达 i 的效用函数为

$$U_{\text{rad},i}(P_i, \boldsymbol{P}_{-i}, \xi_i) = \ln(\gamma_i - \gamma_{\min}) - \xi_i g_i^{d} P_i \tag{4.3}$$

式中，$\boldsymbol{P}_{-i} = [P_1, P_2, \cdots, P_{i-1}, P_{i+1}, \cdots, P_{N_t}]^{\mathrm{T}}$ 为除雷达 i 外其他雷达的发射功率矢量，且有 $P_i \in \mathcal{P}_i$，其中，$\mathcal{P}_i$ 为博弈参与者 i 的发射功率策略集；$\gamma_{\min}$ 为表征目标探测性能的 SINR 阈值；ξ_i 为通信系统对第 i 部雷达节点的单位干扰功率价格，且为非负值。由式（4.3）可以看出，各雷达既要通过增大发射功率来提高目标探测 SINR 值，又必须为雷达发射信号给通信系统造成的干扰支付一定的费用。因此，各雷达无法盲目追求自身利益而忽略整体利益，这从一定程度上有效保证了通信系统的正常工作。

因此，作为博弈跟随者，组网雷达系统的主要目的是在满足一定目标探测性能和组网雷达对通信系统干扰功率约束的条件下，最小化系统中各雷达的发射功率。于是，在通信系统对各雷达单位干扰功率价格已知的情况下，基于非合作博弈的组网雷达分布式功率控制模型为

$$\left.\begin{aligned} &\max_{P_i,\, i\in\mathcal{M}} U_{\text{rad},i}(P_i, \boldsymbol{P}_{-i}, \xi_i), \\ \text{s.t.:}\ &\gamma_i \geqslant \gamma_{\min}, i\in\mathcal{M} \\ &0 \leqslant P_i \leqslant P_i^{\max}, i\in\mathcal{M} \end{aligned}\right\} \tag{4.4}$$

式中，$P_i^{\max}$ 为雷达 i 的最大发射功率，集合 $\mathcal{M}=\{1,2,\cdots,N_{\text{t}}\}$ 为博弈跟随者集合。

4.2.2 雷达发射功率迭代公式求解

本节采用牛顿迭代法来推导频谱共存环境下各雷达的最优发射功率迭代公式。当得到通信系统对组网雷达的单位干扰功率价格后，各雷达通过非合作博弈来获得最优发射功率，通信系统则根据接收到的组网雷达干扰功率，动态调整单位干扰功率价格，以获得自身收益的最大化。

于是，在通信系统对各雷达单位干扰功率价格已知的情况下，对式（4.3）中的效用函数 $U_{\text{rad},i}(P_i, \boldsymbol{P}_{-i}, \xi_i)$ 求关于 P_i 的一阶偏导数，可以得到

$$\frac{\partial U_{\text{rad},i}(P_i, \boldsymbol{P}_{-i}, \xi_i)}{\partial P_i} = \frac{1}{\gamma_i - \gamma_{\min}} \cdot \frac{h_{i,i}^{\text{t}}}{I_{-i}} - \xi_i g_i^{\text{d}} \tag{4.5}$$

令 $\partial U_{\text{rad},i}(P_i, \boldsymbol{P}_{-i}, \xi_i)/\partial P_i = 0$，则有

$$\frac{1}{\gamma_i - \gamma_{\min}} \cdot \frac{h_{i,i}^{\text{t}}}{I_{-i}} = \xi_i g_i^{\text{d}} \tag{4.6}$$

重新整理式（4.6）后，有

$$\gamma_i = \gamma_{\text{th}}^{\min} + \frac{h_{i,i}^{\text{t}}}{I_{-i}} \cdot \frac{1}{\xi_i g_i^{\text{d}}} \tag{4.7}$$

将式（2.6）代入式（4.7）中，经整理，可得雷达 i 发射功率的最优解 P_i^* 为

$$P_i^* = \frac{I_{-i}}{h_{i,i}^{\text{t}}} \gamma_{\min} + \frac{1}{\xi_i^* g_i^{\text{d}}} \tag{4.8}$$

因此，借助牛顿迭代法，得到雷达 i 的发射功率迭代公式为

$$P_i^{(n+1)} = \left[\frac{P_i^{(n)}}{\gamma_i^{(n)}} \gamma_{\min} + \frac{1}{\xi_i^{(n)} g_i^{\text{d}}} \right]_0^{P_i^{\max}} \tag{4.9}$$

式中，n 为迭代次数索引。

4.2.3　纳什均衡解的存在性与唯一性证明

对于组网雷达系统，纳什均衡是一种所有博弈跟随者策略组合状态，在这种状态下，没有博弈跟随者单方面偏离此状态以增加自身收益[1][15]。只要博弈跟随者改变当前策略，就可能会导致自身收益减少。纳什均衡的定义如下：

定义 4.1（纳什均衡）：策略矢量 $\boldsymbol{P}^*=(P_i^*,\boldsymbol{P}_{-i}^*)\in\mathcal{P}$ 是一个纳什均衡解，假设

$$U_{\mathrm{rad},i}(P_i^*,\boldsymbol{P}_{-i}^*,\xi_i^*)\geq U_{\mathrm{rad},i}(P_i,\boldsymbol{P}_{-i}^*,\xi_i^*),P_i\in\mathcal{P}_i,i\in\mathcal{M} \tag{4.10}$$

成立。

定理 4.1（存在性）：$\forall i\in\mathcal{M}$，满足下列两个条件时，本章提出的基于 Stackelberg 博弈的组网雷达分布式功率控制算法至少有一个纳什均衡解存在[15]：

（a）雷达 i 的发射功率 P_i 是欧几里得空间上的非空、闭合、有界的凸集合；

（b）雷达 i 的效用函数 $U_{\mathrm{rad},i}(P_i,\boldsymbol{P}_{-i},\xi_i)$ 是连续的拟凹函数。

证明：由式（4.4）中各雷达的发射功率策略易知，雷达 i 的发射功率 P_i 是欧几里得空间上的非空、闭合、有界的凸集合，所以满足条件（a）。

对效用函数 $U_{\mathrm{rad},i}(P_i,\boldsymbol{P}_{-i},\xi_i)$ 相对于 P_i 求二阶偏导数，可得

$$\frac{\partial^2 U_{\mathrm{rad},i}(P_i,\boldsymbol{P}_{-i},\xi_i)}{\partial P_i^2}=-\frac{(h_{i,i}^{\mathrm{t}})^2}{I_{-i}^2(\gamma_i-\gamma_{\min})^2}<0 \tag{4.11}$$

则效用函数 $U_{\mathrm{rad},i}(P_i,\boldsymbol{P}_{-i},\xi_i)$ 在策略空间上为连续的凹函数，而凹函数也是拟凹函数。因此，本章所提算法存在纳什均衡解，证毕。

定理 4.2（唯一性）：本章提出的基于 Stackelberg 博弈的组网雷达分布式功率控制算法有唯一的纳什均衡解[15]。

证明：雷达 i 的最优响应策略函数为

$$f(P_i)=\frac{P_i}{\gamma_i}\gamma_{\min}+\frac{1}{\xi_i g_i^{\mathrm{d}}} \tag{4.12}$$

根据文献[1][2][15]，当且仅当最有响应策略函数 $f(P_i)$ 满足如下三个条件时，非合作博弈模型存在唯一纳什均衡点：

（a）正定性：$\forall i\in\mathcal{M}$，有 $f(P_i)>0$；

（b）单调性：如果 $P_i^a>P_i^b$，则有 $f(P_i^a)>f(P_i^b)$；

（c）可扩展性：如果 $\alpha>1$，则有 $\alpha f(P_i)>f(\alpha P_i)$；

对于条件（a），显然有

$$f(P_i)=\frac{P_i}{\gamma_i}\gamma_{\min}+\frac{1}{\xi_i g_i^{\mathrm{d}}}>0 \tag{4.13}$$

因此，雷达 i 的最优响应策略函数 $f(P_i)$ 满足正定性。

对于条件（b），如果$P_i^a > P_i^b$，则有

$$\begin{aligned} f(P_i^a)-f(P_i^b) &= \frac{P_i^a - P_i^b}{\gamma_i}\gamma_{\min} + \left(\frac{1}{\xi_i g_i^{\mathrm{d}}} - \frac{1}{\xi_i g_i^{\mathrm{d}}}\right) \\ &= \frac{P_i^a - P_i^b}{\gamma_i}\gamma_{\min} > 0 \end{aligned} \tag{4.14}$$

于是，$f(P_i^a) > f(P_i^b)$。因此，雷达i的最优响应策略函数$f(P_i)$满足单调性。

对于条件（c），如果$\alpha > 1$，则有

$$\begin{aligned} \alpha f(P_i) - f(\alpha P_i) &= \alpha\left(\frac{P_i}{\gamma_i}\gamma_{\mathrm{th}}^{\min} + \frac{1}{\xi_i g_i^{\mathrm{d}}}\right) - \left(\frac{\alpha P_i}{\gamma_i}\gamma_{\mathrm{th}}^{\min} + \frac{1}{\xi_i g_i^{\mathrm{d}}}\right) \\ &= \frac{\alpha}{\xi_i g_i^{\mathrm{d}}} - \frac{1}{\xi_i g_i^{\mathrm{d}}} \\ &= \frac{\alpha - 1}{\xi_i g_i^{\mathrm{d}}} > 0 \end{aligned} \tag{4.15}$$

于是，$\alpha f(P_i) > f(\alpha P_i)$。因此，雷达$i$的最优响应策略函数$f(P_i)$满足可扩展性。

综上所述，本章提出的基于 Stackelberg 博弈的组网雷达分布式功率控制算法具有唯一的纳什均衡解，证毕。

4.2.4 基于 Stackelberg 博弈的组网雷达分布式发射功率迭代算法

在证明本章基于 Stackelberg 博弈的组网雷达分布式功率控制算法具有唯一纳什均衡解的基础上，根据雷达i的发射功率迭代公式（4.9），给出基于 Stackelberg 博弈的组网雷达分布式发射功率迭代算法流程[51]，如图 4.1 所示。首先，通信系统根据接收到的雷达干扰功率和自身最大可接受的干扰功率，设定单位干扰功率价格，并将价格发送给各雷达节点。各雷达根据通信系统设定的单位干扰功率价格，通过非合作博弈功率分配，经过多次博弈直至各自的效用函数最大化。之后，通信系统再根据各雷达的发射功率调整单位干扰功率价格，多次动态博弈后使得各博弈参与者的收益最大化，即达到纳什均衡解。

由图 4.1 可知，各雷达的发射功率在满足一定目标探测性能和组网雷达对通信系统干扰功率约束的情况下，根据式（4.9）进行博弈迭代计算。经过有限次动态博弈，当各雷达的发射功率水平及通信系统对各雷达的单位干扰功率价格不再发生变化时，即获得满足模型优化目标的最优单位干扰功率价格$\{\xi_i^*\}_{i=1}^{N_{\mathrm{t}}}$和最优雷达发射功率策略$\{P_i^*\}_{i=1}^{N_{\mathrm{t}}}$。

为了满足图 4.1 的分布式计算要求，各雷达需要预先获得各信道增益的方差$\{h_{i,j}^{\mathrm{t}}\}_{j=1,j\neq i}^{N_{\mathrm{t}}}$，$\{h_{i,j}^{\mathrm{d}}\}_{j=1,j\neq i}^{N_{\mathrm{t}}}$，$\{h_{i,i}^{\mathrm{t}}\}_{i=1}^{N_{\mathrm{t}}}$和$\{g_i^{\mathrm{d}}\}_{i=1}^{N_{\mathrm{t}}}$。另外，雷达$i$第$n+1$时刻发射功率策略$P_i^{(n+1)}$的获得需要其他雷达前一时刻的发射功率$\boldsymbol{P}_{-i}^{(n)}$和前一时刻通信系统对

各雷达的单位干扰功率价格 $\xi^{(n)}$，因此，各雷达需要将自身第 n 时刻的发射功率经数据链路发送给其他雷达，同时，通信系统也需要将其对各雷达的单位干扰功率价格发送给各雷达，以满足其第 $n+1$ 时刻功率迭代计算的要求。

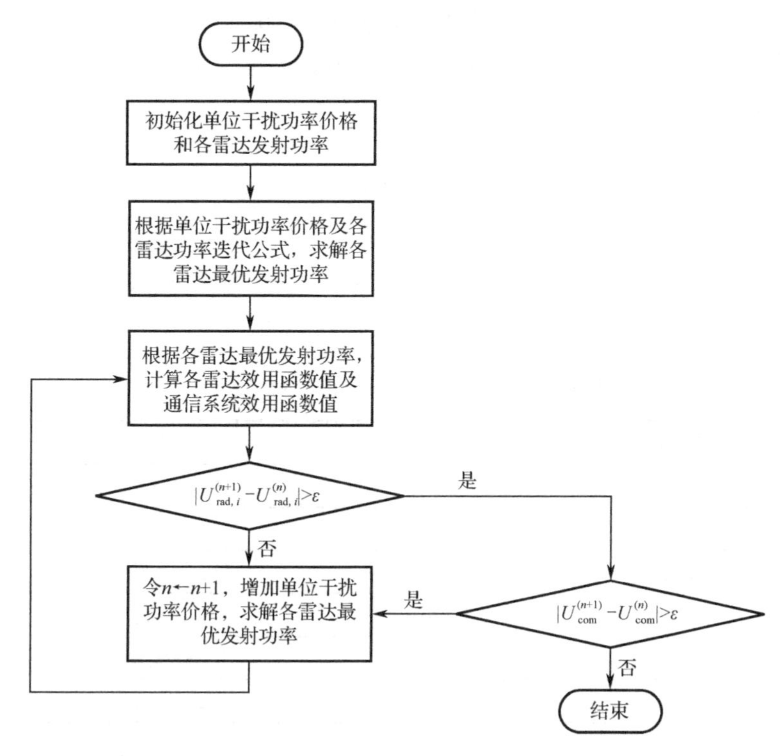

图 4.1　基于 Stackelberg 博弈的组网雷达分布式发射功率迭代算法流程图

4.3　仿真结果与分析

4.3.1　仿真参数设置

为了验证频谱共存环境下基于 Stackelberg 博弈的组网雷达功率控制算法的可行性和有效性，本节进行了仿真。假设组网雷达系统由 $N_{\text{t}}=6$ 部雷达组成，且各雷达在目标探测模式下某一时刻的相对位置如表 4.1 所示。通信基站的位置为 $[0,-25]\,\text{km}$。为了验证目标相对于系统中各雷达的位置关系对功率分配结果的影响，本节考虑某一时刻两种不同的目标位置。其中，第一种情况下目标位置为 $[0,0]\,\text{km}$，第二种情况下目标位置为 $[0,50]\,\text{km}$。雷达间的互干扰系数为 $c_{i,j}=0.01(i\neq j)$。其他系统参数分别设置如下：雷达天线增益 $G_{\text{t}}=G_{\text{r}}=30\,\text{dB}$，$G_{\text{t}}'=G_{\text{r}}'=-40\,\text{dB}$，雷达信号波长 $\lambda=0.1\,\text{m}$；每部雷达的发射功率上限为

$P_{i,\max}=5000\text{ W}$；目标检测概率 $p_{\mathrm{D},i}(\delta_i,\gamma_i)=0.9973$，虚警概率 $p_{\mathrm{FA},i}(\delta_i)=10^{-6}$，雷达发射脉冲数 $N=512$，检测门限 $\delta_i=0.0267$，由式（2.4）可计算得到相应的 SINR 阈值 $\gamma_{\mathrm{th}}^{\min}=10\text{ dB}$；通信基站接收天线增益 $G_{\mathrm{c}}=0\text{ dB}$，通信系统最大可接受干扰功率阈值 $T_{\max}=5\times10^{-15}\text{ W}$，干扰功率的目标值 $T_{\mathrm{tar}}=10^{-19}\text{ W}$；雷达接收机噪声功率 $\sigma^2=10^{-18}\text{ W}$。设置算法最大迭代次数 $L_{\max}=20$，单位干扰功率价格 $\xi_i^{(0)}=5\times10^{20}$，误差容限 $\varepsilon=10^{-15}$。

在此，考虑两种目标 RCS 模型 $\boldsymbol{\sigma}_1^{\mathrm{RCS}}$ 和 $\boldsymbol{\sigma}_2^{\mathrm{RCS}}$。其中，第一种 RCS 模型为 $\boldsymbol{\sigma}_1^{\mathrm{RCS}}=[1,1,1,1,1,1]$，表示目标相对各雷达视角下的 RCS 均相等，功率分配结果只与目标到雷达的距离及它们之间的相对位置有关。为了进一步分析目标 RCS 对功率分配结果的影响，本节还考虑了第二种 RCS 模型 $\boldsymbol{\sigma}_2^{\mathrm{RCS}}=[1,6,2,0.5,3,8]$，表示目标相对各雷达视角下的 RCS 不相等。

表 4.1 组网雷达在空间中的相对位置分布

雷达系统	空间位置
雷达 1	$[50,0]$ km
雷达 2	$[25,25/\sqrt{3}]$ km
雷达 3	$[-25,25/\sqrt{3}]$ km
雷达 4	$[-50,0]$ km
雷达 5	$[-25,-25/\sqrt{3}]$ km
雷达 6	$[25,-25/\sqrt{3}]$ km

4.3.2 功率控制结果

图 4.2 所示为频谱共存环境下基于 Stackelberg 博弈的组网雷达功率控制算法中雷达发射功率随博弈迭代次数变化的曲线，其中，不同情况下各雷达发射功率初值分别设为 $\boldsymbol{P}^{(0)}=[4000,1000,100,1500,3500,300]\text{ W}$，$\boldsymbol{P}^{(0)}=[2500,2500,2500,2500,2500,2500]\text{ W}$，$\boldsymbol{P}^{(0)}=[500,1000,4000,2500,200,3000]\text{ W}$，$\boldsymbol{P}^{(0)}=[880,4900,1800,3600,1500,200]\text{ W}$。从图 4.2 中可以看出，所提算法经过 10～12 次迭代计算可以达到纳什均衡解，从而验证了算法的收敛性。为了分析不同因素对雷达功率分配结果的影响，图 4.3 给出了不同情况下的组网雷达发射功率分配比，其中，定义第 i 部雷达的功率分配比为

$$\begin{cases}\eta_i=\dfrac{P_i}{\sum\limits_{i=1}^{N_{\mathrm{t}}}P_i}\\ \sum\limits_{i=1}^{N_{\mathrm{t}}}\eta_i=1\end{cases}\tag{4.16}$$

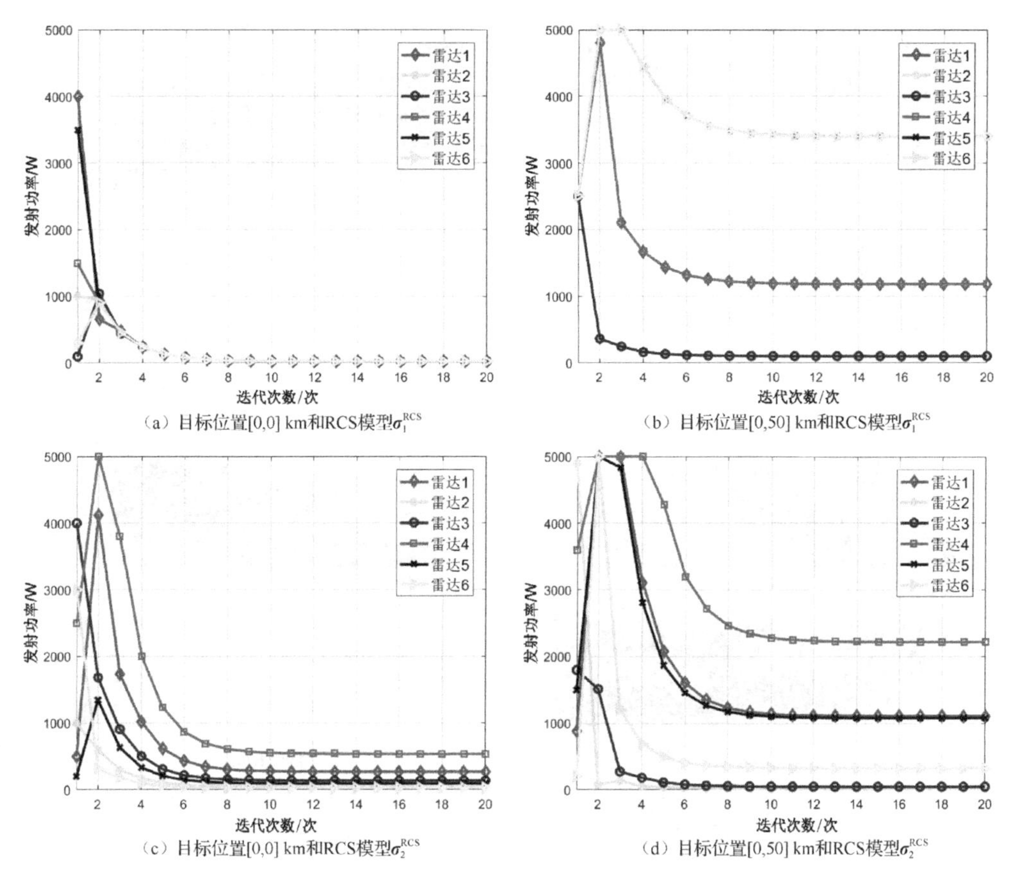

（a）目标位置[0,0] km和RCS模型σ_1^{RCS}　（b）目标位置[0,50] km和RCS模型σ_1^{RCS}

（c）目标位置[0,0] km和RCS模型σ_2^{RCS}　（d）目标位置[0,50] km和RCS模型σ_2^{RCS}

图 4.2　不同情况下雷达发射功率收敛性能

如图 4.3（b）所示，在第二种目标位置下，雷达 5 和雷达 6 发射较大的功率，而雷达 1、雷达 2、雷达 3 和雷达 4 则发射较小的功率，说明距离目标较远的雷达发射较大的功率。由图 4.3（c）给出的功率分配结果可以发现，在第一种目标位置下，雷达 4 发射最大的功率，原因是雷达 4 相对目标视角 RCS 较小，需要发射更大的功率以满足其目标探测 SINR 性能要求。因此，目标相对于各雷达位置关系的不同会产生不同的发射功率，从而影响组网雷达系统的射频隐身性能。由图 4.3（d）给出的功率控制结果可以发现，雷达 1、雷达 4 和雷达 5 发射较大的功率，而雷达 2、雷达 3 和雷达 6 则发射很小的功率，这是由于雷达 1、雷达 4 和雷达 5 距离目标较远，且相对目标视角 RCS 较小。综上所述，频谱共存环境下基于 Stackelberg 博弈的组网雷达功率控制算法的雷达发射功率与目标相对系统中各雷达的位置关系及目标相对各雷达视角下的 RCS 有关，且距离目标较远、相对目标视角 RCS 较小的雷达需要发射较大的功率，从而满足其设定的目标探测 SINR 性能要求。

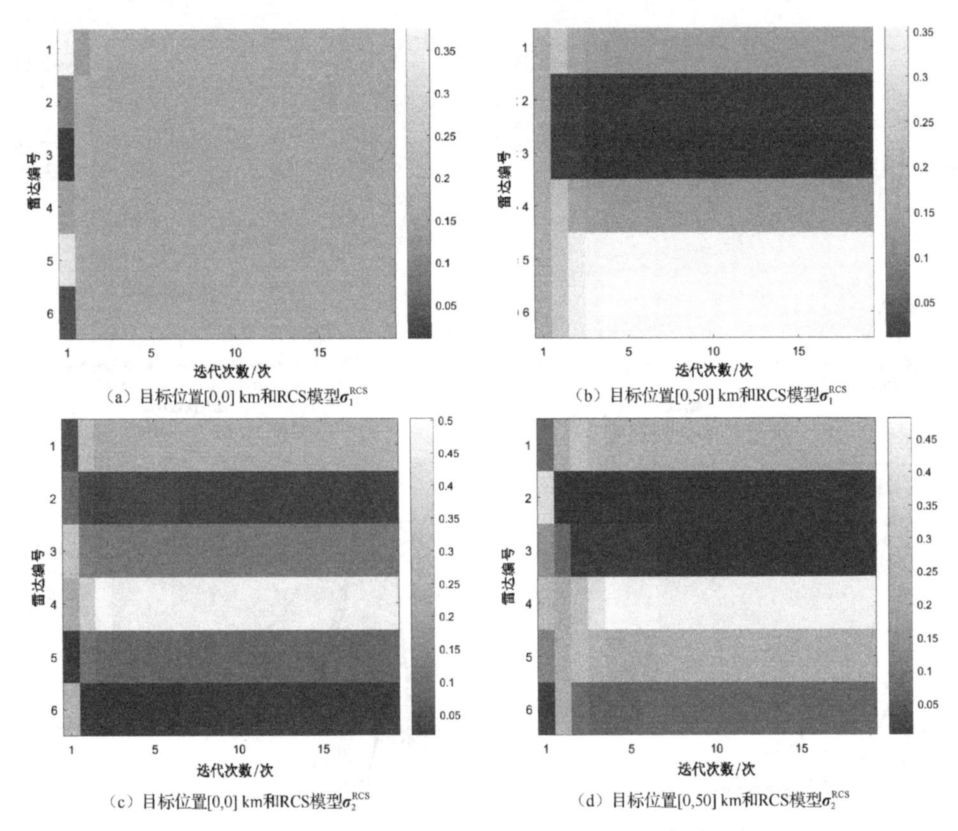

（a）目标位置[0,0] km和RCS模型σ_1^{RCS}　（b）目标位置[0,50] km和RCS模型σ_1^{RCS}

（c）目标位置[0,0] km和RCS模型σ_2^{RCS}　（d）目标位置[0,50] km和RCS模型σ_2^{RCS}

图 4.3　不同情况下组网雷达发射功率分配比

图4.4给出了频谱共存环境下基于Stackelberg博弈的组网雷达功率控制算法的SINR收敛性能。结果显示，经过4～6次迭代计算，各雷达的SINR收敛到预先设定的SINR阈值$\gamma_{\min}$，从而验证了本章算法可以在控制各雷达发射功率的同时，满足其目标探测SINR性能要求，同时实现了各雷达之间的公平性。

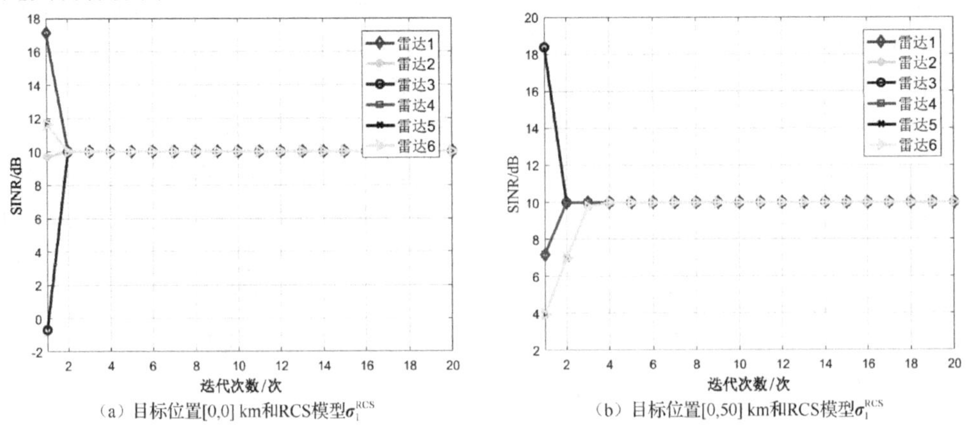

（a）目标位置[0,0] km和RCS模型σ_1^{RCS}　（b）目标位置[0,50] km和RCS模型σ_1^{RCS}

图 4.4　不同情况下雷达 SINR 收敛性能

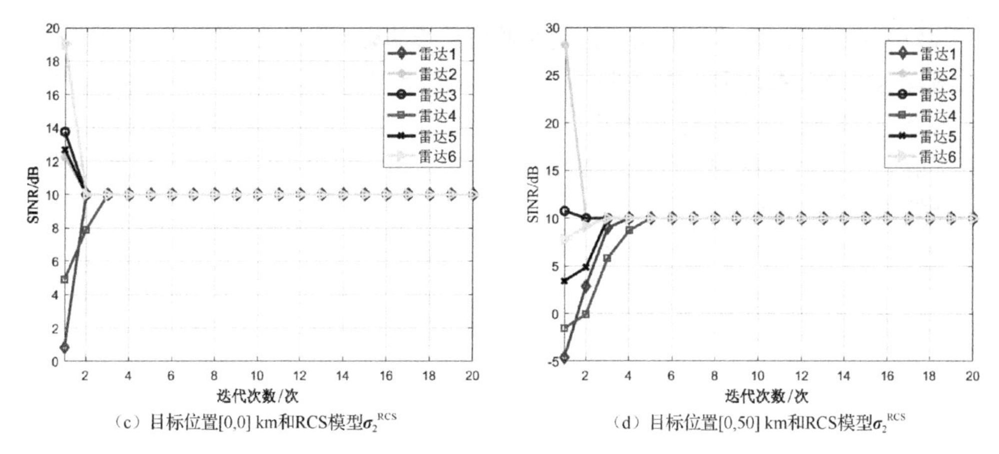

（c）目标位置[0,0] km和RCS模型σ_2^{RCS}　（d）目标位置[0,50] km和RCS模型σ_2^{RCS}

图 4.4　不同情况下雷达 SINR 收敛性能（续）

图 4.5 给出了不同情况下通信系统归一化效用函数的收敛性能。结果显示，经过 12 次左右的迭代计算，通信系统归一化效用函数收敛到纳什均衡解，从而验证了本章算法可以有效保证通信系统的收益。

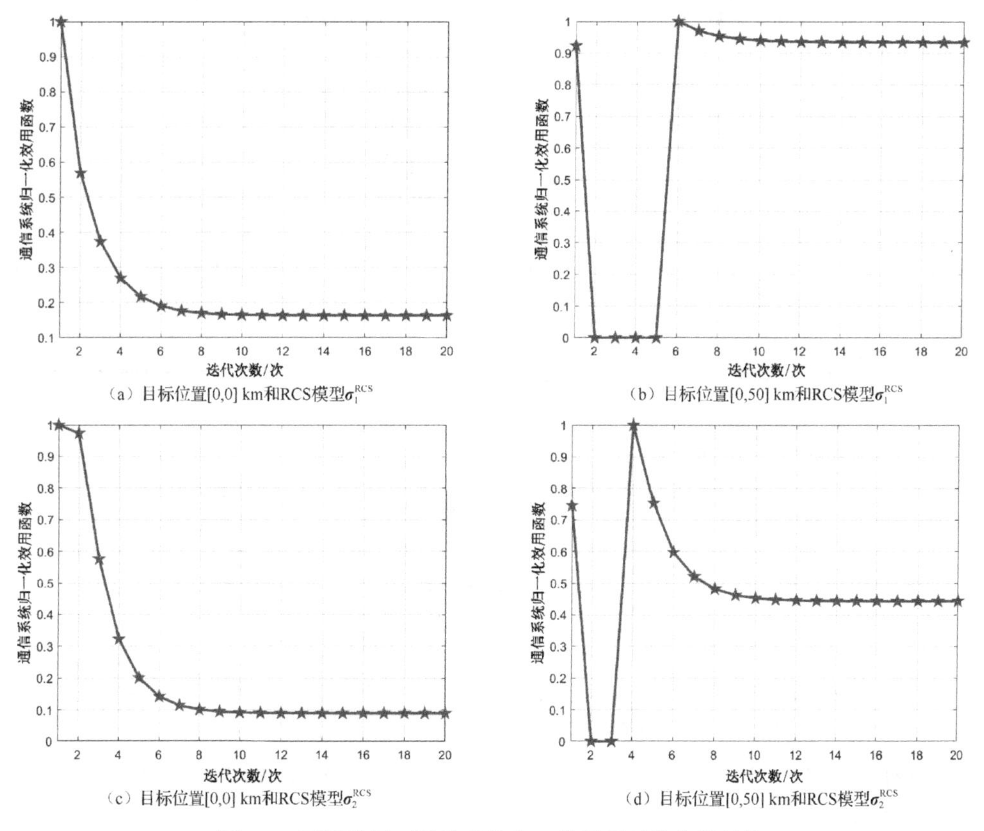

（a）目标位置[0,0] km和RCS模型σ_1^{RCS}　（b）目标位置[0,50] km和RCS模型σ_1^{RCS}

（c）目标位置[0,0] km和RCS模型σ_2^{RCS}　（d）目标位置[0,50] km和RCS模型σ_2^{RCS}

图 4.5　不同情况下通信系统归一化效用函数收敛性能

为了验证组网雷达发射功率控制对通信系统的影响，图 4.6 给出了不同情况下组网雷达对通信系统干扰功率的收敛性能。从仿真结果可以看出，在不同目标位置和 RCS 模型条件下，经过 12 次左右的迭代计算，频谱共存环境下基于 Stackelberg 博弈的组网雷达功率控制算法所得的组网雷达发射功率对通信系统产生的干扰均收敛到预先设定的干扰功率阈值以下。

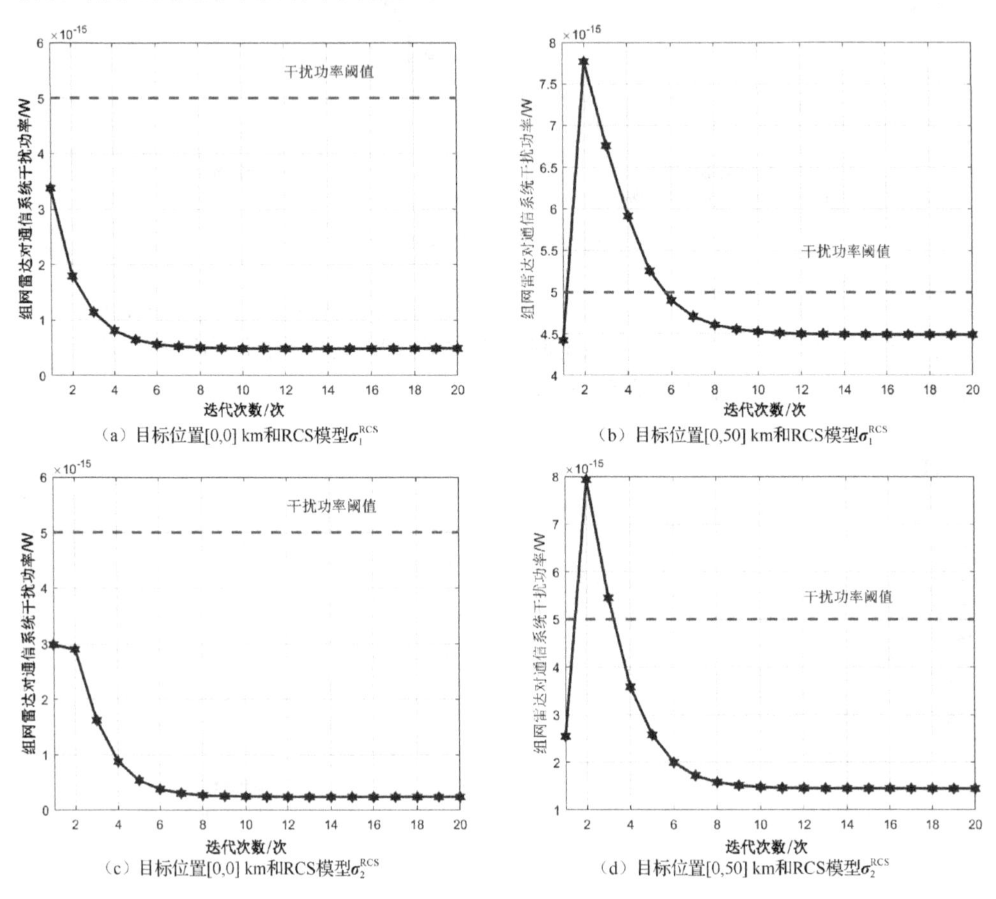

（a）目标位置[0,0] km和RCS模型$\boldsymbol{\sigma}_1^{\mathrm{RCS}}$　（b）目标位置[0,50] km和RCS模型$\boldsymbol{\sigma}_1^{\mathrm{RCS}}$

（c）目标位置[0,0] km和RCS模型$\boldsymbol{\sigma}_2^{\mathrm{RCS}}$　（d）目标位置[0,50] km和RCS模型$\boldsymbol{\sigma}_2^{\mathrm{RCS}}$

图 4.6　不同情况下组网雷达对通信系统干扰功率收敛性能

参考文献

[1] 徐友云，李大鹏，钟卫，等. 认知无线电网络资源分配——博弈模型与性能分析[M]. 北京：电子工业出版社，2013.

[2] 王正强. 认知无线电网络中基于博弈论的功率控制算法研究[M]. 北京：科学出版社，2016.

[3] 曾碧卿，邓会敏，张翅. 博弈论视角的认知无线电网络[M]. 北京：科学出版社，2015.

[4] Gogineni S, Nehorai A. Stackelberg game based social-aware power allocation for cooperative D2D communications [J]. IEEE Access, 2018, 6: 49877-49885.

[5] 朱江，巴少为，杜青敏. 认知无线网络中一种非合作博弈功率控制算法[J]. 电讯技术，2016, 56(12): 1301-1309.

[6] 曹瑛，刘建锋，范梦琪，等. 基于非合作博弈的布谷鸟搜索算法在微电网多目标优化中的应用[J]. 上海电力学院学报，2018, 34(6): 531-536, 546.

[7] 李民政，苗春伟. D2D 通信中基于帕累托占优的非合作博弈功率控制算法[J]. 系统工程与电子技术，2019, 41(6): 1408-1413.

[8] Gogineni S, Nehorai A. Game theoretic design for polarimetric MIMO radar target detection [J]. Signal Processing, 2012, 92: 1281-1289.

[9] Bacci G, Sanguinetti L, Greco M S, et al. A game-theoretic approach for energy-efficiency detection in radar sensor network [C]. IEEE 7th Sensor Array and Multichannel Signal Processing Workshop (SAM), 2012: 157-160.

[10] Piezzo M, Aubry A, Buzzi S, et al. Non-cooperative code design in radar networks: A game-theoretic approach [J]. EURASIP Journal on Advances in Signal Processing, 2013: 1-17.

[11] Panoui A, Lambotharan S, Chambers J A. Game theoretic power allocation technique for a MIMO radar network [C]. International Symposium on Communications, Control and Signal Processing (ISCCSP), 2014: 509-512.

[12] Panoui A, Lambotharan S, Chambers J A. Game theoretic power allocation for a multistatic radar network in the presence of estimation error [C]. Sensor Signal Processing for Defense (SSPD), 2014: 1-5.

[13] Deligiannis A, Rossetti G, Panoui A, et al. Power allocation game between a radar network and multiple jammers [C]. IEEE Radar Conference (RadarConf), 2016: 1-5.

[14] Deligiannis A, Panoui A, Lambotharan S, et al. Game-theoretic power allocation and the Nash equilibrium analysis for a multistatic MIMO radar network [J]. IEEE Transactions on Signal Processing, 2017, 65(24): 6397-6408.

[15] Shi C G, Wang F, Sellathurai M, et al. Non-cooperative game theoretic power allocation strategy for distributed multiple-radar architecture in a spectrum sharing environment [J]. IEEE Access, 2018, 6: 17787-17800.

[16] Yang C G, Li J D, Tian Z. Optimal power control for cognitive radio networks under coupled interference constraints: A cooperative game-theoretic perspective [J].

IEEE Transactions on Vehicular Technology, 2010, 59(4): 1696-1706.

[17] 王正强，蒋玲鸽，何晨. 基于合作博弈的多信道认知无线电网络中的频谱共享算法[J]. 通信学报，2014, 35(2): 70-75.

[18] Sun B, Chen H W, Wei X Z, et al. Power allocation for range-only localization in distributed multiple-input multiple-output radar networks-a cooperative game approach [J]. IET Radar, Sonar & Navigation, 2014, 8(7): 708-718.

[19] Shi C G, Salous S, Wang F, et al. Power allocation for target detection in radar networks based on low probability of intercept: A cooperative game theoretical strategy [J]. Radio Science, 2017, 52(8): 1030-1045.

[20] Shi C G, Wang F, Salous S, et al. Nash bargaining game-theoretic framework for power control in distributed multiple-radar architecture underlying wireless communication system [J]. Entropy, 2018, 20, 267; DOI: 10.3390/e20040267.

[21] 沈田. 基于博弈论的认知无线电功率控制研究[D]. 武汉：武汉大学，2013.

[22] Razaviyayn M, Morin Y, Luo Z Q. A Stackelberg game approach to distributed spectrum management [C]. 2010 IEEE International Conference on Acoustics, Speech and Signal Processing (ICASSP), 2010: 3006-3009.

[23] Duong N D, Madhukumar A S, Niyato D. Stackelberg Bayesian game for power allocation in two-tier networks [J]. IEEE Transactions on Vehicular Technology, 2016, 65(4): 2341-2354.

[24] Zhu K, Hossain E, Anpalagan A. Downlink power control in two-tier cellular OFDMA networks under uncertainties: A robust Stackelberg game [J]. IEEE Transactions on Communications, 2015, 63(2): 520-535.

[25] Liu Z X, Li S Y, Yang H J, et al. Approach for power allocation in two-tier femtocell networks based on robust non-cooperative game [J]. IET Communications, 2017, 11(10): 1549-1557.

[26] 罗荣华，杨震. 认知无线电中基于 Stackelberg 博弈的分布式功率分配算法[J]. 电子与信息学报，2010, 32(12): 2964-2969.

[27] AI-Tous H, Barhumi I. Joint power and bandwidth allocation for amplify-and-forward cooperative communications using Stackelberg game [J]. IEEE Transactions on Vehicular Technology, 2013, 62(4): 1678-1691.

[28] Wang Y S, Wang X, Wang L. Low-complexity Stackelberg game approach for energy-efficient resource allocation in heterogeneous networks [J]. IEEE Communications Letters, 2014, 18(11): 2011-2014.

[29] 都晨辉，宋梅，王莉，等. 基于 Stackelberg 博弈的协作干扰策略[J]. 北京邮电大学学报，2014, 37(5): 11-15.

[30] Yin R, Zhong C J, Yu G D, et al. Joint spectrum and power allocation for D2D communications underlaying cellalar networks [J]. IEEE Transactions on Vehicular Technology, 2016, 65(4): 2182-2195.

[31] 朱江，蒋涛涛. 认知无线网络中基于 Stackelberg 博弈的功率控制新算法[J]. 电讯技术，2018, 58(4): 363-369.

[32] 巴少为. 认知无线电中基于博弈论的功率控制机制的研究[D]. 重庆：重庆邮电大学，2017.

[33] 王汝言，李宏娟，吴大鹏. 基于 Stackelberg 博弈的虚拟化无线传感网络资源分配策略[J]. 电子与信息学报，2019, 41(2): 377-384.

[34] 张新宇. 无人机网络抗干扰方法研究[D]. 北京：北京邮电大学，2019.

[35] Song X F, Peter W, Zhou S L, et al. The MIMO radar and jammer games [J]. IEEE Transactions on Signal Processing, 2014, 60(2): 687-699.

[36] 兰星，王兴亮，李伟，等. 基于 Stackelberg 博弈的多输入多输出雷达信号与目标干扰优化[J]. 计算机应用，2015, 35(4): 1185-1189.

[37] Lan X, Li W, Wang X L, et al. MIMO radar and target Stackelberg game in the presence of clutter [J]. IEEE Sensors Journal, 2015, 15(12): 6912-6920.

[38] 兰星，李伟，王兴亮，等. 杂波背景 MIMO 雷达与目标博弈时优化策略研究[J]. 计算机应用研究，2016, 33(7): 2102-2105.

[39] Schleher D C. LPI radar: fact or fiction [J]. IEEE Aerospace and Electronic Systems Magazine, 2006, 21(5): 3-6.

[40] Pace P E. Detecting and classifying low probability of intercept radar [M]. Boston: Artech House, 2009.

[41] Stove A G, Hume A L, Baker C J. Low probability of intercept radar strategies [J]. IEE Proceedings of Radar, Sonar and Navigation, 2004, 151(5): 249-260.

[42] Lawrence D E. Low probability of intercept antenna array beamforming [J]. IEEE Transactions on Antennas and Propagation, 2010, 58(9): 2858-2865.

[43] Zhang Z K, Zhou J J, Wang F, et al. Multiple-target tracking with adaptive sampling intervals for phased-array radar [J]. Journal of Systems Engineering and Electronics, 2011, 22(5): 760-766.

[44] Zhang Z K, Salous S, Li H L, et al. Optimal coordination method of opportunistic array radars for multi-target-tracking-based radio frequency stealth in clutter [J]. Radio Science, 2015, 55(11): 1187-1196.

[45] Shi C G, Wang F, Zhou J J, et al. Security information factor based low probability of identification in distributed multiple-radar system [C]. IEEE International Conference on Acoustics, Speech and Signal Processing (ICASSP), 2015: 3716-3720.

[46] Shi C G, Zhou J J, Wang F. LPI based resource management for target tracking in distributed radar network [C]. IEEE Radar Conference (RadarConf), 2016: 822-826.

[47] Zhang Z K, Tian Y B. A novel resource scheduling method of netted radars based on Markov decision process during target tracking in clutter [J]. EURASIP Journal on Advances in Signal Processing, 2016, 2016(1): 1-9.

[48] Shi C G, Wang F, Sellathurai M, et al. Low probability of intercept based multicarrier radar jamming power allocation for joint radar and wireless communications systems [J]. IET Radar Sonar Navigation, 2017, 11(5): 802-811.

[49] Shi C G, Wang F, Sellathurai M, et al. Power minimization based robust OFDM radar waveform design for radar and communication systems in coexistence [J]. IEEE Transactions on Signal Processing, 2018, 66(5): 1316-1330.

[50] 时晨光，周建江，汪飞，等. 机载雷达组网射频隐身技术[M]. 北京：国防工业出版社，2019.

[51] Shi C G, Wang F, Salous S, et al. Distributed power allocation for spectral coexisting multistatic radar and communication systems based on Stackelberg game [C]. 44th IEEE International Conference on Acoustics, Speech and Signal Processing (ICASSP), 2019: 4265-4269.

[52] Shi C G, Qiu W, Wang F, et al. Stackelberg game-theoretic low probability of intercept performance optimization for multistatic radar system [J]. Electronics, 2019, 8, 397, DOI: 10.3390/electronics8040397.

第5章 频谱共存环境下基于 Stackelberg 博弈的组网雷达稳健功率控制

5.1 引　言

在第 4 章中，研究了频谱共存环境下基于 Stackelberg 博弈的组网雷达功率控制问题。首先，将通信系统作为博弈领导者，将组网雷达系统中各雷达节点作为博弈跟随者，建立了 Stackelberg 博弈模型。在此基础上，分别设计了综合考虑目标探测性能、雷达发射功率及通信系统接收到干扰功率的各博弈参与者效用函数，并建立了频谱共存环境下基于 Stackelberg 博弈的组网雷达分布式功率控制模型，该优化模型在满足一定目标探测性能和组网雷达对通信系统干扰功率约束的条件下，最小化组网雷达系统中各雷达的发射功率，同时可实现各雷达之间的公平性。最后，采用牛顿迭代法获得了频谱共存环境下各雷达的最优发射功率迭代公式，并证明了纳什均衡解的存在性和唯一性。需要说明的是，第 4 章中频谱共存环境下各雷达最优发射功率的获得依赖精确的信道增益方差值。然而，在实际战场环境中，各信道增益等信息难以精确获得，所以相应的信道增益存在不确定性[1]-[5]，从而无法通过频谱共存环境下基于 Stackelberg 博弈的组网雷达功率控制算法求得各雷达的最优发射功率。因此，需要在各信道增益方差不确定的情况下研究频谱共存环境下组网雷达稳健功率控制算法，以确保组网雷达系统射频隐身性能在信道不确定情况下的最优下界。

本章针对上述存在的问题，研究频谱共存环境下基于 Stackelberg 博弈的组网雷达稳健功率控制问题。首先，引入信道不确定模型描述战场环境的随机动态性；然后，将该问题建模为考虑信道不确定性的 Stackelberg 博弈，其中，将通信系统作为博弈领导者，将组网雷达系统中各雷达节点作为博弈跟随者，组网雷达使用通信系统的工作频段并以干扰功率为单位支付给通信系统相应的费用，而通信系统则通过调整单位干扰功率价格，限制各雷达产生的总干扰功率不影响给定的通信速率性能阈值以获得最大收益。同时，各雷达与目标之间根据通信系统制定的价格，进行非合作博弈功率分配。在此基础上，分别设计综合考虑目标探测性能、雷达发射功率、通信系统接收到干扰功率及信道不确定性的各博弈参与者效用函数，并建立频谱共存环境下基于 Stackelberg 博弈的组网雷达分布式稳健功率控制模型，该优化模型在满足一定目标探测性能和组网雷达对通信系统干扰功率约束的条件下，最小化最差情况下各雷达的发射功率。最后，将基于 Stackelberg 博弈的组网雷达稳健功率控制问题转化为经典的最优化问题，采用牛顿迭代法获得频谱共存环境下各雷达的稳健发射功率迭代公式，并证明稳健纳什均衡解的存在性和唯一性。仿真结果验证了频谱共存环境下基于 Stackelberg 博弈的组网雷达功率控制算法的可行性和有效性。

本章符号说明：上标 $(\cdot)^{\mathrm{T}}$ 和 $(\cdot)^{*}$ 分别代表转置和最优解；$[x]_a^b = \max\{\min(x,b),a\}$；当 $x>0$ 时，$[x]_a^+ = x$，否则，$[x]_a^+ = a$。

5.2 系统模型描述

系统模型见第 2.2 节。

在实际战场环境中，各信道增益等信息难以精确获得，本章将相应信道增益的方差表示为标称值 $\overline{(\cdot)}$ 和不确定值 $\Delta(\cdot)$ 求和的形式[12]-[14]，即

$$\left.\begin{aligned} h_{i,i}^{\mathrm{t}} &= \{\overline{h_{i,i}^{\mathrm{t}}}+\Delta h_{i,i}^{\mathrm{t}} : |\Delta h_{i,i}^{\mathrm{t}}| \leqslant \varpi_{i,i}^{\mathrm{t}}\} \\ h_{i,j}^{\mathrm{t}} &= \{\overline{h_{i,j}^{\mathrm{t}}}+\Delta h_{i,j}^{\mathrm{t}} : |\Delta h_{i,j}^{\mathrm{t}}| \leqslant \varpi_{i,j}^{\mathrm{t}}\} \\ h_{i,j}^{\mathrm{d}} &= \{\overline{h_{i,j}^{\mathrm{d}}}+\Delta h_{i,j}^{\mathrm{d}} : |\Delta h_{i,j}^{\mathrm{d}}| \leqslant \varpi_{i,j}^{\mathrm{d}}\} \\ g_{j}^{\mathrm{d}} &= \{\overline{g_{j}^{\mathrm{d}}}+\Delta g_{j}^{\mathrm{d}} : |\Delta g_{j}^{\mathrm{d}}| \leqslant \varpi_{i}^{\mathrm{d}}\} \end{aligned}\right\} \tag{5.1}$$

为了得到组网雷达系统的稳健发射功率策略，本章引入信道不确定模型描述战场环境的随机动态性，并基于 Stackelberg 博弈理论来建模和分析频谱共存环境下组网雷达系统中各雷达与通信基站之间的相互影响。在稳健 Stackelberg 博弈中，各雷达与目标之间根据通信系统制定的价格，进行非合作博弈功率分配，从而最大化自身的效用函数。

5.3 基于 Stackelberg 博弈的组网雷达稳健功率控制算法

本节在考虑战场环境信道不确定性的基础上，建立频谱共存环境下基于 Stackelberg 博弈的组网雷达稳健功率控制模型。从数学角度来说，该模型以最小化最差情况下各雷达的发射功率为目标，以给定目标探测性能以及组网雷达对通信系统最大可接受干扰功率为约束条件，借助稳健 Stackelberg 博弈理论对优化模型进行求解，控制雷达组网系统中各雷达的稳健发射功率，从而确保组网雷达系统的射频隐身性能在信道不确定的情况下具有最优下界。

5.3.1　基于 Stackelberg 博弈的组网雷达稳健功率控制模型

如第 4 章所述，作为 Stackelberg 博弈模型中的博弈领导者，综合考虑目标探测性能、雷达发射功率及通信基站接收到干扰功率，设计通信系统的效用函数为组网雷达支付给通信系统的费用减去组网雷达对通信系统的干扰给后者造成的性能损失[17]-[19]，即

$$U_{\text{com}}(\boldsymbol{\xi},\boldsymbol{P})=\sum_{i=1}^{N_{\text{t}}}\xi_i g_i^{\text{d}} P_i\cdot\varepsilon\left(T_{\max}-\sum_{i=1}^{N_{\text{t}}}g_i^{\text{d}}P_i\right) \tag{5.2}$$

式中，$\boldsymbol{\xi}=[\xi_1,\cdots,\xi_{N_{\text{t}}}]^{\text{T}}$ 为通信系统对组网雷达的单位干扰功率价格矢量，其中，ξ_i 为通信系统对雷达 i 的单位干扰功率价格；$\boldsymbol{P}=[P_1,\cdots,P_{N_{\text{t}}}]^{\text{T}}$ 为组网雷达发射功率矢量，$T_{\max}$ 为通信系统最大可接受干扰功率阈值，$\varepsilon(\cdot)$ 为阶跃函数。如第 4 章所述，在整个频谱共享过程中，通信系统作为博弈领导者，在保证组网雷达对其产生的干扰不超过最大可接受干扰功率阈值的条件下，通过制定单位干扰功率价格 ξ_i 以获得最大收益。

因此，作为博弈领导者，通信系统的主要目的是通过调整单位干扰功率价格，限制各雷达产生的总干扰功率不影响给定的通信速率性能阈值，从而最大化其自身效用函数。于是，通信系统的效用函数优化模型为

$$\left.\begin{aligned}&\max_{\xi}U_{\text{com}}(\boldsymbol{\xi},\boldsymbol{P}),\\ \text{s.t.:}\ &\sum_{i=1}^{N_{\text{t}}}g_i^{\text{d}}P_i\geqslant T_{\max},\\ &\xi_i\geqslant 0.\end{aligned}\right\} \tag{5.3}$$

考虑实际战场环境中信道信息的不确定性，通信系统的效用函数稳健优化模型可以表述为

$$\left.\begin{aligned}&\max_{\xi}\min_{g_i^{\text{d}}}U_{\text{com}}(\boldsymbol{\xi},\boldsymbol{P}),\\ \text{s.t.:}\ &\min_{g_i^{\text{d}}}\sum_{i=1}^{N_{\text{t}}}g_i^{\text{d}}P_i\geqslant T_{\max},\\ &\xi_i\geqslant 0.\end{aligned}\right\} \tag{5.4}$$

根据式（5.1）中的信道增益方差不确定模型，式（5.4）等价于

$$\left.\begin{aligned}&\max_{\xi}\widehat{U}_{\text{com}}(\boldsymbol{\xi},\boldsymbol{P}),\\ \text{s.t.:}\ &\sum_{i=1}^{N_{\text{t}}}(\overline{g_i^{\text{d}}}-\varpi_i^{\text{d}})P_i\geqslant T_{\max},\\ &\xi_i\geqslant 0.\end{aligned}\right\} \tag{5.5}$$

式中，

$$U_{\mathrm{com}}(\xi,\boldsymbol{P})=\sum_{i=1}^{N_{\mathrm{t}}}\xi_i(\overline{g_i^{\mathrm{d}}}-\varpi_i^{\mathrm{d}})P_i\cdot\varepsilon\left(T_{\max}-\sum_{i=1}^{N_{\mathrm{t}}}(\overline{g_i^{\mathrm{d}}}-\varpi_i^{\mathrm{d}})P_i\right) \tag{5.6}$$

作为 Stackelberg 博弈模型中的博弈跟随者，各雷达与目标之间根据通信系统制定的价格，进行非合作博弈功率分配。在目标探测场景下，各雷达对目标的 SINR 值必须大于等于预先设定的目标检测性能 SINR 阈值。较高的 SINR 值将获得较好的目标检测性能，然而各雷达节点将发射较大的功率，这不仅有损于组网雷达的射频隐身性能，还会使得各雷达之间、各雷达与通信系统之间的干扰问题进一步恶化。由于组网雷达与通信系统工作于同一频段，各雷达需要向通信系统支付一定的费用。在此，综合考虑目标探测性能、雷达发射功率及通信基站接收到干扰功率，设计雷达 i 的效用函数为

$$U_{\mathrm{rad},i}(P_i,\boldsymbol{P}_{-i},\xi_i)=\sqrt{\gamma_i-\gamma_{\min}}-\xi_i g_i^{\mathrm{d}}P_i \tag{5.7}$$

式中，$\boldsymbol{P}_{-i}=[P_1,P_2,\cdots,P_{i-1},P_{i+1},\cdots,P_{N_{\mathrm{t}}}]^{\mathrm{T}}$ 为除雷达 i 外其他雷达的发射功率矢量，且有 $P_i\in\mathcal{P}_i$，其中，$\mathcal{P}_i$ 为博弈参与者 i 的发射功率策略集；$\gamma_{\min}$ 为表征目标探测性能的 SINR 阈值；ξ_i 为通信系统对第 i 部雷达的单位干扰功率价格，且为非负值。

因此，作为博弈跟随者，组网雷达系统的主要目的是在满足一定目标探测性能和组网雷达对通信系统干扰功率约束的条件下，最小化系统中各雷达的发射功率。于是，在通信系统对各雷达单位干扰功率价格已知的情况下，基于非合作博弈的组网雷达分布式功率控制模型为

$$\left.\begin{aligned}&\max_{P_i,\,i\in\mathcal{M}} U_{\mathrm{rad},i}(P_i,\boldsymbol{P}_{-i},\xi_i),\\ \text{s.t.:}\ &\gamma_i\geqslant\gamma_{\min},i\in\mathcal{M}\\ &0\leqslant P_i\leqslant P_i^{\max},i\in\mathcal{M}\end{aligned}\right\} \tag{5.8}$$

式中，$P_i^{\max}$ 为雷达 i 的最大发射功率，集合 $\mathcal{M}=\{1,2,\cdots,N_{\mathrm{t}}\}$ 表示博弈的跟随者集合。

考虑实际战场环境中信道信息的不确定性，基于非合作博弈的组网雷达分布式稳健功率控制模型可以表示为

$$\left.\begin{aligned}&\max_{P_i,\,i\in\mathcal{M}}\ \min_{h_{i,i}^{\mathrm{t}},h_{i,j}^{\mathrm{t}},h_{i,j}^{\mathrm{d}}} U_{\mathrm{rad},i}(P_i,\boldsymbol{P}_{-i},\xi_i),\\ \text{s.t.:}\ &\min_{h_{i,i}^{\mathrm{t}},h_{i,j}^{\mathrm{t}},h_{i,j}^{\mathrm{d}}}\gamma_i\geqslant\gamma_{\min},i\in\mathcal{M}\\ &0\leqslant P_i\leqslant P_i^{\max},i\in\mathcal{M}\end{aligned}\right\} \tag{5.9}$$

根据式（5.1）中的信道增益方差不确定模型，式（5.9）等价于

$$\left.\begin{aligned}&\max_{P_i,\, i\in\mathcal{M}} \widehat{U}_{\mathrm{rad},i}(P_i, \boldsymbol{P}_{-i}, \xi_i),\\ \text{s.t.: }&\hat{\gamma}_i \geqslant \gamma_{\min}, i\in\mathcal{M}\\ &0\leqslant P_i\leqslant P_i^{\max}, i\in\mathcal{M}\end{aligned}\right\} \tag{5.10}$$

式中，

$$\widehat{U}_{\mathrm{rad},i}(P_i, \boldsymbol{P}_{-i}, \xi_i)=\sqrt{\hat{\gamma}_i-\gamma_{\min}}-\xi_i(\overline{g_i^{\mathrm{d}}}-\varpi_i^{\mathrm{d}})P_i \tag{5.11}$$

$$\begin{aligned}\hat{\gamma}_i&=\frac{(\overline{h_{i,i}^{\mathrm{t}}}-\varpi_{i,i}^{\mathrm{t}})P_i}{\sum\limits_{j=1,j\neq i}^{N_{\mathrm{t}}} c_{i,j}[(\overline{h_{i,j}^{\mathrm{d}}}+\varpi_{i,j}^{\mathrm{d}})P_j+(\overline{h_{i,j}^{\mathrm{t}}}+\varpi_{i,j}^{\mathrm{t}})P_j]+\sigma^2}\\&=\frac{(\overline{h_{i,i}^{\mathrm{t}}}-\varpi_{i,i}^{\mathrm{t}})P_i}{\hat{I}_{-i}}\end{aligned} \tag{5.12}$$

5.3.2　雷达稳健发射功率迭代公式求解

本节采用牛顿迭代法来推导频谱共存环境下各雷达的稳健发射功率迭代公式。当得到通信系统对组网雷达的单位干扰功率价格后，各雷达通过非合作博弈来获得稳健发射功率，通信系统则根据接收到的组网雷达干扰功率，动态调整单位干扰功率价格，以获得自身收益的最大化。

于是，在通信系统对各雷达单位干扰功率价格已知的情况下，对式（5.7）中的效用函数 $\widehat{U}_{\mathrm{rad},i}(P_i, \boldsymbol{P}_{-i}, \xi_i)$ 求关于 P_i 的一阶偏导数，可以得到

$$\frac{\partial\widehat{U}_{\mathrm{rad},i}(P_i, \boldsymbol{P}_{-i}, \xi_i)}{\partial P_i}=\frac{1}{2\sqrt{\hat{\gamma}_i-\gamma_{\min}}}\cdot\frac{\overline{h_{i,i}^{\mathrm{t}}}-\varpi_{i,i}^{\mathrm{t}}}{\hat{I}_{-i}}-\xi_i(\overline{g_i^{\mathrm{d}}}-\varpi_i^{\mathrm{d}}) \tag{5.13}$$

令 $\partial\widehat{U}_{\mathrm{rad},i}(P_i, \boldsymbol{P}_{-i}, \xi_i)/\partial P_i=0$，则有

$$\hat{\gamma}_i=\gamma_{\mathrm{th}}^{\min}+\left[\frac{\overline{h_{i,i}^{\mathrm{t}}}-\varpi_{i,i}^{\mathrm{t}}}{\xi_i(\overline{g_i^{\mathrm{d}}}-\varpi_i^{\mathrm{d}})\hat{I}_{-i}}\right]^2 \tag{5.14}$$

将 $\hat{\gamma}_i=\dfrac{\overline{h_{i,i}^{\mathrm{t}}}-\varpi_{i,i}^{\mathrm{t}}}{\hat{I}_{-i}}P_i$ 代入式（5.14）并经整理后，可得雷达 i 发射功率的最优解 P_i^* 为

$$P_i^*=\gamma_{\min}\frac{\hat{I}_{-i}}{\overline{h_{i,i}^{\mathrm{t}}}-\varpi_{i,i}^{\mathrm{t}}}+\left[\frac{1}{2\xi_i(\overline{g_i^{\mathrm{d}}}-\varpi_i^{\mathrm{d}})}\right]^2\cdot\frac{\overline{h_{i,i}^{\mathrm{t}}}-\varpi_{i,i}^{\mathrm{t}}}{\hat{I}_{-i}} \tag{5.15}$$

因此，借助牛顿迭代法，得到雷达 i 的稳健发射功率迭代公式为

$$P_i^{(n+1)}=\left\{\gamma_{\min}\frac{P_i^{(n)}}{\hat{\gamma}_i^{(n)}}+\left[\frac{1}{2\xi_i^{(n)}(\overline{g_i^{\mathrm{d}}}-\varpi_i^{\mathrm{d}})}\right]^2\cdot\frac{\hat{\gamma}_i^{(n)}}{P_i^{(n)}}\right\}_0^{P_i^{\max}} \tag{5.16}$$

式中，

$$\hat{\gamma}_i^{(n)} = \frac{(\overline{h_{i,i}^{\mathrm{t}}} - \varpi_{i,i}^{\mathrm{t}})P_i^{(n)}}{\sum_{j=1, j\neq i}^{N_\mathrm{t}} c_{i,j}[(\overline{h_{i,j}^{\mathrm{d}}} + \varpi_{i,j}^{\mathrm{d}})P_j^{(n)} + (\overline{h_{i,j}^{\mathrm{t}}} + \varpi_{i,j}^{\mathrm{t}})P_j^{(n)}] + \sigma^2} \tag{5.17}$$

n 为迭代次数索引。

5.3.3 稳健纳什均衡解的存在性与唯一性证明

在信道信息不确定的情况下，稳健纳什均衡解是一种所有博弈跟随者策略组合状态，在这种状态下，没有博弈跟随者单方面偏离此状态以增加自身收益[11][20][21]。只要博弈跟随者改变当前策略，就可能会导致自身收益减少。稳健纳什均衡解的定义如下：

定义 5.1（稳健纳什均衡解）：策略矢量 $\boldsymbol{P}^* = (P_i^*, \boldsymbol{P}_{-i}^*) \in \mathcal{P}$ 是一个纳什均衡解，假设

$$\widehat{U}_{\mathrm{rad},i}(P_i^*, \boldsymbol{P}_{-i}^*, \xi_i^*) \geqslant \widehat{U}_{\mathrm{rad},i}(P_i, \boldsymbol{P}_{-i}^*, \xi_i^*), P_i \in \mathcal{P}_i, i \in \mathcal{M} \tag{5.18}$$

成立。

定理 5.1（存在性）：$\forall i \in \mathcal{M}$，当满足下列两个条件时，本章提出的基于 Stackelberg 博弈的组网雷达稳健功率控制算法至少有一个稳健纳什均衡解存在[11][21]：

（a）雷达 i 的稳健发射功率 P_i 是欧几里得空间的非空、闭合、有界的凸集合；

（b）雷达 i 的效用函数 $\widehat{U}_{\mathrm{rad},i}(P_i, \boldsymbol{P}_{-i}, \xi_i)$ 是连续的拟凹函数。

证明：由式（5.8）中各雷达的稳健发射功率策略易知，雷达 i 的稳健发射功率 P_i 是欧几里得空间的非空、闭合、有界的凸集合，所以满足条件（a）。

对效用函数 $\widehat{U}_{\mathrm{rad},i}(P_i, \boldsymbol{P}_{-i}, \xi_i)$ 相对于 P_i 求二阶偏导数，可得

$$\frac{\partial^2 U_{\mathrm{rad},i}(P_i, \boldsymbol{P}_{-i}, \xi_i)}{\partial P_i^2} = -\left(\frac{\overline{h_{i,i}^{\mathrm{t}}} - \varpi_{i,i}^{\mathrm{t}}}{2\hat{I}_{-i}}\right)^2 \cdot \frac{1}{\sqrt{(\hat{\gamma}_i - \gamma_{\min})^3}} < 0 \tag{5.19}$$

则效用函数 $\widehat{U}_{\mathrm{rad},i}(P_i, \boldsymbol{P}_{-i}, \xi_i)$ 在策略空间中为连续的凹函数，而凹函数也是拟凹函数。因此，本章所提算法存在稳健纳什均衡解，证毕。

定理 5.2（唯一性）：本章提出的基于 Stackelberg 博弈的组网雷达稳健功率控制算法有唯一的稳健纳什均衡解[11][21]。

证明：雷达 i 的最优响应策略函数为

$$f(P_i) = \gamma_{\min}\frac{\hat{I}_{-i}}{\overline{h_{i,i}^{\mathrm{t}}} - \varpi_{i,i}^{\mathrm{t}}} + \left[\frac{1}{2\xi_i(\overline{g_i^{\mathrm{d}}} - \varpi_i^{\mathrm{d}})}\right]^2 \cdot \frac{\overline{h_{i,i}^{\mathrm{t}}} - \varpi_{i,i}^{\mathrm{t}}}{\hat{I}_{-i}} \tag{5.20}$$

根据文献[10][11][14]指出，当且仅当最优响应策略函数 $f(P_i)$ 满足如下三个条

件时，非合作博弈模型存在唯一稳健纳什均衡解：

（a）正定性：$\forall i \in \mathcal{M}$，有 $f(P_i) > 0$；

（b）单调性：如果 $P_i^a > P_i^b$，则有 $f(P_i^a) > f(P_i^b)$；

（c）可扩展性：如果 $\alpha > 1$，则有 $\alpha f(P_i) > f(\alpha P_i)$。

对于条件（a），显然有

$$f(P_i) = \gamma_{\min} \frac{\hat{I}_{-i}}{\overline{h_{i,i}^{\mathrm{t}}} - \varpi_{i,i}^{\mathrm{t}}} + \left[\frac{1}{2\xi_i (\overline{g_i^{\mathrm{d}}} - \varpi_i^{\mathrm{d}})} \right]^2 \cdot \frac{\overline{h_{i,i}^{\mathrm{t}}} - \varpi_{i,i}^{\mathrm{t}}}{\hat{I}_{-i}} > 0 \tag{5.21}$$

因此，雷达 i 的最优响应策略函数 $f(P_i)$ 满足正定性。

对于条件（b），如果 $P_i^a > P_i^b$，则有

$$f(P_i^a) - f(P_i^b) = \left\{ \frac{\gamma_{\min}}{\overline{h_{i,i}^{\mathrm{t}}} - \varpi_{i,i}^{\mathrm{t}}} - \left[\frac{1}{2\xi_i (\overline{g_i^{\mathrm{d}}} - \varpi_i^{\mathrm{d}})} \right]^2 \cdot (\overline{h_{i,i}^{\mathrm{t}}} - \varpi_{i,i}^{\mathrm{t}}) \cdot \left(\frac{1}{\hat{I}_{-i}^a \hat{I}_{-i}^b} \right) \right\} \cdot (\hat{I}_{-i}^a - \hat{I}_{-i}^b) \tag{5.22}$$

式中，

$$\hat{I}_{-i}^a = \sum_{j=1, j\neq i}^{N_{\mathrm{t}}} c_{i,j} [(\overline{h_{i,j}^{\mathrm{d}}} + \varpi_{i,j}^{\mathrm{d}}) P_j^a + (\overline{h_{i,j}^{\mathrm{t}}} + \varpi_{i,j}^{\mathrm{t}}) P_j^a] + \sigma^2 \tag{5.23}$$

$$\hat{I}_{-i}^b = \sum_{j=1, j\neq i}^{N_{\mathrm{t}}} c_{i,j} [(\overline{h_{i,j}^{\mathrm{d}}} + \varpi_{i,j}^{\mathrm{d}}) P_j^b + (\overline{h_{i,j}^{\mathrm{t}}} + \varpi_{i,j}^{\mathrm{t}}) P_j^b] + \sigma^2 \tag{5.24}$$

由于 $P_i^a > P_i^b$，则由式（5.23）和式（5.24）容易看出：

$$\hat{I}_{-i}^a > \hat{I}_{-i}^b \tag{5.25}$$

当

$$\hat{I}_{-i}^b \geqslant \frac{\overline{h_{i,i}^{\mathrm{t}}} - \varpi_{i,i}^{\mathrm{t}}}{2\xi_i \sqrt{\gamma_{\min}} (\overline{g_i^{\mathrm{d}}} - \varpi_i^{\mathrm{d}})} \tag{5.26}$$

时，可以得到 $f(P_i^a) > f(P_i^b)$。因此，雷达 i 的最优响应策略函数 $f(P_i)$ 满足单调性。

对于条件（c），如果 $\alpha > 1$，则有

$$\alpha f(P_i) - f(\alpha P_i) = \frac{\gamma_{\min}}{\overline{h_{i,i}^{\mathrm{t}}} - \varpi_{i,i}^{\mathrm{t}}} \cdot (\alpha - 1)\sigma^2 + \left[\frac{1}{2\xi_i (\overline{g_i^{\mathrm{d}}} - \varpi_i^{\mathrm{d}})} \right]^2 \cdot (\overline{h_{i,i}^{\mathrm{t}}} - \varpi_{i,i}^{\mathrm{t}}) \cdot \left[\frac{\alpha}{\hat{I}_{-i}} - \frac{1}{\hat{I}_{-i}(\alpha)} \right] \tag{5.27}$$

式中，

$$\hat{I}_{-i}(\alpha) = \sum_{j=1, j\neq i}^{N_{\mathrm{t}}} c_{i,j} [(\overline{h_{i,j}^{\mathrm{d}}} + \varpi_{i,j}^{\mathrm{d}}) \alpha P_j + (\overline{h_{i,j}^{\mathrm{t}}} + \varpi_{i,j}^{\mathrm{t}}) \alpha P_j] + \sigma^2 \tag{5.28}$$

由于 $\alpha > 1$，则有

$$\alpha f(P_i)-f(\alpha P_i)=\frac{\gamma_{\min}}{\overline{h_{i,i}^{\mathrm{t}}}-\varpi_{i,i}^{\mathrm{t}}}\cdot(\alpha-1)\sigma^2+\left[\frac{1}{2\xi_i(\overline{g_i^{\mathrm{d}}}-\varpi_i^{\mathrm{d}})}\right]^2\cdot(\overline{h_{i,i}^{\mathrm{t}}}-\varpi_{i,i}^{\mathrm{t}})\cdot\left[\frac{\alpha}{\hat{I}_{-i}}-\frac{1}{\hat{I}_{-i}(\alpha)}\right]>0 \tag{5.29}$$

于是，$\alpha f(P_i)>f(\alpha P_i)$。因此，雷达$i$的最优响应策略函数$f(P_i)$满足可扩展性。

综上所述，本章提出的基于 Stackelberg 博弈的组网雷达分布式稳健功率控制算法具有唯一的稳健纳什均衡解，证毕。

5.3.4 基于 Stackelberg 博弈的组网雷达分布式稳健发射功率迭代算法

在证明本章基于 Stackelberg 博弈的组网雷达分布式稳健功率控制算法具有唯一稳健纳什均衡解的基础上，根据雷达i的稳健发射功率迭代公式（5.16），类似地，可得基于 Stackelberg 博弈的组网雷达分布式稳健发射功率迭代算法流程[14]，如图 4.1 所示。

由前文可知，各雷达的稳健发射功率在满足一定目标探测性能和组网雷达对通信系统干扰功率约束的情况下，根据式（5.16）进行博弈迭代计算。经过有限次动态博弈，当各雷达的稳健发射功率水平及通信系统对各雷达的单位干扰功率价格不再发生变化时，即获得满足模型优化目标的最优单位干扰功率价格$\{\xi_i^*\}_{i=1}^{N_{\mathrm{t}}}$和稳健雷达发射功率策略$\{P_i^*\}_{i=1}^{N_{\mathrm{t}}}$。

为了满足分布式计算要求，各雷达需要预先获得各信道增益的方差$\{h_{i,j}^{\mathrm{t}}\}_{j=1,j\neq i}^{N_{\mathrm{t}}}$，$\{h_{i,j}^{\mathrm{d}}\}_{j=1,j\neq i}^{N_{\mathrm{t}}}$，$\{h_{i,i}^{\mathrm{t}}\}_{i=1}^{N_{\mathrm{t}}}$和$\{g_i^{\mathrm{d}}\}_{i=1}^{N_{\mathrm{t}}}$及相应信道增益方差不确定值的上界$\{\Delta h_{i,j}^{\mathrm{t}}\}_{j=1,j\neq i}^{N_{\mathrm{t}}}$，$\{\Delta h_{i,j}^{\mathrm{d}}\}_{j=1,j\neq i}^{N_{\mathrm{t}}}$，$\{\Delta h_{i,i}^{\mathrm{t}}\}_{i=1}^{N_{\mathrm{t}}}$和$\{\Delta g_i^{\mathrm{d}}\}_{i=1}^{N_{\mathrm{t}}}$。另外，雷达$i$第$n+1$时刻稳健发射功率策略$P_i^{(n+1)}$的获得需要其他雷达前一时刻的稳健发射功率$\boldsymbol{P}_{-i}^{(n)}$和前一时刻通信系统对各雷达的单位干扰功率价格$\boldsymbol{\xi}^{(n)}$，因此，各雷达需要将自身第$n$时刻的稳健发射功率经数据链路发送给其他雷达，同时，通信系统也需要将其对各雷达的单位干扰功率价格发送给各雷达，以满足其第$n+1$时刻功率迭代计算的要求。

5.4 仿真结果与分析

5.4.1 仿真参数设置

为了验证频谱共存环境下基于 Stackelberg 博弈的组网雷达稳健功率控制算法的可行性和有效性，本节进行了仿真。假设组网雷达系统由$N_{\mathrm{t}}=6$部雷达组成，且各雷达在目标探测模式下某一时刻的相对位置如表 5.1 所示。通信基站的位置为$[0,-25]\,\mathrm{km}$。为了验证目标相对于系统中各雷达的位置关系对功率分配结果的影响，本节考虑某一时刻两种不同的目标位置。其中，第一种情况下目标位置为$[0,0]\,\mathrm{km}$，第二种情况下目标位置为$[0,50]$ km。雷达间的互干扰系数为$c_{i,j}=0.01\,(i\neq j)$。其他系统参数分别设置如下：雷达天线增益$G_{\mathrm{t}}=G_{\mathrm{r}}=32$ dB，$G_{\mathrm{t}}'=G_{\mathrm{r}}'=-40$ dB，雷达信号波长$\lambda=0.1$ m；每部雷达的发射功率上限为$P_{i,\max}=5000$ W；目标检测概率$p_{\mathrm{D},i}(\delta_i,\gamma_i)=0.9973$，虚警概率$p_{\mathrm{FA},i}(\delta_i)=10^{-6}$，雷达发射脉冲数$N=512$，检测门限$\delta_i=0.0267$，由式（2.4）可计算得到相应的 SINR 阈值$\gamma_{\mathrm{th}}^{\min}=10$ dB；通信基站接收天线增益$G_{\mathrm{c}}=0$ dB，通信系统最大可接受干扰功率阈值$T_{\max}=5\times10^{-15}$ W；雷达接收机噪声功率$\sigma^2=10^{-18}$ W，相关信道增益方差不确定值的上界分别为$\varpi_{i,i}^{\mathrm{t}}=\varpi_{i,j}^{\mathrm{t}}=2\times10^{-21}$，$\varpi_{i,j}^{\mathrm{d}}=2\times10^{-22}$，$\varpi_i^{\mathrm{d}}=2\times10^{-21}$。设置算法最大迭代次数$L_{\max}=20$，单位干扰功率价格$\xi_i^{(0)}=5\times10^{20}$，误差容限$\varepsilon=10^{-15}$。

表 5.1　组网雷达在空间中的相对位置分布

雷达系统	空间位置
雷达 1	$[50,0]$ km
雷达 2	$[25,25/\sqrt{3}]$ km
雷达 3	$[-25,25/\sqrt{3}]$ km
雷达 4	$[-50,0]$ km
雷达 5	$[-25,-25/\sqrt{3}]$ km
雷达 6	$[25,-25/\sqrt{3}]$ km

在此，考虑两种目标 RCS 模型$\boldsymbol{\sigma}_1^{\mathrm{RCS}}$和$\boldsymbol{\sigma}_2^{\mathrm{RCS}}$。其中，第一种 RCS 模型为$\boldsymbol{\sigma}_1^{\mathrm{RCS}}=[1,1,1,1,1,1]$，表示目标相对各雷达视角下的 RCS 均相等，功率分配结果只与目标到雷达的距离及它们之间的相对位置有关。为了进一步分析目标 RCS 对功率分配结果的影响，本节还考虑了第二种 RCS 模型$\boldsymbol{\sigma}_2^{\mathrm{RCS}}=[5,6,1,0.25,12,30]$，表示目标相对各雷达视角下的 RCS 不相等。

5.4.2　功率控制结果

图 5.1 所示为频谱共存环境下基于 Stackelberg 博弈的组网雷达稳健功率控制算法中雷达发射功率随博弈迭代次数变化的曲线。从图 5.1 中可以看出，所提算法经过 10～12 次迭代计算可以达到稳健纳什均衡解，从而验证了算法的收敛性。为了分析不同因素对雷达稳健发射功率分配结果的影响，图 5.2 给出了不同情况下的组网雷达稳健发射功率分配比，其中，定义第i部雷达的稳健功率分配比为

$$\begin{cases}\eta_i=\dfrac{P_i}{\sum\limits_{i=1}^{N_{\mathrm{t}}}P_i}\\ \sum\limits_{i=1}^{N_{\mathrm{t}}}\eta_i=1\end{cases}\tag{5.30}$$

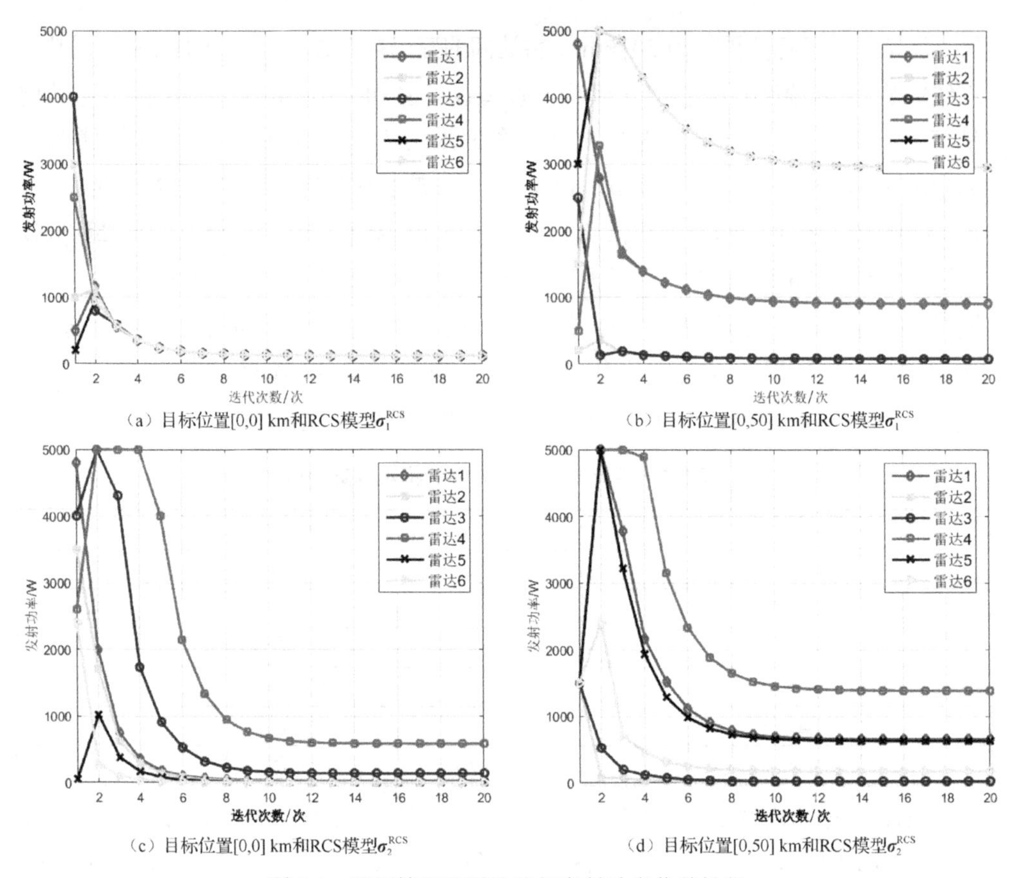

（a）目标位置[0,0] km和RCS模型σ_1^{RCS}　（b）目标位置[0,50] km和RCS模型σ_1^{RCS}

（c）目标位置[0,0] km和RCS模型σ_2^{RCS}　（d）目标位置[0,50] km和RCS模型σ_2^{RCS}

图 5.1　不同情况下雷达稳健发射功率收敛性能

如图 5.2（b）所示，在第二种目标位置下，雷达 5 和雷达 6 发射较大的功率，而雷达 1、雷达 2、雷达 3 和雷达 4 则发射较小的功率，说明距离目标较远的雷达发射较大的功率。由图 5.2（c）给出的功率分配结果可以看出，在第一种目标位置下，雷达 4 发射最大的功率，原因是雷达 4 相对目标视角 RCS 较小，需要发射更大的功率以满足其目标探测 SINR 性能要求。因此，目标相对于各雷达位置关系的不同会产生不同的发射功率，从而影响组网雷达系统的射频隐身性能。由图 5.2（d）给出的功率控制结果可以发现，雷达 1、雷达 4 和雷达 5 发射较大的功率，而雷达 2、雷达 3 和雷达 6 则发射很小的功率，这是由于雷达 1、雷达 4 和雷达 5 距离目标较远，且相对目标视角 RCS 较小。

图 5.3 给出了频谱共存环境下基于 Stackelberg 博弈的组网雷达稳健功率控制算法的稳健 SINR 收敛性能。结果显示，经过 4～6 次迭代计算，各雷达的稳健 SINR 收敛到预先设定的 SINR 阈值$\gamma_{\min}$，从而验证了本章算法可以在控制最差情况下各雷达发射功率的同时，满足其目标探测 SINR 性能要求，同时实现了各雷达之间的公平性。

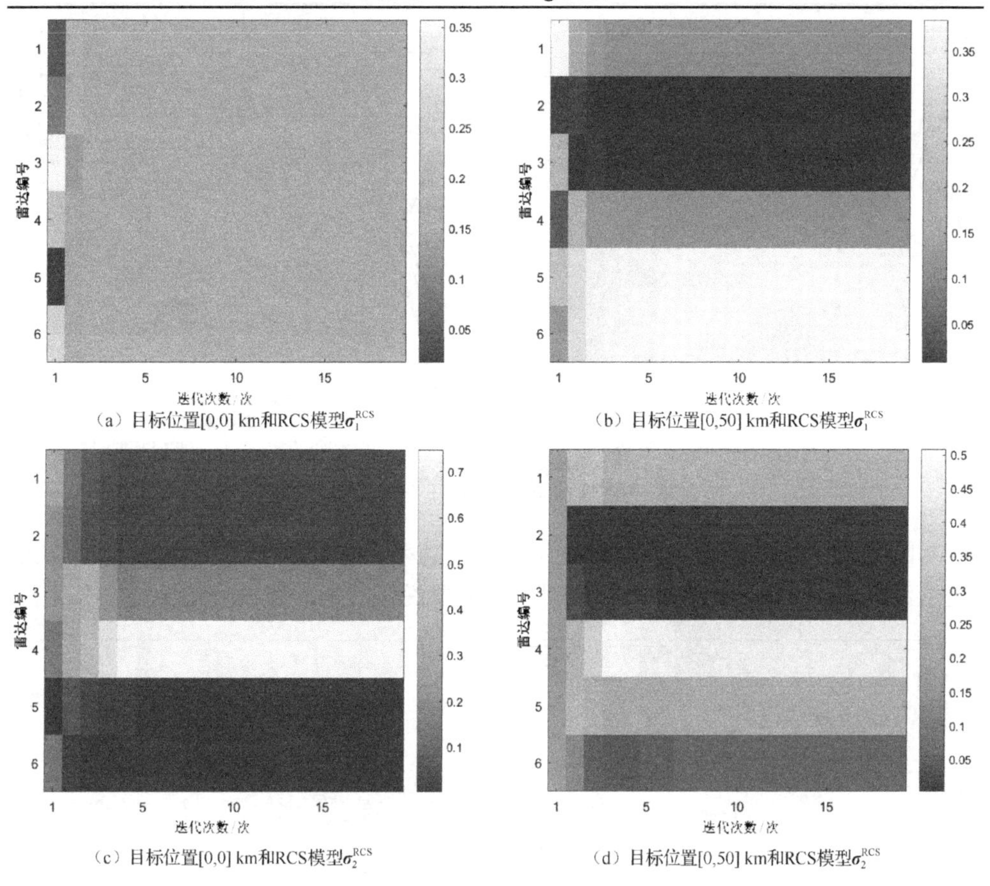

（a）目标位置[0,0] km和RCS模型$\boldsymbol{\sigma}_1^{\mathrm{RCS}}$　（b）目标位置[0,50] km和RCS模型$\boldsymbol{\sigma}_1^{\mathrm{RCS}}$

（c）目标位置[0,0] km和RCS模型$\boldsymbol{\sigma}_2^{\mathrm{RCS}}$　（d）目标位置[0,50] km和RCS模型$\boldsymbol{\sigma}_2^{\mathrm{RCS}}$

图 5.2　不同情况下组网雷达稳健发射功率分配比

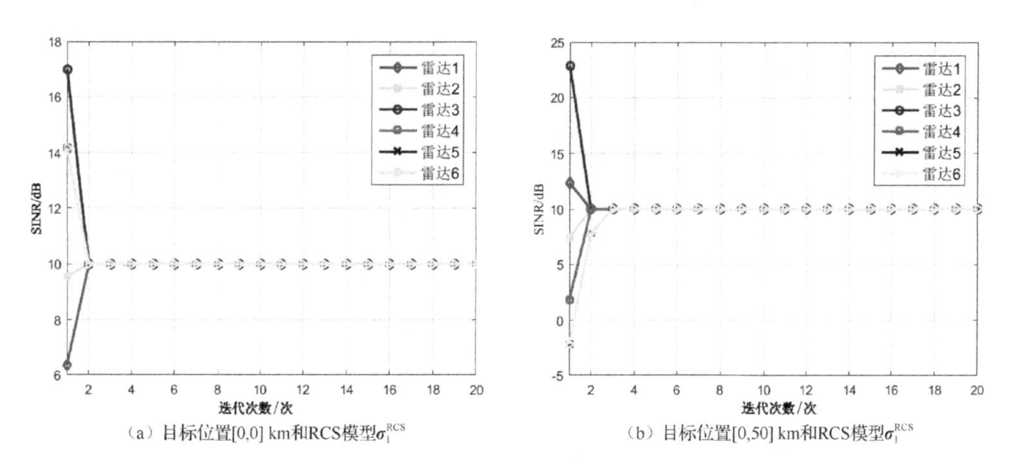

（a）目标位置[0,0] km和RCS模型$\boldsymbol{\sigma}_1^{\mathrm{RCS}}$　（b）目标位置[0,50] km和RCS模型$\boldsymbol{\sigma}_1^{\mathrm{RCS}}$

图 5.3　不同情况下雷达 SINR 收敛性能

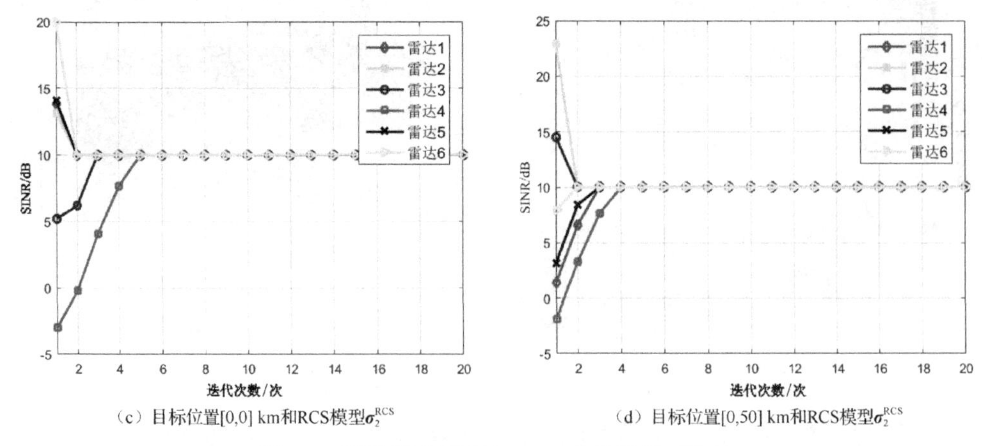

（c）目标位置[0,0] km和RCS模型σ_2^{RCS}　（d）目标位置[0,50] km和RCS模型σ_2^{RCS}

图 5.3　不同情况下雷达 SINR 收敛性能（续）

图 5.4 给出了不同情况下分别采用稳健功率控制算法和最优功率控制算法的通信系统归一化效用函数收敛性能对比。需要说明的是，当式（5.1）中各信道增

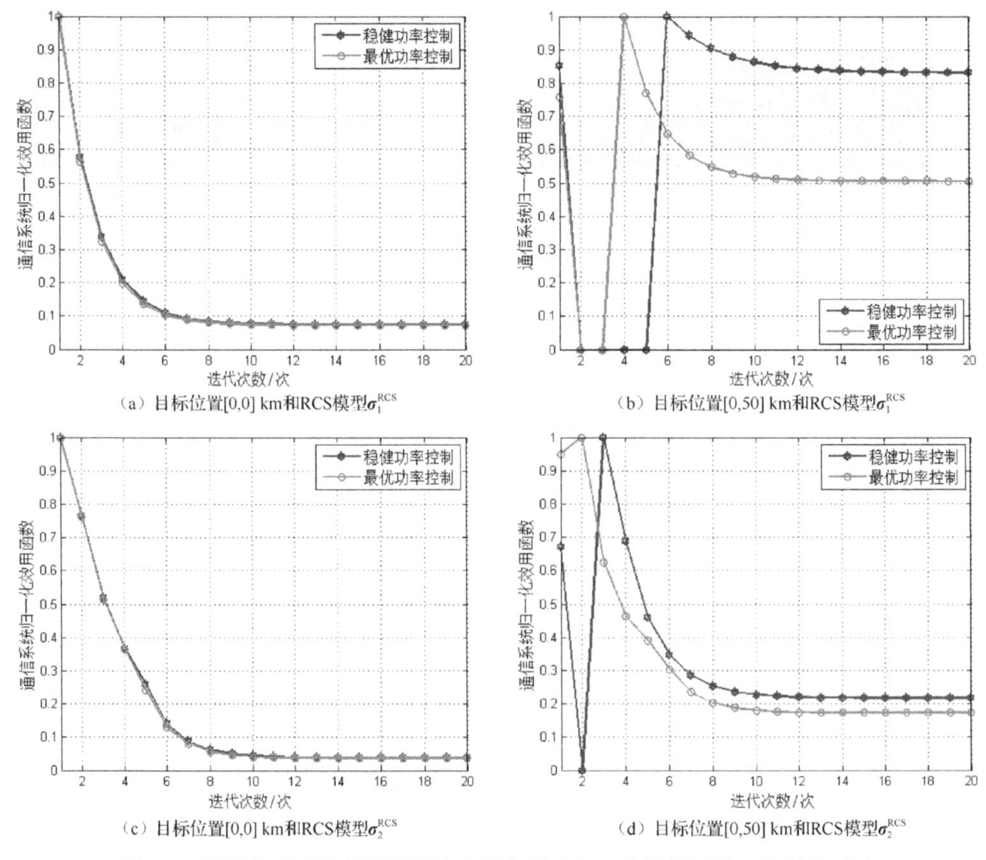

（a）目标位置[0,0] km和RCS模型σ_1^{RCS}　（b）目标位置[0,50] km和RCS模型σ_1^{RCS}

（c）目标位置[0,0] km和RCS模型σ_2^{RCS}　（d）目标位置[0,50] km和RCS模型σ_2^{RCS}

图 5.4　不同情况下采用不同算法的通信系统归一化效用函数收敛性能对比

益方差的标称值确定已知且采用第 4 章的最优雷达功率控制算法时，可以得到如图 5.4 所示的最优功率控制算法结果。仿真结果显示，在不同目标位置和 RCS 模型条件下，采用稳健功率控制算法所得的通信系统归一化效用函数值均高于采用最优功率控制算法所得的通信系统归一化效用函数值，这是由于在信道信息不确定的情况下，组网雷达稳健发射功率高于最优发射功率，而作为博弈领导者的通信系统，随着雷达发射功率的增大，调高了各雷达单位干扰功率价格，从而使得通信系统的收益增大。然而，经过 12 次左右的迭代计算，采用稳健功率控制算法所得的通信系统归一化效用函数均收敛到稳健纳什均衡解，从而验证了本章算法可以在信道信息不确定的情况下有效保证通信系统收益的最优下界。

为了验证组网雷达稳健发射功率控制对通信系统的影响，图 5.5 给出了不同情况下分别采用稳健功率控制算法和最优功率控制算法的组网雷达对通信系统的干扰功率。从仿真结果可以看出，在不同目标位置和 RCS 模型条件下，频谱共存环境下基于 Stackelberg 博弈的组网雷达稳健功率控制算法所得的组网雷达对通信系

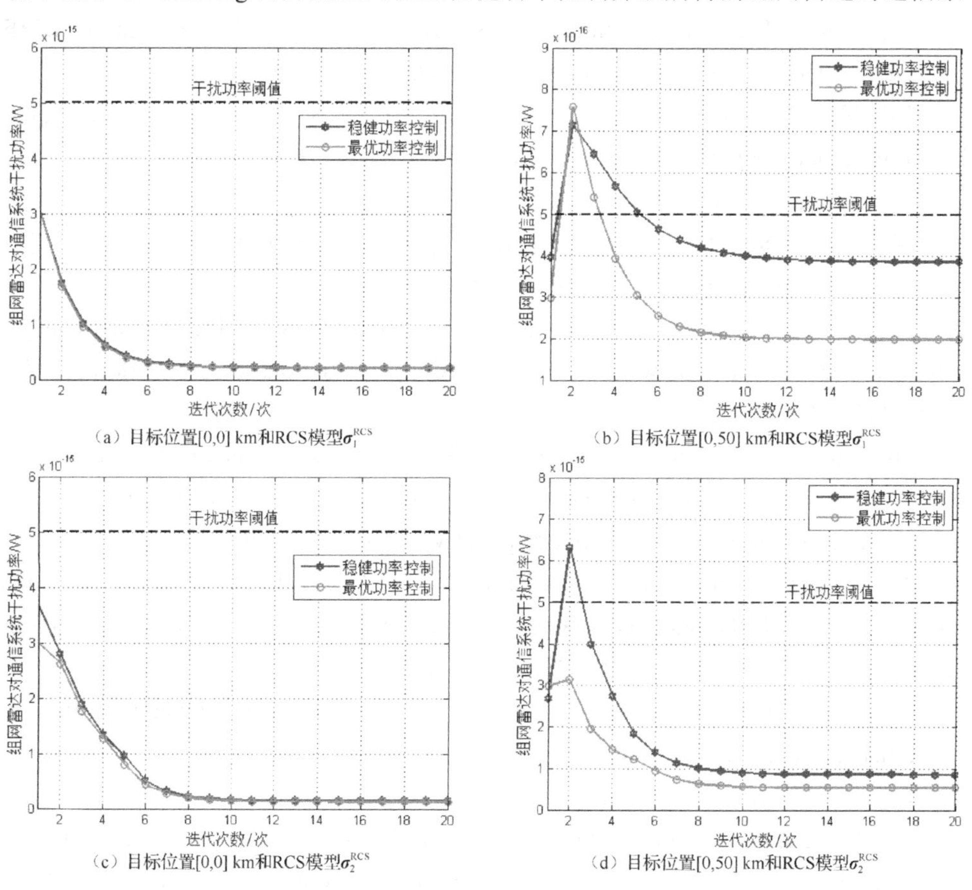

（a）目标位置[0,0] km和RCS模型$\boldsymbol{\sigma}_1^{\mathrm{RCS}}$　（b）目标位置[0,50] km和RCS模型$\boldsymbol{\sigma}_1^{\mathrm{RCS}}$

（c）目标位置[0,0] km和RCS模型$\boldsymbol{\sigma}_2^{\mathrm{RCS}}$　（d）目标位置[0,50] km和RCS模型$\boldsymbol{\sigma}_2^{\mathrm{RCS}}$

图 5.5　不同情况下采用不同算法的组网雷达对通信系统干扰功率收敛性能对比

统干扰功率均高于最优功率控制算法所得的干扰功率，但经过 12 次左右的迭代计算，前者所得的干扰功率均能收敛到预先设定的干扰功率阈值以下，从而保证了信道信息不确定条件下通信系统的正常工作。

因此，频谱共存环境下基于 Stackelberg 博弈的组网雷达稳健功率控制算法能够在满足一定目标探测性能和组网雷达对通信系统干扰功率约束的条件下，有效降低最差情况下各雷达的发射功率，不仅保证了通信系统的正常工作，而且可确保组网雷达系统的射频隐身性能在信道不确定的情况下具有最优下界。

参考文献

[1] Jiu B, Liu H W, Feng D Z, et al. Minimax robust transmission waveform and receiving filter design for extended target detection with imprecise prior knowledge [J]. Signal Processing, 2012, 92(1): 210-218.

[2] Yang Y, Blum R S. Minimax robust MIMO radar waveform design [J]. IEEE Journal of Selected Topics in Signal Processing, 2007, 4(1): 1-9.

[3] Wang L L, Wang H Q, Wong K K, et al. Minimax robust jamming techniques based on signal-to-interference-plus-noise ratio and mutual information criteria [J]. IET Communications, 2014, 8(10): 1859-1867.

[4] Kassam S A, Poor H V. Robust techniques for signal processing: A survey [J]. Proceedings of the IEEE, 1985, 73(3): 433-481.

[5] Li W W L, Shen Y, Zhang Y J, et al. Robust power allocation for energy-efficient location-aware networks [J]. IEEE/ACM Transactions on Networking, 2013, 21(6): 1918-1930.

[6] Bacci G, Sanguinetti L, Greco M S, et al. A game-theoretic approach for energy-efficiency detection in radar sensor network [C]. IEEE 7th Sensor Array and Multichannel Signal Processing Workshop (SAM), 2012: 157-160.

[7] Panoui A, Lambotharan S, Chambers J A. Game theoretic power allocation technique for a MIMO radar network [C]. International Symposium on Communications, Control and Signal Processing (ISCCSP), 2014: 509-512.

[8] Panoui A, Lambotharan S, Chambers J A. Game theoretic power allocation for a multistatic radar network in the presence of estimation error [C]. Sensor Signal Processing for Defense (SSPD), 2014: 1-5.

[9] Deligiannis A, Rossetti G, Panoui A, et al. Power allocation game between a radar network and multiple jammers [C]. IEEE Radar Conference (RadarConf), 2016: 1-5.

[10] Deligiannis A, Panoui A, Lambotharan S, et al. Game-theoretic power allocation and the Nash equilibrium analysis for a multistatic MIMO radar network [J]. IEEE Transactions on Signal Processing, 2017, 65(24): 6397-6408.

[11] Shi C G, Wang F, Sellathurai M, et al. Non-cooperative game theoretic power allocation strategy for distributed multiple-radar architecture in a spectrum sharing environment [J]. IEEE Access, 2018, 6: 17787-17800.

[12] Zhu K, Hossain E, Anpalagan A. Downlink power control in two-tier cellular OFDMA networks under uncertainties: A robust Stackelberg game [J]. IEEE Transactions on Communications, 2015, 63(2): 520-535.

[13] Liu Z X, Li S Y, Yang H J, et al. Approach for power allocation in two-tier femtocell networks based on robust non-cooperative game [J]. IET Communications, 2017, 11(10): 1549-1557.

[14] Shi C G, Qiu W, Wang F, et al. Power control scheme for spectral coexisting multistatic radar and massive MIMO communication systems under uncertainties: A robust Stackelberg game model [J]. Digital Signal Processing, 2019, 94: 146-155.

[15] 罗荣华，杨震. 认知无线电中基于 Stackelberg 博弈的分布式功率分配算法[J]. 电子与信息学报，2010, 32(12): 2964-2969.

[16] Yin R, Zhong C J, Yu G D, et al. Joint spectrum and power allocation for D2D communications underlaying cellalar networks [J]. IEEE Transactions on Vehicular Technology, 2016, 65(4): 2182-2195.

[17] 朱江，蒋涛涛. 认知无线网络中基于 Stackelberg 博弈的功率控制新算法[J]. 电讯技术，2018, 58(4): 363-369.

[18] 巴少为. 认知无线电中基于博弈论的功率控制机制的研究[D]. 重庆：重庆邮电大学，2017.

[19] 时晨光，周建江，汪飞，等. 机载雷达组网射频隐身技术[M]. 北京：国防工业出版社，2019.

[20] Shi C G, Wang F, Salous S, et al. Distributed power allocation for spectral coexisting multistatic radar and communication systems based on Stackelberg game [C]. 44th IEEE International Conference on Acoustics, Speech and Signal Processing (ICASSP), 2019: 4265-4269.

[21] Shi C G, Qiu W, Wang F, et al. Stackelberg game-theoretic low probability of intercept performance optimization for multistatic radar system [J]. Electronics, 2019, 8, 397, DOI: 10.3390/electronics8040397.

第6章　频谱共存环境下基于射频隐身的组网雷达最优波形设计

6.1　引　　言

信号波形是雷达功能赖以实现的重要载体，是雷达系统设计的重要组成部分[1][2]。现代雷达面临的作战环境日趋严峻，对雷达发射波形要求也更为严苛。一方面，波形既要具有优良的分辨能力，满足目标探测、定位、跟踪、识别等功能性需求；另一方面，波形又需要具有较好的自适应、电磁兼容、射频隐身和抗干扰等能力。此外，一些新体制雷达对发射波形还有一些特殊的要求，如组网雷达系统和MIMO雷达对波形正交性的要求、模糊函数性能和频谱特性等。

雷达波形设计与优化是提高雷达系统性能的重要手段。近年来，国内外学者对雷达发射波形设计与优化问题进行了大量研究[3]-[13]。Friedlander B[3]通过最大化MIMO雷达检测器输出端的SINR，提出了一种最优波形设计方法。Stoica P等人[4]通过最大化目标位置附近的回波功率，研究了基于发射波束方向图的共址MIMO雷达信号设计方法。仿真结果表明，所提算法可显著提升MIMO雷达的目标检测性能。

20世纪50年代，Woodward P M和Davies I L[5][6]分析了信息论原理对于雷达系统设计的重要性。然而，直到1993年，Bell M R[7]才首次将MI应用于雷达波形设计中，研究了在噪声背景下利用雷达回波与随机扩展目标之间的MI进行波形优化设计的注水算法。在此基础上，MI准则被引入MIMO雷达波形设计中并受到了广泛关注。2007年，Yang Y和Blum R S[8]提出了基于MI和MMSE的MIMO雷达波形优化设计方法，仿真结果表明，基于MI和MMSE准则的波形设计方法相互等价。在杂波背景下，Naghsh M M等人[9]研究了基于信息论准则的多站雷达信号编码设计算法，以提高系统的目标检测性能。针对分布式MIMO雷达系统，Chen Y F等人[10]提出了一种新的自适应波形优化设计算法，以提升认知环境下MIMO雷达的目标探测性能与参数估计性能。

针对频谱共存环境下雷达波形设计问题，2005年，Giorgetti A等人[19]对窄带干扰共存下的宽带通信系统性能进行了分析，并推导了扩频系统误比特率的闭式解析表达式。Aubry A等人[20]研究了频谱兼容约束下的雷达波形优化设计问题，并采用基于半正定松弛和随机化的迭代算法进行了求解。在文献[21]中，为解决射频频谱拥塞问题，作者研究了密集频谱环境下的雷达波形优化设计算法。Gogineni S 等人[22]研究了雷达与 OFDM 无线通信系统之间的频谱共存机制，该机制根据各信道的重要性进行子载波的优化分配。Turlapaty A 等人[23]提出了一种雷达与通信系统频谱共存环境下的动态频谱分配算法，该算法在满足给定 SINR 的条件下对雷达发射波形和射频频谱进行联合优化。2017 年，Bica M 等人[24]研究了多载波雷达与通信系统频谱共存环境下的目标时延参数估计问题。理论推导和仿真结果表明，利用经目标反射到达雷达接收机的通信信号可有效提升雷达的目标参数估计精度。Zheng L 等人[25]对脉冲雷达与通信系统之间的频谱共存模型进行了重新架构。

上述研究成果提出了雷达波形优化设计的思想，以提高频谱共存环境下雷达系统的目标检测与参数估计性能，为后续研究打下了坚实的基础。然而，上述算法却存在如下几个不足之处：（1）上述算法均通过雷达波形优化设计以达到提升系统目标检测与参数估计性能的目的，而现代战争根据雷达及其搭载平台射频隐身性能的需求，要求限制雷达系统的发射能量[26]-[38]。因此，如何设计发射波形，进而在满足一定系统性能的情况下，获得更好的射频隐身性能，已成为雷达系统设计的一个关键问题。（2）上述频谱共存环境下的雷达波形设计算法都是针对单站雷达的，而在组网雷达情况下，雷达波形优化设计往往要复杂得多。（3）上述算法未综合考虑杂波环境与频谱共存环境同时存在的情况。另外，至今尚未有频谱共存环境下基于射频隐身的组网雷达最优波形设计的公开报道，这促使我们首次研究这个问题。

在认真总结前人研究的基础上，本章针对上述存在的问题，研究频谱共存环境下基于射频隐身的组网雷达最优波形设计算法。（1）建立组网雷达系统的扩展目标信号模型，并据此分别推导表征目标检测性能的信杂噪比（Signal-to-Clutter-plus-Noise Ratio，SCNR）表达式和表征目标参数估计性能的 MI 表达式。（2）分别提出频谱共存环境下基于 SCNR 准则和 MI 准则的组网雷达射频隐身波形设计方法，即在满足一定目标检测/参数估计性能的条件下，通过优化各雷达发射波形，最小化组网雷达系统的总发射能量，并采用 Karush-Kuhn-Tucker（KKT）必要条件对优化问题进行求解。（3）仿真结果表明，雷达发射能量配置主要由目标相对各雷达的频率响应、杂波功率水平及通信系统发射功率水平决定；此外，频谱共存环境下基于射频隐身的组网雷达最优波形设计方法能够在不影响己方通信系统性能的情况下，有效提升组网雷达系统的射频隐身性能。

本章符号说明：$*$ 表示卷积运算，$\mathbb{E}[\cdot]$ 表示数学期望运算，$\max[a,b]$ 表示取 a、b 中的较大值，上标 $(\cdot)^*$ 表示最优解，$|\cdot|^2$ 表示模的平方。

6.2 系统模型描述

6.2.1 扩展目标冲激响应模型

一般来说，根据雷达信号带宽 W 与目标物理尺寸 $c_{\mathrm{v}}/(2\Delta L)$ 之间的关系，可以将雷达目标分为点目标和扩展目标[2]，其中，c_{v} 为光速，ΔL 为目标在距离方向的空间展布。当雷达信号为窄带信号时，雷达目标可以看作具有无限小物理尺寸的点目标，其各方向上的雷达散射系数相同，雷达发射波形经目标反射后，具有一定的时延和多普勒频移。当雷达信号带宽 W 与目标物理尺寸 $c_{\mathrm{v}}/(2\Delta L)$ 可比拟时，目标回波信号将不再是单色波，而是具有不同频率响应的分量，点目标模型不再适用。此时，可将目标回波看作多个点或连续点在一定扩展区域的回波的叠加，这种目标称为扩展目标。与点目标相比，扩展目标的散射特性相对更加复杂。

本章研究针对扩展目标的组网雷达系统最优波形设计。通常用时域的目标冲激响应函数 $h(t,\theta,\varphi)$ 来表征扩展目标的电磁散射特性，其中，θ 为目标相对于雷达的方位角，φ 为俯仰角。目标冲激响应 $h(t,\theta,\varphi)$ 是目标方位角 θ 和俯仰角 φ 的函数，当目标相对雷达姿态角一定时，目标冲激响应可以看作一个线性时不变系统。从信号与系统的角度，目标冲激响应是当雷达发射信号为冲激函数 $s(t)=\delta(t)$ 时的回波信号 $y(t)$，如图 6.1所示。

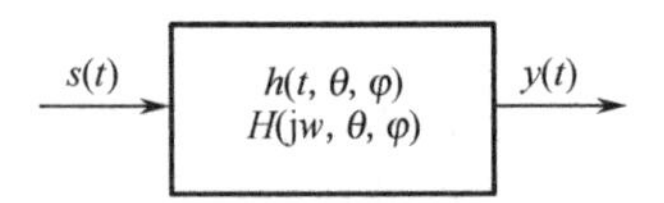

图 6.1 扩展目标冲激响应

其中，$H(\mathrm{j}w,\theta,\varphi)$ 为目标冲激响应 $h(t,\theta,\varphi)$ 的傅里叶变换。当雷达发射信号为 $s(t)$ 时，目标回波信号为

$$y(t)=s(t)*h(t)=\int_{-\infty}^{\infty}h(\tau)s(t-\tau)\mathrm{d}\tau \tag{6.1}$$

6.2.2 信号模型

本节考虑一个由 N_{t} 部雷达组成的组网雷达系统与一个通信基站组成的频谱共存系统，如图 6.2 所示。为了提高系统的频谱资源利用率，组网雷达与通信基站工作于同一频段。每部雷达发射并接收经目标反射的雷达信号以对目标进行检测与参数估计。同时，每部雷达可由两条路径接收通信基站发射信号：一条是通信基站到各雷达接收机的直达波信号；另一条是经目标发射后到达各雷达接收机的通信信号。另外，通信系统通过向自由空间发射信号来进行信息传输。

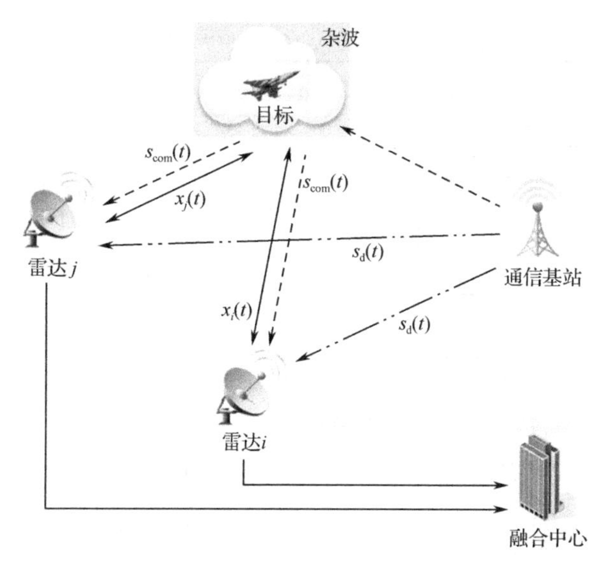

图 6.2　组网雷达与通信基站频谱共存系统模型

在本章中，假设扩展目标的确定频率响应可由先验信息（军事情报或目标特性数据库建模等）获得，扩展目标检测信号模型如图 6.3 所示。组网雷达系统由 N_{t} 部单基地相控阵雷达组成，$x_i(t)$ 为组网雷达系统中第 i 部雷达的复基带发射信号波形，T_i 为该信号的持续时间。$h_{\text{r},i}(t)$ 为目标相对于系统中第 i 部雷达的复基带冲激响应，其持续时间为 $T_{h_{\text{r},i}}$。$X_i(f)$ 和 $H_{\text{r},i}(f)$ 分别表示 $x_i(t)$ 和 $h_{\text{r},i}(t)$ 的傅里叶变换。$n_i(t)$ 表示第 i 部雷达零均值的复高斯白噪声，其功率谱密度（Power Spectral Density，PSD）为 $S_{\text{nn},i}(f)$。同样地，$c_{\text{r},i}(t)$ 表示第 i 部雷达所对应的杂波，它服从零均值复高斯分布，其频率响应为 $S_{\text{ccs},i}(f)$。$s_{\text{com}}(t)$ 为通信基站发射信号，其傅里叶变换为 $C_{\text{com}}(f)$。$s_{\text{d}}(t)$ 为通信基站到达各雷达节点的直达波信号。$h_{\text{com},i}(t)$ 为目标相对于通信基站和第 i 部雷达之间的频率响应，其傅里叶变换为 $H_{\text{com},i}(f)$。$c_{\text{com},i}(t)$ 表示通信基站和第 i 部雷达之间所对应的杂波，它也服从零均值复高斯分布，其频率响应为 $S_{\text{com},i}(f)$。需要注意的是，此时的杂波特性不再与信号波形无关，而依赖于雷达发射波形。$y_i(t)$ 为组网系统中第 i 部雷达接收到的目标散射信号，$r_i(t)$ 为第 i 部雷达发射信号所对应的匹配滤波器冲激响应。假设组网雷达系统中各雷达接收到的目标回波信号 $y_i(t)$ 之间相互独立，则系统的总输出信号为 $s_{\text{tot}}(t)=\sum_{i=1}^{N_{\text{t}}} y_i(t)*r_i(t)$。

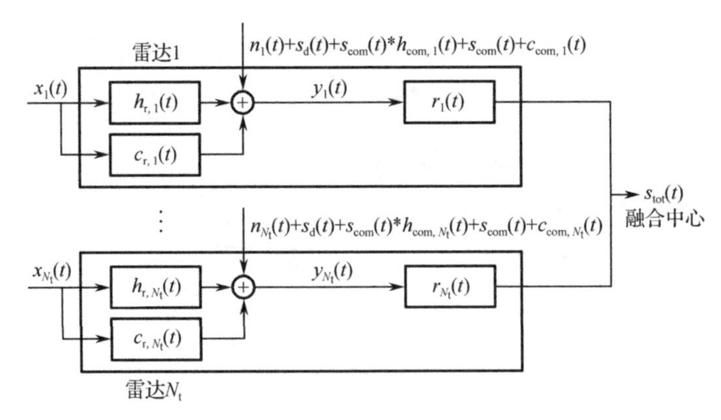

图 6.3　扩展目标检测信号模型

因此，第 i 部雷达的接收信号 $y_i(t)$ 可以表示为

$$y_i(t)=\underbrace{x_i(t)*h_{r,i}(t)}_{\text{目标回波}}+\underbrace{x_i(t)*c_{r,i}(t)+\underbrace{[s_d(t)+s_{com}(t)*h_{com,i}(t)+s_{com}(t)*c_{com,i}(t)]}_{\text{通信干扰信号}}+n_i(t)}_{\text{杂波、通信干扰与噪声}} \tag{6.2}$$

由式（6.2）可得，第 i 部雷达接收信号的频率响应可以表示为

$$\begin{aligned}Y_i(f)=&\underbrace{|X_i(f)|^2\cdot|H_{r,i}(f)|^2\cdot L_{r,i}}_{\text{目标回波}}+\\&\underbrace{|X_i(f)|^2\cdot S_{ccr,i}(f)\cdot L_{r,i}+\underbrace{[|C_{com}(f)|^2\cdot L_{d,i}+|C_{com}(f)|^2\cdot|H_{com,i}(f)|^2\cdot L_{s,i}+|C_{com}(f)|^2\cdot S_{ccs,i}(f)\cdot L_{s,i}]}_{\text{通信干扰信号}}+S_{nn,i}(f)}_{\text{杂波、通信干扰与噪声}}\end{aligned} \tag{6.3}$$

式中，$|X_i(f)|^2$ 表示第 i 部雷达发射波形的能量谱密度（Energy Spectral Density，ESD），$L_{r,i}$ 表示第 i 部雷达到目标的传播路径衰减，$L_{d,i}$ 表示通信基站到第 i 部雷达的传播路径衰减，$L_{s,i}$ 表示通信基站经目标反射再到达第 i 部雷达的传播路径衰减，它们的表达式分别为

$$\begin{cases}L_{r,i}=\dfrac{G_{t,i}G_{r,i}\lambda^2(f)}{(4\pi)^3d_{r,i}^4}\\L_{s,i}=\dfrac{G_sG_{r,i}\lambda^2(f)}{(4\pi)^3d_{r,i}^2d_s^2}\\L_{d,i}=\dfrac{G_sG'_{r,i}\lambda^2(f)}{(4\pi)^2d_i^2}\end{cases} \tag{6.4}$$

其中，$G_{t,i}$ 为第 i 部雷达发射天线主瓣增益，$G_{r,i}$ 为第 i 部雷达接收天线主瓣增益，$G'_{r,i}$ 为第 i 部雷达接收天线旁瓣增益，G_s 为通信基站发射天线增益，$\lambda(f)$ 为频率 f 所对应的发射信号波长，$d_{r,i}$、d_s、d_i 分别为第 i 部雷达到目标的距离、通信基站到目标的距离及第 i 部雷达到通信基站的距离。为描述方便起见，环境杂波、通信

干扰信号与噪声的功率谱密度可以表示为

$$P_i(f)=[|C_{\mathrm{com}}(f)|^2\cdot L_{\mathrm{d},i}+|C_{\mathrm{com}}(f)|^2\cdot|H_{\mathrm{com}}(f)|^2\cdot L_{\mathrm{s},i}+|C_{\mathrm{com}}(f)|^2\cdot S_{\mathrm{ccs,i}}(f)\cdot L_{\mathrm{s},i}]+S_{\mathrm{nn},i}(f) \tag{6.5}$$

因此，式（6.3）可以简化为

$$Y_i(f)=|X_i(f)|^2\cdot|H_{\mathrm{r},i}(f)|^2\cdot L_{\mathrm{r},i}+P_i(f) \tag{6.6}$$

在组网雷达系统中，每部雷达都可以独立地探测并提取目标信息，且各雷达采用正交相位编码信号以避免雷达间的相互干扰。假设系统中的每部雷达都能够精确地保持时间同步和相位同步，每部雷达将探测所得目标信息经数据链路发送给融合中心进行信息融合，以提升系统的目标检测性能与参数估计性能。

6.3　频谱共存环境下基于射频隐身的组网雷达最优波形设计算法

6.3.1　问题描述

从数学角度来说，频谱共存环境下基于射频隐身的组网雷达最优波形设计算法可以描述为：考虑目标相对于组网雷达中各雷达的频率响应、杂波 PSD、通信系统发射信号及传播路径衰减等信息先验已知，分别推导表征目标检测性能的 SCNR 表达式和表征目标参数估计性能的 MI 表达式。在此基础上，分别提出频谱共存环境下基于 SCNR 准则和 MI 准则的组网雷达射频隐身波形设计算法，即在满足一定目标检测/参数估计性能的条件下，通过优化各雷达发射波形，最小化组网雷达系统的总发射能量。之后，采用 KKT 必要条件对优化问题进行求解。

6.3.2　频谱共存环境下基于 SCNR 准则的组网雷达射频隐身波形设计算法

组网雷达系统的一个重要任务是能够有效地获取目标信息。要使雷达能从回波中获取关于目标最多最精确的信息，就要求雷达系统的发射与接收处理都要与目标特性达到最佳匹配。由于具有波形分集与空间分集的特性，组网雷达系统可以有效地提高扩展目标的检测性能，非常适用于对扩展目标的检测。对雷达系统而言，获取良好的目标检测性能是以较高的回波 SCNR 为基础的。因此，本章采用 SCNR 来表征组网雷达的目标检测性能。频谱共存环境下基于 SCNR 准则所设计的雷达发射波形不仅能够带来系统检测性能上的提升，而且对杂波干扰抑制和目标识别也具有良好的效果。假设雷达发射信号带宽为W，且目标的真实频率响应、环境中的杂波频率响应及通信系统发射信号等信息先验已知，根据 Romero R A 等人[13]

的推导，组网雷达系统的输出总 SCNR 可表示为

$$\mathrm{SCNR} \approx \sum_{i=1}^{N_\mathrm{t}} \int_{-W/2}^{W/2} \frac{|X_i(f)|^2 \cdot |H_{\mathrm{r},i}(f)|^2 \cdot L_{\mathrm{r},i}}{|X_i(f)|^2 \cdot S_{\mathrm{ccr},i}(f) \cdot L_{\mathrm{r},i} + P_i(f)} \mathrm{d}f \tag{6.7}$$

由式（6.7）可以看出，组网雷达系统的输出总 SCNR 与各雷达发射波形、目标相对各雷达的频率响应、噪声 PSD、杂波 PSD 及通信系统发射信号有关，那么，最大化 SCNR 即可使组网雷达获得更好的目标检测性能。然而，这又将导致各雷达辐射更多的能量，从而降低其射频隐身性能。因此，从提升系统射频隐身性能的角度出发，可建立频谱共存环境下基于 SCNR 准则的组网雷达射频隐身波形设计模型，即

$$(\mathbf{P}_{\mathrm{SCNR}}) \quad \min_{|X_i(f)|^2} \sum_{i=1}^{N_\mathrm{t}} \int_{-W/2}^{W/2} |X_i(f)|^2 \mathrm{d}f$$
$$\text{subject to:} \begin{cases} \mathrm{SCNR} \simeq \displaystyle\sum_{i=1}^{N_\mathrm{t}} \int_{-W/2}^{W/2} \frac{|X(f)|^2 \cdot |H_{\mathrm{r},i}(f)|^2 \cdot L_{\mathrm{r},i}}{|X_i(f)|^2 \cdot S_{\mathrm{ccr},i}(f) \cdot L_{\mathrm{r},i} + P_i(f)} \mathrm{d}f \geqslant \gamma_{\mathrm{SCNR}} \\ \displaystyle\int_{-W/2}^{W/2} |X_i(f)|^2 \mathrm{d}f \geqslant 0 \, (\forall i) \end{cases} \tag{6.8}$$

式中，γ_{SCNR} 为预先设定的目标检测 SCNR 阈值。

频谱共存环境下基于 SCNR 准则的组网雷达射频隐身波形设计是在满足一定目标检测性能的条件下，通过优化各雷达发射波形的能量配置，最小化组网雷达系统的总发射能量，从而提升系统在频谱共存环境下的射频隐身性能。

定理 6.1：在满足一定目标检测性能 $\mathrm{SCNR} \geqslant \gamma_{\mathrm{SCNR}}$ 的条件下，最小化组网雷达系统总发射能量 $\sum_{i=1}^{N_\mathrm{t}} \int_{-W/2}^{W/2} |X_i(f)|^2 \mathrm{d}f$ 的最优雷达发射波形应满足

$$|X_i(f)|^2 = \max\left[0, B_i(f)(A - D_i(f))\right], \, i = 1, \cdots, N_\mathrm{t} \tag{6.9}$$

式中，$B_i(f)$ 和 $D_i(f)$ 可分别表述为

$$\begin{cases} B_i(f) = \dfrac{\sqrt{|H_{\mathrm{r},i}(f)|^2 \cdot P_i(f) \cdot L_{\mathrm{r},i}}}{S_{\mathrm{ccr},i}(f) \cdot L_{\mathrm{r},i}} \\ D_i(f) = \sqrt{\dfrac{P_i(f)}{|H_{\mathrm{r},i}(f)|^2 \cdot L_{\mathrm{r},i}}} \end{cases} \tag{6.10}$$

A 是一个常数，其大小取决于预先设定的目标检测 SCNR 阈值，即

$$\sum_{i=1}^{N_\mathrm{t}} \int_{-W/2}^{W/2} \frac{\{\max[0, B_i(f)(A - D_i(f))]\} \cdot |H_{\mathrm{r},i}(f)|^2 \cdot L_{\mathrm{r},i}}{|X_i(f)|^2 \cdot S_{\mathrm{ccr},i}(f) \cdot L_{\mathrm{r},i} + P_i(f)} \mathrm{d}f \geqslant \gamma_{\mathrm{SCNR}} \tag{6.11}$$

证明：构建拉格朗日目标函数，即

$$\begin{aligned}L(|X_i(f)|^2,\xi_i,\mu)=&\sum_{i=1}^{N_t}\int_{-W/2}^{W/2}|X_i(f)|^2\,\mathrm{d}f-\sum_{i=1}^{N_t}\xi_i\cdot\int_{-W/2}^{W/2}|X_i(f)|^2\,\mathrm{d}f+\\&\mu\cdot\left(\sum_{i=1}^{N_t}\int_{-W/2}^{W/2}\frac{|X_i(f)|^2\cdot|H_{\mathrm{r},i}(f)|^2\cdot L_{\mathrm{r},i}}{|X_i(f)|^2\cdot S_{\mathrm{ccr},i}(f)\cdot L_{\mathrm{r},i}+P_i(f)}\mathrm{d}f-\gamma_{\mathrm{SCNR}}\right)\end{aligned}\tag{6.12}$$

式中，ξ_i 和 μ 分别为拉格朗日乘子。

式（6.12）等价于

$$\begin{aligned}l(|X_i(f)|^2,\xi_i,\mu)&=\frac{\partial L(|X_i(f)|^2,\xi_i,\mu)}{\partial|X_i(f)|^2}\\&=\sum_{i=1}^{N_t}|X_i(f)|^2-\sum_{i=1}^{N_t}\xi_i\cdot|X_i(f)|^2+\mu\cdot\sum_{i=1}^{N_t}\frac{|X_i(f)|^2\cdot|H_{\mathrm{r},i}(f)|^2\cdot L_{\mathrm{r},i}}{|X_i(f)|^2\cdot S_{\mathrm{ccr},i}(f)\cdot L_{\mathrm{r},i}+P_i(f)}\end{aligned}\tag{6.13}$$

则 KKT 必要条件为

$$\begin{cases}\left.\dfrac{\partial}{\partial|X_i(f)|^2}l(|X_i(f)|^2,\mu,\xi_i)\right|_{|X_i^*(f)|^2,\mu^*,\xi_i^*}=0\\ \xi_i^*<0,\ \text{if}\int_{-W/2}^{W/2}|X_i(f)|^2\,\mathrm{d}f=0\\ \xi_i^*=0,\ \text{if}\int_{-W/2}^{W/2}|X_i(f)|^2\,\mathrm{d}f>0\\ \mu^*<0,\ \text{if}\displaystyle\sum_{i=1}^{N_t}\int_{-W/2}^{W/2}\frac{|X_i(f)|^2\cdot|H_{\mathrm{r},i}(f)|^2\cdot L_{\mathrm{r},i}}{|X_i(f)|^2\cdot S_{\mathrm{ccr},i}(f)\cdot L_{\mathrm{r},i}+P_i(f)}\mathrm{d}f=\gamma_{\mathrm{SCNR}}\\ \mu^*=0,\ \text{if}\displaystyle\sum_{i=1}^{N_t}\int_{-W/2}^{W/2}\frac{|X_i(f)|^2|H_{\mathrm{r},i}(f)|^2\cdot L_{\mathrm{r},i}}{|X_i(f)|^2\,S_{\mathrm{ccr},i}(f)L_{\mathrm{r},i}+P_i(f)}\mathrm{d}f>\gamma_{\mathrm{SCNR}}\\ \xi_i^*\leqslant 0\\ \mu^*\leqslant 0\end{cases}\tag{6.14}$$

然后，$|X_i(f)|^2$ 可表示为

$$|X_i(f)|^2=-\frac{P_i(f)}{S_{\mathrm{ccr},i}(f)\cdot L_{\mathrm{r},i}}\pm\sqrt{\frac{(-\mu)\cdot P_i(f)\cdot|H_{\mathrm{r},i}(f)|^2\cdot L_{\mathrm{r},i}}{S_{\mathrm{ccr},i}^2(f)\cdot L_{\mathrm{r},i}^2}}\tag{6.15}$$

假设 $A=\sqrt{-\mu}$，为保证 $|X_i(f)|^2$ 为正，则最小化总发射能量的 $|X_i(f)|^2$ 可表示为

$$|X_i(f)|^2=\max[0,B_i(f)(A-D_i(f))]\tag{6.16}$$

式中，$B_i(f)$ 和 $D_i(f)$ 可分别表述为

$$\begin{cases} B_i(f)=\dfrac{\sqrt{|H_{\mathrm{r},i}(f)|^2\cdot P_i(f)\cdot L_{\mathrm{r},i}}}{S_{\mathrm{ccr},i}(f)\cdot L_{\mathrm{r},i}} \\ D_i(f)=\sqrt{\dfrac{P_i(f)}{|H_{\mathrm{r},i}(f)|^2\cdot L_{\mathrm{r},i}}} \end{cases} \tag{6.17}$$

A是一个常数，它的大小取决于预先设定的目标检测 SCNR 阈值，即

$$\sum_{i=1}^{N_\mathrm{t}}\int_{-W/2}^{W/2}\frac{\{\max[0,B_i(f)(A-D_i(f))]\}\cdot|H_{\mathrm{r},i}(f)|^2\cdot L_{\mathrm{r},i}}{|X_i(f)|^2\cdot S_{\mathrm{ccr},i}(f)\cdot L_{\mathrm{r},i}+P_i(f)}\mathrm{d}f\geqslant\gamma_{\mathrm{SCNR}} \tag{6.18}$$

因此，求得如式（6.9）所示最优解。

由定理 6.1 可以看出，频谱共存环境下基于 SCNR 准则的组网雷达射频隐身波形设计算法依据注水原理，将发射能量主要分配给目标频率响应高、杂波和通信系统发射功率水平低的雷达，同时针对每部雷达，按照整个频段上目标频率响应、杂波及通信发射功率水平的大小，在目标频率响应较高且杂波和通信发射功率较低的频点处分配较多的能量，从而最小化组网雷达系统的总发射能量，达到提升系统射频隐身性能的目的。对于一个给定的目标检测 SCNR 阈值 γ_{SCNR}，一旦得到常数 A，则可将式（6.9）代入式（6.8）中计算系统的总发射能量 $\sum_{i=1}^{N_\mathrm{t}}\int_{-W/2}^{W/2}|X_i(f)|^2\,\mathrm{d}f$。频谱共存环境下基于 SCNR 准则的组网雷达射频隐身波形设计算法流程如算法 6.1 所示，二分搜索法如算法 6.2 所示。

算法 6.1 频谱共存环境下基于 SCNR 准则的组网雷达射频隐身波形设计算法

- 1．参数初始化：设置参数初始值 γ_{SCNR}，迭代次数索引 $n=1$；
- 2．循环：对 $i=1,\cdots,N_\mathrm{t}$，利用式（6.9）计算 $|X_i^{(n)}(f)|^2$；

  计算 $\mathrm{SCNR}^{(n)}\leftarrow\sum_{i=1}^{N_\mathrm{t}}\int_{-W/2}^{W/2}\frac{|X_i^{(n)}(f)|^2\cdot|H_{\mathrm{r},i}(f)|^2\cdot L_{\mathrm{r},i}}{|X_i^n(f)|^2\cdot S_{\mathrm{ccr},i}(f)\cdot L_{\mathrm{r},i}+P_i(f)}\mathrm{d}f$；

  采用算法 6.2 中二分搜索法计算 $A^{(n)}$；
- 3．当 $\mathrm{SCNR}^{(n)}\geqslant\gamma_{\mathrm{SCNR}}$ 时，结束循环；
- 4．参数更新：$\forall i$，更新 $|X_i^*(f)|^2\leftarrow|X_i^{(n)}(f)|^2$。

算法 6.2 二分搜索法

- 1．参数初始化：设置参数初始值 $A^{(n)}$，$A_{\max}$，$A_{\min}$，误差容限 $\varepsilon>0$；
- 2．当 $\mathrm{SCNR}^{(n)}-\gamma_{\mathrm{SCNR}}\geqslant\varepsilon$ 时，循环：

  对 $i=1,\cdots,N_\mathrm{t}$，$A^{(n)}\leftarrow(A_{\min}+A_{\max})/2$

  利用式（6.9）计算 $|X_i^{(t)}(f)|^2$ 并更新 $\mathrm{SCNR}^{(n)}$；

  如果 $\mathrm{SCNR}^{(n)}>\gamma_{\mathrm{SCNR}}$，$A_{\max}\leftarrow A^{(n)}$，$A^{(n)}\leftarrow(A_{\min}+A_{\max})/2$；

  否则，$A_{\min}\leftarrow A^{(n)}$，$A^{(n)}\leftarrow(A_{\min}+A_{\max})/2$；

  令 $n\leftarrow n+1$；
- 3．结束循环。

注 6.1（A 的取值范围）：需要注意的是，式（6.9）需满足一定条件才有效[14]。首先，计算 A 的上界。观察式（6.15）中的非零项，若要保证式（6.9）中的 $|X_i(f)|^2$ 为正，需满足

$$A\cdot\sqrt{|H_{\mathrm{r},i}(f)|^2\cdot P_i(f)\cdot L_{\mathrm{r},i}}>P_i(f) \tag{6.19}$$

否则，$|X_i(f)|^2$ 为 0。将式（6.19）两边同时除以 $\sqrt{|H_{\mathrm{r},i}(f)|^2\cdot P_i(f)\cdot L_{\mathrm{r},i}}$，可得常数 A 的下界为

$$A>\sqrt{\frac{P_i(f)}{|H_{\mathrm{r},i}(f)|^2\cdot L_{\mathrm{r},i}}} \tag{6.20}$$

下面，计算 A 的上界。可将式(6.15)看作关于 $P_i(f)$ 的函数，则该函数关于 $P_i(f)$ 的一阶导数为

$$\frac{\partial|X_i(f)|^2}{\partial P_i(f)}=-\frac{1}{S_{\mathrm{ccr},i}(f)\cdot L_{\mathrm{r},i}}+\frac{A\cdot|H_{\mathrm{r},i}(f)|}{2\sqrt{P_i(f)\cdot L_{\mathrm{r},i}}S_{\mathrm{ccr},i}(f)} \tag{6.21}$$

式（6.21）中，对于固定的 A 和 $P_i(f)$，当 $P_i(f)$ 趋于零时，$\dfrac{\partial|X_i(f)|^2}{\partial P_i(f)}$ 为正且趋于无穷大。由于要保证式(6.9)关于 $P_i(f)$ 单调递减，因此，常数 A 必须使得 $\dfrac{\partial|X_i(f)|^2}{\partial P_i(f)}$ 在 $P_i(f)$ 的取值范围内始终为负，即 $\dfrac{\partial|X_i(f)|^2}{\partial P_i(f)}$ 小于零，由此可得

$$\frac{A\cdot\left|H_{\mathrm{r},i}(f)\right|}{2\sqrt{P_i(f)\cdot L_{\mathrm{r},i}}\cdot S_{\mathrm{ccr},i}(f)}<\frac{1}{S_{\mathrm{ccr},i}(f)\cdot L_{\mathrm{r},i}} \tag{6.22}$$

对式（6.22）进行化简，可得

$$A<2\sqrt{\frac{P_i(f)}{|H_{\mathrm{r},i}(f)|^2\cdot L_{\mathrm{r},i}}} \tag{6.23}$$

因此，常数 A 的范围为

$$\sqrt{\frac{P_i(f)}{|H_{\mathrm{r},i}(f)|^2\cdot L_{\mathrm{r},i}}}<A<2\sqrt{\frac{P_i(f)}{|H_{\mathrm{r},i}(f)|^2\cdot L_{\mathrm{r},i}}} \tag{6.24}$$

显然，当 $A\leqslant\sqrt{\dfrac{P_i(f)}{|H_{\mathrm{r},i}(f)|^2\cdot L_{\mathrm{r},i}}}$ 或 $A\geqslant 2\sqrt{\dfrac{P_i(f)}{|H_{\mathrm{r},i}(f)|^2\cdot L_{\mathrm{r},i}}}$ 时，$|X_i(f)|^2$ 的值都将为零。

注 6.2（计算复杂度分析）：频谱共存环境下基于 SCNR 准则的组网雷达射频隐身波形设计算法的计算复杂度由组网雷达系统中所包含的雷达数目和二分搜索法决定。其中，第二步主循环的复杂度为 $\mathcal{O}(N_\mathrm{t})$，二分搜索法的复杂度为 $\mathcal{O}(\log_2[(A_{\max}-A_{\min})/\varepsilon])$，则基于 SCNR 准则的组网雷达射频隐身波形设计算法的总计算复杂度为 $\mathcal{O}(N_\mathrm{t}\log_2[(A_{\max}-A_{\min})/\varepsilon])$。然而，穷举搜索法的运算复杂度为

$\mathcal{O}(N_{\mathrm{t}}(A^* - A_{\min})/\varepsilon)$。因此，频谱共存环境下基于 SCNR 准则的组网雷达射频隐身波形设计算法可极大地降低计算复杂度，确保实时性。

6.3.3 频谱共存环境下基于 MI 准则的组网雷达射频隐身波形设计算法

雷达系统的实质是从目标回波信号中提取目标信息，因此，如何衡量目标信息获取的多少是雷达波形设计的首要问题。本章采用组网雷达系统接收到的目标回波信号与目标冲激响应之间的 MI 来表征系统的目标参数估计性能。根据 Romero R A 等人[13]的推导，组网雷达系统的输出总 MI 可表示为

$$\mathrm{MI} \simeq \sum_{i=1}^{N_{\mathrm{t}}} T_{y_i} \int_{-W/2}^{W/2} \ln\left(1 + \frac{|H_i(f)|^2 \cdot |X_i(f)|^2 \cdot L_{\mathrm{r},i}}{T_{y_i} \cdot [|X_i(f)|^2 \cdot S_{\mathrm{ccr},i}(f) \cdot L_{\mathrm{r},i} + P_i(f)]}\right) \mathrm{d}f \tag{6.25}$$

式中，$T_{y_i} = T_i + T_{h_{\mathrm{r},i}}$ 表示回波 $y_i(t)$ 的持续时间。

为推导方便，假设 $T_y = T_{y_i}\ (\forall i)$，则式（6.25）可化简为

$$\mathrm{MI} \simeq \sum_{i=1}^{N_{\mathrm{t}}} T_y \int_{-W/2}^{W/2} \ln\left(1 + \frac{|H_i(f)|^2 \cdot |X_i(f)|^2 \cdot L_{\mathrm{r},i}}{T_y \cdot [|X_i(f)|^2 \cdot S_{\mathrm{ccr},i}(f) \cdot L_{\mathrm{r},i} + P_i(f)]}\right) \mathrm{d}f \tag{6.26}$$

由式（6.26）可以看出，组网雷达系统的输出总 MI 与各雷达发射波形、目标相对各雷达的频率响应、噪声 PSD、杂波 PSD 及通信系统发射信号有关，那么，最大化 MI 即可使组网雷达获得更好的目标参数估计性能，但这同样将导致各雷达辐射更多的能量，从而降低其射频隐身性能。类似地，从提升系统射频隐身性能的角度出发，可建立频谱共存环境下基于 MI 准则的组网雷达射频隐身波形设计模型，即

$$(\mathbf{P}_{\mathrm{MI}}) \quad \min_{|X_i(f)|^2} \ \sum_{i=1}^{N_{\mathrm{t}}} \int_{-W/2}^{W/2} |X_i(f)|^2 \, \mathrm{d}f$$

$$\text{subject to}: \begin{cases} \mathrm{MI} \simeq \displaystyle\sum_{i=1}^{N_{\mathrm{t}}} T_y \int_{-W/2}^{W/2} \ln\left(1 + \frac{|H_i(f)|^2 \cdot |X_i(f)|^2 \cdot L_{\mathrm{r},i}}{T_y \cdot [|X_i(f)|^2 \cdot S_{\mathrm{ccr},i}(f) \cdot L_{\mathrm{r},i} + P_i(f)]}\right) \mathrm{d}f \geqslant \gamma_{\mathrm{MI}} \\ \displaystyle\int_{-W/2}^{W/2} |X_i(f)|^2 \, \mathrm{d}f \geqslant 0 \end{cases} \tag{6.27}$$

式中，γ_{MI} 为预先设定的目标参数估计 MI 阈值。

定理 6.2：在满足一定目标参数估计性能 $\mathrm{MI} \geqslant \gamma_{\mathrm{MI}}$ 的条件下，最小化组网雷达系统总发射能量 $\sum_{i=1}^{N_{\mathrm{t}}} \int_{-W/2}^{W/2} |X_i(f)|^2 \, \mathrm{d}f$ 的最优雷达波形应满足

$$|X_i(f)|^2 = \max[0, B_i(f)(A - D_i(f))], \ i = 1, \cdots, N_{\mathrm{t}} \tag{6.28}$$

式中，$B_i(f)$ 和 $D_i(f)$ 可分别表述为

$$\begin{cases} B_i(f) = \dfrac{|H_{\mathrm{r},i}(f)|^2 / T_y}{2S_{\mathrm{ccr},i}(f) + |H_{\mathrm{r},i}(f)|^2 / T_y} \\ D_i(f) = \dfrac{P_i(f)}{|H_{\mathrm{r},i}(f)|^2 \cdot L_{\mathrm{r},i} / T_y} \end{cases} \tag{6.29}$$

A 是一个常数，它的大小取决于预先设定的目标参数估计 MI 阈值，即

$$\sum_{i=1}^{N_\mathrm{t}} T_y \int_{-W/2}^{W/2} \ln\left(1 + \frac{|H_i(f)|^2 \cdot \{\max[0, B_i(f)(A - D_i(f))]\} \cdot L_{\mathrm{r},i}}{T_y \cdot [\{\max[0, B_i(f)(A - D_i(f))]\} \cdot S_{\mathrm{ccr},i}(f) \cdot L_{\mathrm{r},i} + P_i(f)]}\right) \mathrm{d}f \geqslant \gamma_{\mathrm{MI}} \tag{6.30}$$

证明：构建拉格朗日目标函数，即

$$L(|X_i(f)|^2, \xi_i, \mu) = \sum_{i=1}^{N_\mathrm{t}} \int_{-W/2}^{W/2} |X_i(f)|^2 \,\mathrm{d}f - \sum_{i=1}^{N_\mathrm{t}} \xi_i \cdot \int_{-W/2}^{W/2} |X_i(f)|^2 \,\mathrm{d}f + \mu \cdot \left(\sum_{i=1}^{N_\mathrm{t}} T_y \int_{-W/2}^{W/2} \ln\left(1 + \frac{|H_i(f)|^2 \cdot |X_i(f)|^2 \cdot L_{\mathrm{r},i}}{T_y \cdot [|X_i(f)|^2 \cdot S_{\mathrm{ccr},i}(f) \cdot L_{\mathrm{r},i} + P_i(f)]}\right) \mathrm{d}f - \gamma_{\mathrm{MI}} \right) \tag{6.31}$$

式中，ξ_i 和 μ 分别为拉格朗日乘子。

式（6.31）等价于

$$l(|X_i(f)|^2, \xi_i, \mu) = \frac{\partial L(|X_i(f)|^2, \xi_i, \mu)}{\partial |X_i(f)|^2} = \sum_{i=1}^{N_\mathrm{t}} |X_i(f)|^2 - \sum_{i=1}^{N_\mathrm{t}} \xi_i \cdot |X_i(f)|^2 + \mu \cdot \sum_{i=1}^{N_\mathrm{t}} T_y \cdot \ln\left(1 + \frac{|H_i(f)|^2 \cdot |X_i(f)|^2 \cdot L_{\mathrm{r},i}}{T_y \cdot [|X_i(f)|^2 \cdot S_{\mathrm{ccr},i}(f) \cdot L_{\mathrm{r},i} + P_i(f)]}\right) \tag{6.32}$$

则 KKT 必要条件为

$$\begin{cases} \dfrac{\partial}{\partial |X_i(f)|^2} l(|X_i(f)|^2, \mu, \xi_i) \Big|_{|X_i^*(f)|^2, \mu^*, \xi_i^*} = 0 \\ \xi_i^* < 0, \text{if} \displaystyle\int_{-W/2}^{W/2} |X_i(f)|^2 \,\mathrm{d}f = 0 \\ \xi_i^* = 0, \text{if} \displaystyle\int_{-W/2}^{W/2} |X_i(f)|^2 \,\mathrm{d}f > 0 \\ \mu^* < 0, \text{if} \displaystyle\sum_{i=1}^{N_\mathrm{t}} T_y \int_{-W/2}^{W/2} \ln\left(1 + \frac{|H_i(f)|^2 \cdot |X_i(f)|^2 \cdot L_{\mathrm{r},i}}{T_y \cdot [|X_i(f)|^2 \cdot S_{\mathrm{ccr},i}(f) \cdot L_{\mathrm{r},i} + P_i(f)]}\right) \mathrm{d}f = \gamma_{\mathrm{MI}} \\ \mu^* = 0, \text{if} \displaystyle\sum_{i=1}^{N_\mathrm{t}} T_y \int_{-W/2}^{W/2} \ln\left(1 + \frac{|H_i(f)|^2 \cdot |X_i(f)|^2 \cdot L_{\mathrm{r},i}}{T_y \cdot [|X_i(f)|^2 \cdot S_{\mathrm{ccr},i}(f) \cdot L_{\mathrm{r},i} + P_i(f)]}\right) \mathrm{d}f > \gamma_{\mathrm{MI}} \\ \xi_i^* \leqslant 0 \\ \mu^* \leqslant 0 \end{cases} \tag{6.33}$$

因此，最小化发射能量的 $|X_i(f)|^2$ 可表示为

$$|X_i(f)|^2=\max[0,-R_i(f)+\sqrt{R_i^2(f)+S_i(f)(A-D_i(f))}] \tag{6.34}$$

式中，$R_i(f)$，$S_i(f)$及$D_i(f)$可分别表示为

$$\begin{cases} R_i(f)=\dfrac{P_i(f)\cdot(2S_{\mathrm{ccr},i}(f)+|H_{\mathrm{r},i}(f)|^2/T_y)}{2S_{\mathrm{ccr},i}(f)\cdot L_{\mathrm{r},i}\cdot(S_{\mathrm{cc},i}(f)+|H_{\mathrm{r},i}(f)|^2/T_y)} \\ S_i(f)=\dfrac{P_i(f)\cdot|H_{\mathrm{r},i}(f)|^2/T_y}{S_{\mathrm{ccr},i}(f)\cdot L_{\mathrm{r},i}\cdot(S_{\mathrm{ccr},i}(f)+|H_{\mathrm{r},i}(f)|^2/T_y)} \\ D_i(f)=\dfrac{P_i(f)}{|H_{\mathrm{r},i}(f)|^2\cdot L_{\mathrm{r},i}/T_y} \end{cases} \tag{6.35}$$

$A=(-\mu)T_y$是一个常数，其大小取决于预先设定的目标参数估计 MI 阈值，即

$$\sum_{i=1}^{N_\mathrm{t}}T_y\int_{-W/2}^{W/2}\ln\left(1+\frac{|H_i(f)|^2\cdot|X_i(f)|^2\cdot L_{\mathrm{r},i}}{T_y\cdot[|X_i(f)|^2\cdot S_{\mathrm{ccr},i}(f)\cdot L_{\mathrm{r},i}+P_i(f)]}\right)\mathrm{d}f\geqslant\gamma_{\mathrm{MI}} \tag{6.36}$$

对式（6.34）采取一阶 Taylor 近似[13]，可得

$$\begin{aligned} Q_i(f)&=-R_i(f)+\sqrt{R_i^2(f)+S_i(f)(A-D_i(f))} \\ &\approx B_i(f)(A-D_i(f)) \end{aligned} \tag{6.37}$$

式中

$$B_i(f)=\frac{|H_{\mathrm{r},i}(f)|^2/T_y}{2S_{\mathrm{ccr},i}(f)+|H_{\mathrm{r},i}(f)|^2/T_y} \tag{6.38}$$

因此，频谱共存环境下基于 MI 准则的组网雷达射频隐身波形可近似表示为

$$|X_i(f)|^2=\max[0,B_i(f)(A-D_i(f))],\ i=1,\cdots,N_\mathrm{t} \tag{6.39}$$

由定理 6.2 可以看出，频谱共存环境下基于 MI 准则的组网雷达射频隐身波形设计算法同样依据注水原理，对雷达发射波形进行优化设计，从而最小化组网雷达系统的总发射能量。对于一个给定的 MI 阈值γ_{MI}，一旦得到常数A，则可将式（6.28）代入式（6.27）计算系统的总发射能量$\sum_{i=1}^{N_\mathrm{t}}\int_{-W/2}^{W/2}|X_i(f)|^2\mathrm{d}f$。频谱共存环境下基于 MI 准则的组网雷达射频隐身波形设计算法如算法 6.3 所示，二分搜索法如算法 6.4 所示。

算法 6.3　频谱共存环境下基于 MI 准则的组网雷达射频隐身波形设计算法

- 1．参数初始化：设置参数初始值γ_{MI}，迭代次数索引$n=1$；
- 2．循环：对$i=1,\cdots,N_\mathrm{t}$，利用式（6.28）计算$|X_i^{(n)}(f)|^2$；

  计算 $\mathrm{MI}^{(n)}\leftarrow\sum_{i=1}^{N_\mathrm{t}}T_y\int_{-W/2}^{W/2}\ln\left(1+\frac{|H_i(f)|^2\cdot|X_i^{(n)}(f)|^2\cdot L_{\mathrm{r},i}}{T_y\cdot[|X_i^{(n)}(f)|^2\cdot S_{\mathrm{ccr},i}(f)\cdot L_{\mathrm{r},i}+P_i(f)]}\right)\mathrm{d}f$；

  采用算法 6.4 中二分搜索法计算$A^{(n+1)}$；
- 3．当$\mathrm{MI}^{(n)}\geqslant\gamma_{\mathrm{MI}}$时，结束循环；
- 4．参数更新：$\forall i$，更新$|X_i^*(f)|^2\leftarrow|X_i^{(n)}(f)|^2$。

算法 6.4　二分搜索法

- 1．参数初始化：设置参数初始值 $A^{(n)}$，$A_{\max}$，$A_{\min}$，误差容限 $\varepsilon>0$；
- 2．当 $\mathrm{MI}^{(n)}-\gamma_{\mathrm{MI}}\geqslant\varepsilon$ 时，循环：
  对 $i=1,\cdots,N_{\mathrm{t}}$，$A^{(n)}\leftarrow(A_{\min}+A_{\max})/2$
  利用式（6.28）计算 $|X_i^{(t)}(f)|^2$ 并更新 $\mathrm{MI}^{(n)}$；
  如果 $\mathrm{MI}^{(n)}>\gamma_{\mathrm{MI}}$，$A_{\max}\leftarrow A^{(n)}$，$A^{(n)}\leftarrow(A_{\min}+A_{\max})/2$；
  否则，$A_{\min}\leftarrow A^{(n)}$，$A^{(n)}\leftarrow(A_{\min}+A_{\max})/2$；
  令 $n\leftarrow n+1$；
- 3．结束循环。

注 6.3（A 的取值范围）：需要注意的是，式（6.28）需满足一定条件才有效[14]。首先，计算 A 的上界。若要保证式（6.28）中的 $|X_i(f)|^2$ 为正，需满足

$$B_i(f)(A-D_i(f))>0 \tag{6.40}$$

否则，$|X_i(f)|^2$ 为 0。由式（6.40），可得常数 A 的下界为

$$A>\frac{P_i(f)}{|H_{\mathrm{r},i}(f)|^2\cdot L_{\mathrm{r},i}/T_y} \tag{6.41}$$

由于式（6.28）关于 $P_i(f)$ 的一阶导数为

$$\begin{aligned}\frac{\partial|X_i(f)|^2}{\partial P_i(f)}&=-\frac{|H_{\mathrm{r},i}(f)|^2/T_y}{2S_{\mathrm{ccr},i}(f)+|H_{\mathrm{r},i}(f)|^2/T_y}\cdot\frac{1}{|H_{\mathrm{r},i}(f)|^2\cdot L_{\mathrm{r},i}/T_y}\\&=-\frac{1}{2S_{\mathrm{ccr},i}(f)\cdot L_{\mathrm{r},i}+|H_{\mathrm{r},i}(f)|^2\cdot L_{\mathrm{r},i}/T_y}<0\end{aligned} \tag{6.42}$$

由式（6.42）可以看出，无论常数 A 取何值，$\dfrac{\partial|X_i(f)|^2}{\partial P_i(f)}$ 总小于 0。

因此，常数 A 的取值范围为

$$A>\frac{P_i(f)}{|H_{\mathrm{r},i}(f)|^2\cdot L_{\mathrm{r},i}/T_y} \tag{6.43}$$

显然，当 $A\leqslant\dfrac{P_i(f)}{|H_{\mathrm{r},i}(f)|^2\cdot L_{\mathrm{r},i}/T_y}$ 时，$|X_i(f)|^2$ 的值将会为零。

注 6.4（计算复杂度分析）：频谱共存环境下基于 MI 准则的组网雷达射频隐身波形设计算法具有与 SCNR 准则相同的复杂度，即 $\mathcal{O}(N_{\mathrm{t}}\log_2[(A_{\max}-A_{\min})/\varepsilon])$。

6.3.4　讨论

（1）当目标相对于组网雷达中各雷达的频率响应、杂波 PSD、通信系统发射信号及传播路径衰减等信息先验已知时，可以得到频谱共存环境下基于射频隐身的组网雷达最优波形设计算法。根据不同的作战任务，分别选择基于 SCNR 准则和

MI 准则的组网雷达射频隐身波形设计算法。采用本章所设计的各雷达射频隐身波形，可以最大限度地减小组网雷达的总发射能量，从而获得最优的射频隐身性能。

（2）根据式（6.7）和式（6.26）可以看出，MI 是 SCNR 的函数。由于 MI 涉及对数计算，因此，频谱共存环境下基于 MI 准则的组网雷达射频隐身波形设计算法降低了整个频段上波形能量分配的峰值，同时根据注水原理在多个频段上分配能量。后续仿真结果也表明，频谱共存环境下基于 SCNR 准则和 MI 准则的组网雷达射频隐身波形设计算法的能量分配结果是不同的。

（3）本章在目标相对于组网雷达中各雷达的频率响应、杂波 PSD、通信系统发射信号及传播路径衰减等信息先验已知的情况下，分别提出了频谱共存环境下基于 SCNR 准则和 MI 准则的组网雷达射频隐身波形设计算法。然而，在实际应用中，由于目标相对于雷达的视线角难以精确获得，所以目标相对系统中第 i 部雷达的真实频率响应是未知的。在这种情况下，稳健信号处理方法[39]-[43]可用于解决上述问题，并在过去的半个多世纪中得到了长足发展和广泛应用。于是，可将目标的真实频率响应建模为上、下界已知的不确定集合。由于篇幅的限制，本章未就频谱共存环境下基于射频隐身的组网雷达稳健波形设计算法进行深入探讨，有关内容可参考文献[40]-[43]。如果采用稳健雷达波形设计算法，将根据目标频率响应不确定集合的下界设计稳健发射波形，以保证组网雷达系统射频隐身性能的最优下界。

（4）值得说明的是，本书着重讨论雷达发射波形的能量分配，其时域信号可采用循环迭代法和最小均方误差准则进行合成，在此不再赘述。

6.4 仿真结果与分析

6.4.1 仿真参数设置

为了验证频谱共存环境下基于射频隐身的组网雷达最优波形设计算法的可行性和有效性，本节进行了仿真。仿真采用的目标频率响应是由南京航空航天大学目标特性研究中心开发的一套集几何建模、高频电磁散射计算及数据分析为一体的电磁散射计算系统针对如图 6.4 所示的飞机类目标进行的全方位转台仿真数据。考虑目标位于组网雷达系统中央的场景，如图 6.5 所示，目的是减小组网雷达布阵方式对波形设计结果的影响，其中，雷达 1 作为系统融合中心接收各雷达发送的目标信息。仿真中，假设环境中杂波 PSD 与通信发射信号先验已知，雷达信号中心频率为 10.0 GHz，带宽为 512 MHz，步进频率为 4 MHz，各雷达的发射天线主瓣增益和接收天线主瓣增益分别为 40 dB 和 50 dB，各雷达的接收天线旁瓣增益为 −40 dB，通信基站发射天线增益为 0 dB，加性高斯白噪声的 $\mathrm{PSD}=6\times10^{-16}\ \mathrm{W/Hz}$，回波持续时间为 0.01 s，$\gamma_{\mathrm{SCNR}}$ 和 γ_{MI} 分别为 8.96 dB 和 2.85 nats。

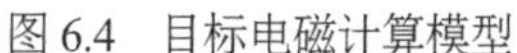

图 6.4　目标电磁计算模型

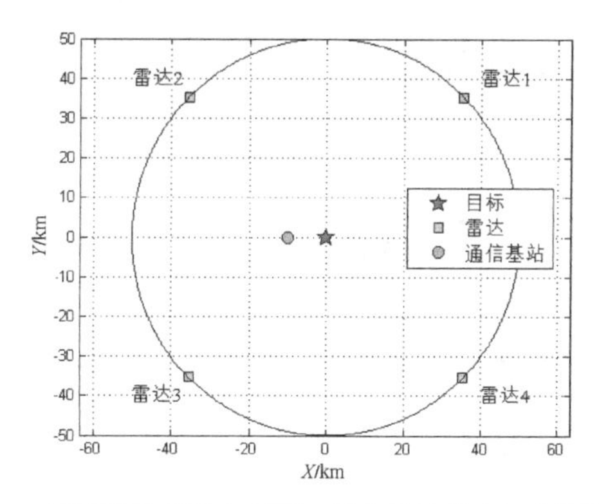

图 6.5　组网雷达系统与目标、通信基站的空间位置关系

6.4.2　组网雷达波形设计结果

目标相对组网雷达系统中各雷达的频率响应和杂波干扰频率响应分别如图 6.6～图 6.9 所示，通信系统发射信号如图 6.10 所示。频谱共存环境下基于 SCNR 准则和 MI 准则的组网雷达射频隐身波形设计结果分别如图 6.11～图 6.14 所示，表明根据不同的作战任务组网雷达系统中各雷达的发射能量分配情况。如前文所述，图 6.11～图 6.14 仅给出了各雷达射频隐身波形的 ESD，而缺少波形相位信息，可进一步根据各雷达发射波形的能量谱密度并结合循环迭代求解和最小均方误差的思想，合成各雷达时域发射信号。本书着重讨论雷达发射波形的能量分配，其时域合成结果不再赘述。在此，定义第 i 部雷达的目标干噪比（Target-to-Interference-plus-Noise Ratio，TINR）为

$$\text{TINR}_i(f) \triangleq \frac{|H_{\text{r},i}(f)|^2 \cdot L_{\text{r},i}}{P_i(f)} \tag{6.44}$$

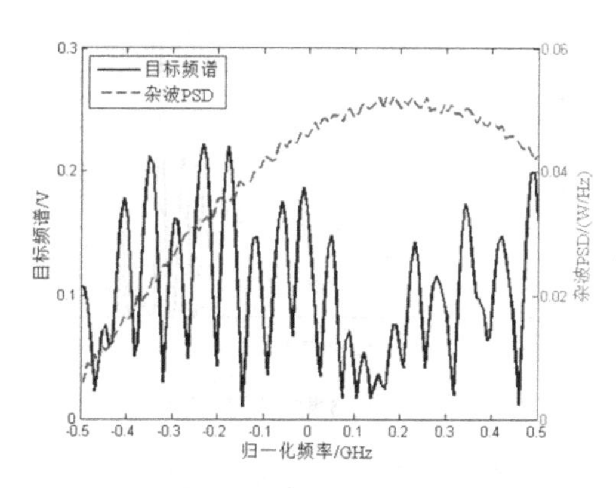

图 6.6　目标相对于雷达 1 的频率响应和杂波 PSD

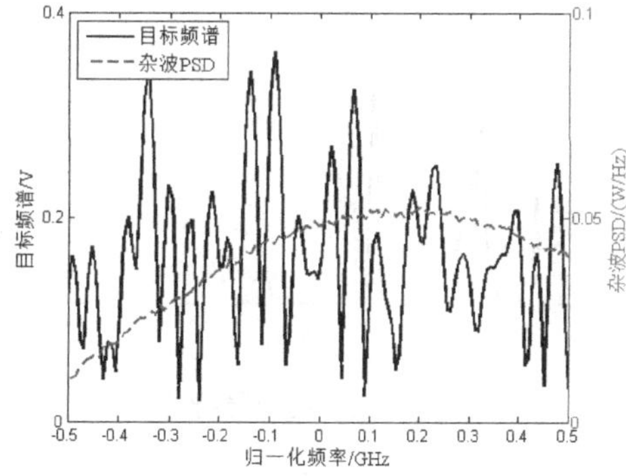

图 6.7　目标相对于雷达 2 的频率响应和杂波 PSD

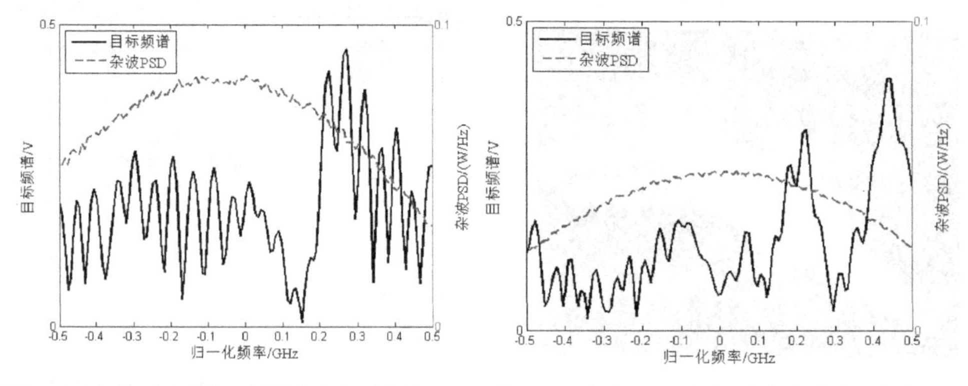

图 6.8 目标相对于雷达 3 的频率响应和杂波 PSD

图 6.9 目标相对于雷达 4 的频率响应和杂波 PSD

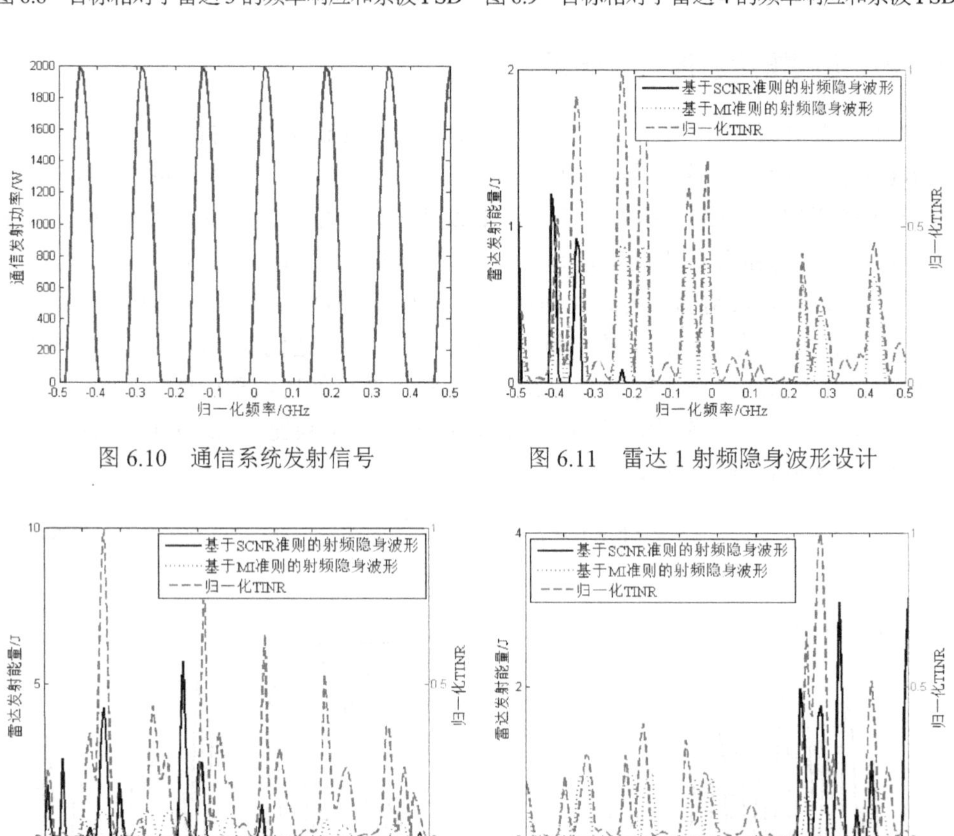

图 6.10 通信系统发射信号

图 6.11 雷达 1 射频隐身波形设计

图 6.12 雷达 2 射频隐身波形设计

图 6.13 雷达 3 射频隐身波形设计

从仿真结果可以看出，对于组网雷达系统中的各雷达，系统的发射能量配置主要由目标相对各雷达的频率响应、杂波干扰功率水平及通信系统发射功率水平决定，在分配过程中，雷达发射能量主要分配给目标频率响应高、杂波干扰功率水平和通信系统发射功率水平低的雷达，即 TINR 值大的雷达。为了在一定目标检测性能条件下最小化组网雷达系统的总发射能量，基于 SCNR 准则的组网雷达射频隐身波形根据注水原理进行能量分配，即在目标频率响应最大值、杂波干扰和通信系统发射功率水平最小值所对应的频点处分配最多的能量，而基于 MI 准则的组网雷达射频隐身波形则在多个频段处分配能量。这主要是因为 MI 采用对数计算，从而降低了整个频段上波形能量分配的峰值[42]。另外，频谱共存环境下基于 SCNR 准则和 MI 准则的组网雷达发射能量分配图如图 6.15 所示，其中，定义第 i 部雷达的能量分配比为

$$\eta_i = \frac{|X_i(f)|^2}{\sum_{i=1}^{N_t}|X_i(f)|^2} \tag{6.45}$$

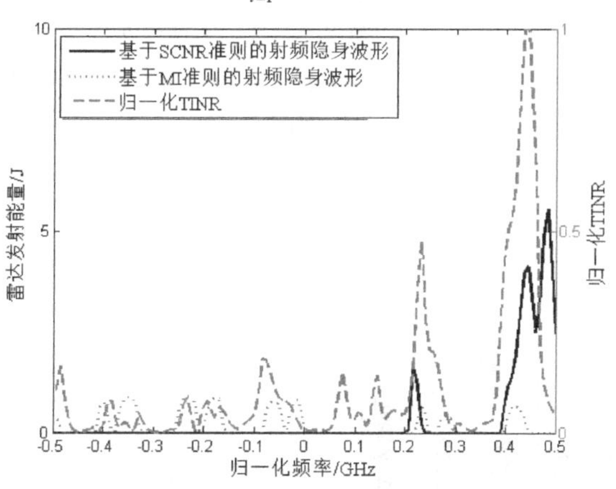

图 6.14　雷达 4 射频隐身波形设计

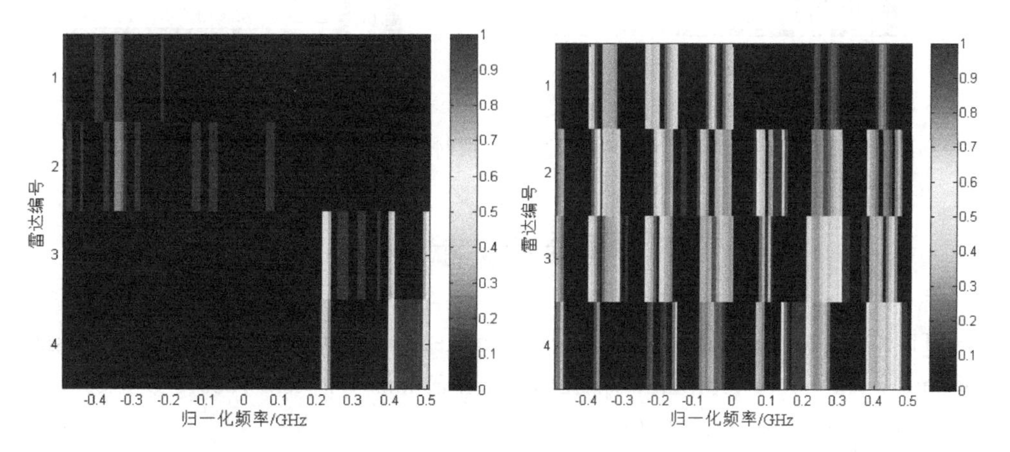

（a）基于 SCNR 准则的组网雷达射频隐身波形设计　　（b）基于 MI 准则的组网雷达射频隐身波形设计

图 6.15　组网雷达系统发射能量分配图

从图 6.15 中可以看出，上述两种波形设计算法均将发射能量集中于整个频段上 TINR 值最大处所对应的频点。

6.4.3 射频隐身性能分析

为了进一步验证频谱共存环境下基于射频隐身的组网雷达最优波形设计算法的优势，图 6.16 给出了不同雷达波形设计方法下组网雷达系统的总发射能量对比。其中，均匀能量分配发射波形是在没有任何关于目标频率响应、环境杂波频率响应及通信系统发射信号等先验信息的情况下，将系统发射能量均匀分配在整个频段。从图中可以看出，随着通信系统发射功率的升高，各雷达波形设计方法所对应的系统总发射功率均逐步增大，而基于 SCNR 准则和 MI 准则的组网雷达射频隐身波形设计方法所产生的总发射功率大大小于均匀能量分配发射波形，前者可将组网雷达系统的总发射功率降低为后者的 41.8%～73.2%。也就是说，频谱共存环境下基于射频隐身的组网雷达最优波形设计算法所得的射频隐身性能明显优于基于均匀能量分配发射波形所得的射频隐身性能，从而进一步验证了本章所提算法的优越性。

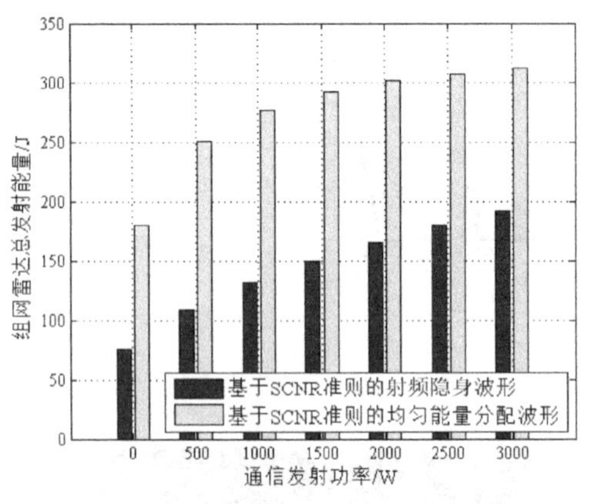

（a）基于 SCNR 准则的组网雷达射频隐身波形设计

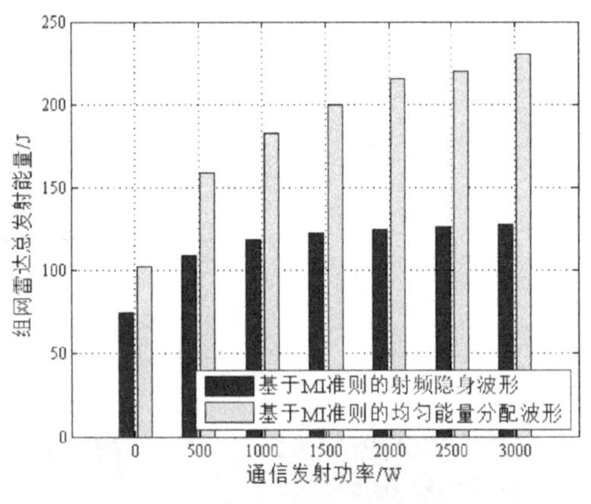

（b）基于 MI 准则的组网雷达射频隐身波形设计

图 6.16 不同雷达波形设计方法下组网雷达系统总发射能量对比

参考文献

[1] Gu Y J, Goodman N A. Inforamtion-theoretic waveform design for Gaussian mixture radar target profiling [J]. IEEE Transactions on Aerospace and Electronic Systems, 2019, 55(3): 1528-1536.

[2] 王璐璐，王宏强，王满喜，等. 雷达目标检测的最优波形设计综述[J]. 雷达学报，2016, 5(5): 487-498.

[3] Friedlander B. Waveform design of MIMO radar [J]. IEEE Transactions on Aerospace and Electronic Systems, 2007, 43(3): 1227-1238.

[4] Stoica P, Li J, Xie Y. On probing signal design for MIMO radar [J]. IEEE Transactions on Signal Processing, 2007, 55(8): 4151-4161.

[5] Woodward P M, Davies I L. A theory of radar information [J]. Philosophical Magazine, 1951, 41: 1001-1017.

[6] Woodward P M. Information theory and the design of radar receivers [J]. Proceedings of the IRE, 1951, 39(12): 1521-1524.

[7] Bell M R. Information theory and radar waveform design [J]. IEEE Transactions on Information Theory, 1993, 39(5): 1578-1597.

[8] Yang Y, Blum R S. MIMO radar waveform design based on mutual information and minimum mean-square error estimation [J]. IEEE Transactions on Aerospace and Electronic Systems, 2007, 43(1): 330-343.

[9] Naghsh M M, Mahmoud M H, Shahram S P, et al. Unified optimization framework for multi-static radar code design using information-theoretic criteria [J]. IEEE Transactions on Signal Processing, 2013, 61(21): 5401-5416.

[10] Chen Y F, Nijsure Y, Yuen C, et al. Adaptive distributed MIMO radar waveform optimization based on mutual information [J]. IEEE Transactions on Aerospace and Electronic Systems, 2013, 49(2): 1374-1385.

[11] Xu L, Liang Q L. Waveform design and optimization in radar sensor network [C]. 2010 IEEE Conference on Global Telecommunication (GLOBECOM 2010), 2010: 1-5.

[12] Tang B, Tang J, Peng Y N. MIMO radar waveform design in colored noise based on information theory [J]. IEEE Transactions on Signal Processing, 2010, 58(9): 4684-4697.

[13] Romero R A, Bae J, Goodman N A. Theory and application of SNR and mutual information matched illumination waveforms [J]. IEEE Transactions on Aerospace and Electronic Systems, 2011, 47(2): 912-926.

[14] Romero R A, Shepherd K D. Friendly spectrally shaped radar waveform with legacy communication systems for shared access and spectrum management [J]. IEEE Access 2015, 3: 1541-1554.

[15] Aubry A, Maio A D, Huang Y, et al. A new radar waveform design algorithm with improved feasibility for spectral coexistence [J]. IEEE Transactions on Aerospace and Electronic Systems, 2015, 51(2): 1029-1038.

[16] Wang H Y, Johnson J T, Baker C J. Spectrum sharing between communications and ATC radar systems [J]. IET Radar Sonar and Navigation, 2017, 11(6): 994-1001.

[17] Li B, Petropulu A. Joint transmit designs for co-existence of MIMO wireless communications and sparse sensing radars in clutter [J]. IEEE Transactions on Aerospace and Electronic Systems, 2017, 53(6): 2846-2864.

[18] Labib M, Reed J H, Martone A F, et al. A game-theoretic approach for radar and LTE systems coexistence in the unlicensed band [C]. In Proceedings of the 2016 USNC-URSI Radio Science Meeting, 2016: 17-18.

[19] Giorgetti A, Chiani M, Win M Z. The effect of narrowband interference on wideband wireless communication systems [J]. IEEE Transactions on Communications, 2005, 53(12): 2139-2149.

[20] Aubry A, Carotenuto V, De Maio A. Forcing multiple spectral compatibility constraints in radar waveforms [J]. IEEE Signal Processing Letters, 2016, 23(4): 483-487.

[21] Aubry A, Carotenuto V, De Maio A, et al. Optimization theory-based radar waveform design for spectrally dense environments [J]. IEEE Aerospace and Electronic Systems Magazine, 2016, 31(12): 14-25.

[22] Gogineni S, Rangaswamy M, Nehorai A. Multi-modal OFDM waveform design [J]. IEEE Radar Conference (RadarConf), 2013: 1-5.

[23] Turlapaty A, Jin Y W. A joint design of transmit waveforms for radar and communication systems in coexistence [J]. IEEE Radar Conference (RadarConf), 2014: 315-319.

[24] Bica M, Koivunen V. Delay estimation method for coexisting radar and wireless communication systems [J]. IEEE Radar Conference (RadarConf), 2017: 1557-1561.

[25] Zheng L, Lpos M, Wang X D, et al. Joint design of overlaid communication systems and pulsed radars [J]. IEEE Transactions on Signal Processing, 2018, 66(1): 139-154.

[26] Schleher D C. LPI radar: fact or fiction [J]. IEEE Aerospace and Electronics Systems Magazine , 2006, 21(5): 3-6.

[27] Stove A G, Hume A L, Baker C J. Low probability of intercept radar strategies [J]. IEE Proceedings of Radar, Sonar and Navigation, 2004, 151(5): 249-260.

[28] Key E L . Detecting and classifying low probability of intercept radar [J]. IEEE Aerospace and Electronic Systems Magazine, 2004, 19(5): 42-44.

[29] Pace P E, Tan C K, Ong C K. Microwave-photonics direction finding system for interception of low probability of intercept radio frequency signals [J]. Optical Engineering, 2018, 57, (2): 1-8.

[30] Shi C G, Wang F, Salous S, et al. Joint transmitter selection and resource management strategy based on low probability of intercept optimization for distributed radar networks [J]. Radio Science, 2018, 53(9): 1108-1134.

[31] Zhang Z K, Tian Y B. A novel resource scheduling method of netted radars based on Markov decision process during target tracking in clutter [J]. EURASIP Journal on Advances in Signal Processing, 2016, doi: 10.1186/s13634-016-0309-3.

[32] Zhang Z K, Salous S, Li H L, et al. Optimal coordination method of opportunistic array radars for multi-target-tracking-based radio frequency stealth in clutter [J]. Radio Science, 2016, 50(11): 1187-1196.

[33] Shi C G, Qiu W, Wang F, et al. Stackelberg game-theoretic low probability of intercept performance optimization for multistatic radar system [J]. Electronics, 2019, 8, 397, DOI: 10.3390/electronics8040397.

[34] Lawrence D E. Low probability of intercept antenna array beamforming [J]. IEEE Transactions on Antennas and Propagation, 2010, 58(9): 2858-2865.

[35] Xiong J, Wang W Q, Cui C, et al. Cognitive FDA-MIMO radar for LPI transmit beamforming [J]. IET Radar Sonar and Navigation, 2017, 11(10): 1574-1580.

[36] Zhou C W, Gu Y J, He S B, et al. A robust and efficient algorithm for coprime array adaptive beamforming [J]. IEEE Transactions on Vehicular Technology, 2018, 67(2): 1099-1112.

[37] Shi C G, Wang F, Salous S, et al. Low probability of intercept-based optimal OFDM waveform design strategy for an integrated radar and communications system [J]. IEEE Access, 2018, 6: 57689-57699.

[38] 时晨光，周建江，汪飞，等. 机载雷达组网射频隐身技术[M]. 北京：国防工业出版社，2019.

[39] Kassam S A, Poor H V. Robust techniques for signal processing: A survey [J]. Proceedings of the IEEE, 1985, 73(3): 433-481.

[40] Yang Y, Blum R S. Minimax robust MIMO radar waveform design [J]. IEEE Journal of Selected Topics in Signal Processing, 2007, 4(1): 1-9.

[41] Jiu B, Liu H W, Feng D Z, et al. Minimax robust transmission waveform and receiving filter design for extended target detection with imprecise prior knowledge [J]. Signal Processing, 2012, 92(1): 210-218.

[42] Wang L L, Wang H Q, Wong K K, et al. Minimax robust jamming techniques based on signal-to-interference-plus-noise ratio and mutual information criteria [J]. IET Communications, 2014, 8(10): 1859-1867.

[43] Shi C G, Wang F, Sellathurai M, et al. Power minimization based robust OFDM radar waveform design for radar and communication systems in coexistence [J]. IEEE Transactions on Signal Processing, 2018, 66(5): 1316-1330.

第7章　频谱共存环境下基于射频隐身的双基地雷达最优OFDM波形设计

7.1 引　　言

相对于单载波波形，OFDM 波形由于具有波形分集、频率分集、较短的驻留时间和波形捷变等独特优势[1]-[7]，在解决雷达与通信系统频谱共存问题上展现出良好的应用潜力，OFDM 波形得到了理论界和工程界的广泛关注[8]-[11]。Sturm C 等人[12]指出，OFDM 信号可同时用于信息传输与雷达测量。Sen S[13]和 Lellouch G 等人[14]分别对 OFDM 雷达信号的宽带模糊函数和多普勒特性进行了分析，验证了 OFDM 信号具有比其他雷达信号更优的距离分辨率和多普勒分辨率。受多载波信号在雷达与通信系统中应用的启发，Gogineni S 等人[15]采用 OFDM 信号，根据信道特性合理地分配各子载波，设计了一种新的雷达与通信系统频谱共存机制。2015 年，Huang K W 等人[16]在前人研究的基础上，分别提出了频谱共存环境下基于目标检测与目标参数估计的雷达波形优化算法，其中，经目标反射到达雷达接收机的通信信号被当作干扰信号。紧接着，Bica M 等人[17]将上述研究进行扩展，提出了一种基于互信息的雷达与通信联合系统波形设计算法，并通过仿真实验验证了利用经目标反射到达雷达接收机的通信信号，可在保证通信系统信道容量的前提下，有效地提升雷达目标检测性能。Chiriyath A R 等人[18]分别定义了频谱共存环境下表征雷达与通信系统性能的雷达估计信息速率和通信数据信息速率。Romero R A 等人[19]分析了雷达波形设计对工作于同一频段的通信系统性能的影响。Bica M 等人[20]在已有研究成果的基础上，又研究了基于目标参数估计的雷达与通信联合系统最优波形设计算法，其中，作者考虑经目标发射到达雷达接收机的通信信号能够被雷达接收机检测并处理。文中指出，利用经目标发射到达雷达接收机的通信信号可提高雷达目标参数估计性能。2018 年，文献[21]提出了一种新的雷达与通信联合系统最优波形设计算法。在该算法中，通信基站作为双基地雷达接收机，能够接收并处理经目标反射的雷达回波信号。仿真实验表明，通信基站通过接收并处理经目标反射的雷达回波信号，可在保证通信系统工作性能的条件下，有效提升雷达系统的目标时延估计精度。

总的来说，上述成果从雷达波形设计的角度，提出了雷达与通信系统频谱共存的概念，并通过波形优化设计，在满足给定通信系统工作性能的条件下，提高了雷达系统的目标检测性能和参数估计性能，为后续研究打下了坚实的基础，但仍存在以下不足：(1)上述算法均通过雷达波形优化设计达到提升雷达系统性能的目的及分析雷达波形设计对通信系统性能的影响，并未涉及频谱共存环境下基于射频隐身的最优 OFDM 雷达波形设计问题。在当今战场环境中，如何设计 OFDM 雷达发射波形，进而在满足一定目标参数估计精度的条件下，获得更好的射频隐身性能，是迫切需要考虑的问题[22]-[35]。(2) 上述研究指出，通信基站可作为双基地雷达接收机，接收并处理经目标反射的雷达回波信号，并讨论了这种情况对目标时延估计精度的影响，而其对雷达系统射频隐身性能的影响则需要进一步分析。双基地雷达发射的信号照射到目标上，由分置的雷达接收机接收目标反射的雷达回波信号并进行检测预处理。由于不同的雷达接收机都能够接收并处理雷达回波信号，因此，通过对冗余数据进行融合可以大大提高双基地雷达的目标参数估计精度[36][37]。然而，至今尚未有频谱共存环境下基于射频隐身的双基地雷达最优 OFDM 波形设计的公开报道，这促使我们首次研究这个问题。

本章符号说明：$x[k]$ 表示矢量 $\boldsymbol{x}$ 中的第 k 个元素，$[\boldsymbol{X}]_{i,j}$ 表示矩阵 $\boldsymbol{X}$ 中的第 i 行、第 j 列元素。上标 $(\cdot)^{\mathrm{T}}$ 和 $(\cdot)^{\mathrm{H}}$ 分别表示转置和共轭转置，上标 $(\cdot)^{*}$ 表示最优解。$\boldsymbol{I}$ 表示单位矩阵，$\|\cdot\|$ 表示向量的欧几里得范数（Euclidean Norm）或矩阵的弗罗贝尼乌斯范数，$\Re\{\}$ 表示取实部运算。

7.2　系统模型描述

考虑具有一部雷达与一个通信基站的频谱共存系统，如图 7.1 所示。为了提高系统频谱利用率，雷达与通信系统工作于同一频段。雷达发射并接收经目标反射的雷达信号以对目标进行跟踪。同时，雷达的高增益、窄波束定向天线指向目标，从而使得雷达只能接收到经目标反射的雷达信号，而接收不到通信系统到雷达的直达波信号。另外，假设通信基站作为雷达接收机，能够接收并处理经目标反射的雷达信号[21]。在这种情况下，雷达与通信基站可以看作一个双基地雷达系统，并通过目标探测信道 h_{sur}（雷达-目标-雷达）和双基地信道 h_{bis}（雷达-目标-通信基站）对目标进行跟踪。为简便起见，假设目标探测信道和双基地信道的频率响应信息先验已知。

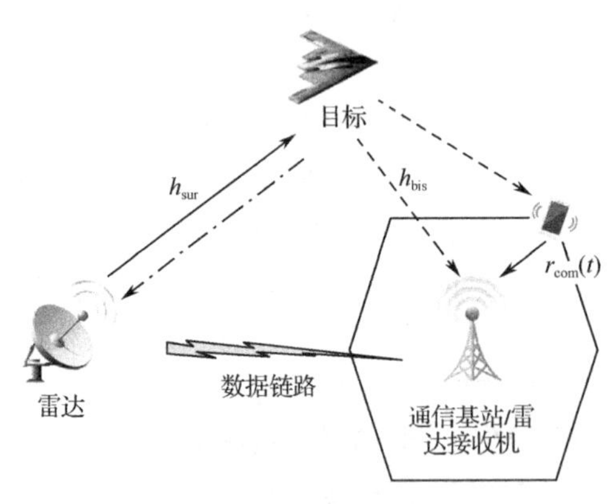

图 7.1　雷达与通信基站频谱共存系统模型

假设雷达与通信系统采用具有N_c个子载波的OFDM信号形式。于是，对于目标探测信道，雷达接收到的目标回波信号可以表示为

$$\begin{aligned} r_{\text{SUR}}(t) &= r_{\text{rad}}(t) + n(t) \\ &= s(t) * H_{\text{rad}}(t) + n(t) \end{aligned} \tag{7.1}$$

式中，$r_{\text{SUR}}(t)$为目标探测信道上雷达接收到的信号；$r_{\text{rad}}(t)$为目标回波信号；$n(t)$为雷达接收机噪声；$s(t)$为雷达发射信号；$H_{\text{rad}}(t)$为目标探测信道频率响应。

通信基站接收到的信号包含两部分：一是经目标反射的雷达信号，二是通信用户的上行链路发射信号。于是，通信基站接收到的信号可以表示为

$$\begin{aligned} r_{\text{CBS}}(t) &= r_{\text{bis}}(t) + r_{\text{com}}(t) + w(t) \\ &= s(t) * H_{\text{bis}}(t) + r_{\text{com}}(t) + w(t) \end{aligned} \tag{7.2}$$

式中，$r_{\text{CBS}}(t)$为通信基站接收到的信号；$r_{\text{bis}}(t)$为双基地信道上通信基站接收到的目标回波信号；$r_{\text{com}}(t)$为上行链路通信信号；$w(t)$为通信基站接收机噪声；$H_{\text{bis}}(t)$为包含目标信息的双基地信道频率响应。

因此，雷达和通信基站接收到信号的频域表示形式为

$$\begin{cases} \boldsymbol{r}_{\text{SUR}} = \boldsymbol{r}_{\text{rad}} + \boldsymbol{n} \\ \boldsymbol{r}_{\text{CBS}} = \boldsymbol{r}_{\text{bis}} + \boldsymbol{r}_{\text{com}} + \boldsymbol{n} \end{cases} \tag{7.3}$$

在此，假设通信基站可通过数据链路获得雷达发射信号的形式，则通信基站可根据预测的目标时延对经目标反射的雷达信号进行重构，从而从通信基站接收到的信号中剔除双基地信道上的目标回波信号。这样一来，通信基站重构后的雷达信号可以表示为

$$\begin{aligned} \boldsymbol{r}_{\text{REC}} &= \boldsymbol{r}_{\text{bis}} + \boldsymbol{v} \\ &= \boldsymbol{S}\boldsymbol{\Lambda}_{\text{bis}}\boldsymbol{H}_{\text{bis}} + \boldsymbol{v} \end{aligned} \tag{7.4}$$

式中，$\boldsymbol{S}$为雷达发射信号的频域表示形式，是一个$N_c \times N_c$的对角矩阵；$\boldsymbol{\Lambda}_{\text{bis}}$为包含每个子载波上由目标时延导致的相移矩阵，它也是一个$N_c \times N_c$的对角矩阵，其中，矩阵元素为$[\boldsymbol{\Lambda}_{\text{bis}}]_{k,k} = \exp(\text{j}2\pi kf\tau_t)$；$f$为子载波频率间隔，$\tau_t$为从雷达到目标的双程时延；$\boldsymbol{H}_{\text{bis}}$为$N_c \times 1$双基地信道频率响应矢量；$\boldsymbol{v}$为信号重构过程中产生的$N_c \times 1$残差矢量。

类似地，雷达接收到的信号频域表示形式$\boldsymbol{r}_{\text{SUR}}$可以重写为

$$\boldsymbol{r}_{\text{SUR}} = \boldsymbol{S}\boldsymbol{\Lambda}_{\text{rad}}\boldsymbol{H}_{\text{rad}} + \boldsymbol{n} \tag{7.5}$$

式中，$\boldsymbol{\Lambda}_{\text{rad}}$为包含每个子载波上由目标双程时延导致的相移矩阵，它是一个$N_c \times N_c$的对角矩阵，其中，矩阵元素为$[\boldsymbol{\Lambda}_{\text{rad}}]_{k,k} = \exp(\text{j}2\pi kf\tau_t)$，$\boldsymbol{H}_{\text{rad}}$为$N_c \times 1$目标探测通道频率响应矢量。

7.3　基于射频隐身的双基地雷达最优 OFDM 波形设计算法

7.3.1　问题描述

从数学角度来说，频谱共存环境下基于射频隐身的双基地雷达最优 OFDM 波形设计算法可以表述为：考虑目标探测信道与双基地信道频率响应信息先验已知的情况，提出了基于射频隐身的双基地雷达最优 OFDM 波形设计算法，即在保证一定目标时延估计 CRLB 阈值的条件下，通过优化 OFDM 雷达波形，最小化雷达总发射功率。之后，采用线性规划算法对此优化问题进行了求解。

7.3.2　目标时延估计的克拉美-罗下界

CRLB 是费希尔信息（Fisher Information，FI）的逆，可以用来确定目标参数估计性能的下限。根据文献[38]～[41]，当信噪比值较大时，对于无偏估计或渐近无偏估计，其最大似然估计的均方误差逼近 CRLB。因此，本章采用 CRLB 表征雷达系统的目标时延估计精度。如前文所述，假设目标探测信道和双基地信道的频率响应信息先验已知，则式（7.4）和式（7.5）中唯一未知的参数为目标时延 τ_{t}。

假设雷达系统量测矢量 $\boldsymbol{r}=[\boldsymbol{r}_{\mathrm{sur}}^{\mathrm{T}},\boldsymbol{r}_{\mathrm{rad}}^{\mathrm{T}}]^{\mathrm{T}}$ 服从复高斯分布，即 $\boldsymbol{r}\sim\mathcal{CN}(\boldsymbol{q}_{\mathrm{cp}}(\tau_{\mathrm{t}}),\boldsymbol{\Psi}_{\mathrm{cp}})$，式中，均值矢量 $\boldsymbol{q}_{\mathrm{cp}}(\tau_{\mathrm{t}})$ 和协方差矩阵 $\boldsymbol{\Psi}_{\mathrm{cp}}$ 可以表示为

$$\boldsymbol{q}_{\mathrm{cp}}(\tau_{\mathrm{t}})=\begin{bmatrix}\boldsymbol{S}\boldsymbol{\Lambda}_{\mathrm{rad}}\boldsymbol{H}_{\mathrm{rad}}\\ \boldsymbol{S}\boldsymbol{\Lambda}_{\mathrm{bis}}\boldsymbol{H}_{\mathrm{bis}}\end{bmatrix}\tag{7.6}$$

$$\boldsymbol{\Psi}_{\mathrm{cp}}=\begin{bmatrix}\sigma_{\mathrm{n}}^{2}\boldsymbol{I} & \boldsymbol{0}\\ \boldsymbol{0} & \sigma_{\mathrm{v}}^{2}\boldsymbol{I}\end{bmatrix}\tag{7.7}$$

式中，σ_{n}^{2} 和 σ_{v}^{2} 分别为雷达接收机噪声功率和信号重构过程中产生的残差功率。之后，根据文献[1][21]，双基地雷达系统的 FI 可以表示为

$$\begin{aligned}J_{\mathrm{cp}}(\tau_{\mathrm{t}})&=2\Re\left\{\frac{\partial\boldsymbol{q}_{\mathrm{cp}}(\tau_{\mathrm{t}})^{\mathrm{H}}}{\partial\tau_{\mathrm{t}}}\boldsymbol{\Psi}_{\mathrm{cp}}^{-1}\frac{\partial\boldsymbol{q}_{\mathrm{cp}}(\tau_{\mathrm{t}})}{\partial\tau_{\mathrm{t}}}\right\}\\&=2\left[\frac{(2\pi f)^{2}}{\sigma_{\mathrm{n}}^{2}}\boldsymbol{H}_{\mathrm{rad}}^{\mathrm{H}}\boldsymbol{N}_{\mathrm{c}}^{2}\boldsymbol{S}^{\mathrm{H}}\boldsymbol{S}\boldsymbol{H}_{\mathrm{rad}}+\frac{(\pi f)^{2}}{\sigma_{\mathrm{v}}^{2}}\boldsymbol{H}_{\mathrm{bis}}^{\mathrm{H}}\boldsymbol{N}_{\mathrm{c}}^{2}\boldsymbol{S}^{\mathrm{H}}\boldsymbol{S}\boldsymbol{H}_{\mathrm{bis}}\right]\\&=2\left[\sum_{k=0}^{N_{\mathrm{c}}-1}\frac{(2\pi f)^{2}}{\sigma_{\mathrm{n}}^{2}}k^{2}\,|H_{\mathrm{rad}}[k]|^{2}|S[k]|^{2}+\sum_{k=0}^{N_{\mathrm{c}}-1}\frac{(\pi f)^{2}}{\sigma_{\mathrm{v}}^{2}}k^{2}\,|H_{\mathrm{bis}}[k]|^{2}|S[k]|^{2}\right]\end{aligned}\tag{7.8}$$

式中，$\boldsymbol{N}_{\mathrm{c}}=\mathrm{diag}\{0,1,\cdots,N_{\mathrm{c}}-1\}$。

于是，双基地雷达系统目标时延估计的 CRLB 可以表示为

$$\mathrm{CRLB}_{\mathrm{cp}}(\tau_{\mathrm{t}})=J_{\mathrm{cp}}(\tau_{\mathrm{t}})^{-1}\tag{7.9}$$

为了验证将通信基站作为雷达接收机时所得双基地雷达的优势，本节还推导了单基地雷达目标时延估计的 CRLB。此时，通信基站无法接收并处理经目标反射的雷达回波信号，仅由雷达本身获得目标量测信息。在这种情况下，雷达系统量测矢量为 $\boldsymbol{r}=\boldsymbol{r}_{\text{sur}}$，也服从复高斯分布，即 $\boldsymbol{r}\sim\mathcal{CN}(\boldsymbol{q}_{\text{ro}}(\tau_{\text{t}}),\boldsymbol{\Psi}_{\text{ro}})$，式中，均值矢量 $\boldsymbol{q}_{\text{ro}}(\tau_{\text{t}})$ 和协方差矩阵 $\boldsymbol{\Psi}_{\text{ro}}$ 可以表示为

$$\boldsymbol{q}_{\text{ro}}(\tau_{\text{t}})=\boldsymbol{S}\boldsymbol{\Lambda}_{\text{rad}}\boldsymbol{H}_{\text{rad}} \tag{7.10}$$

$$\boldsymbol{\Psi}_{\text{ro}}=\sigma_{\text{n}}^{2}\boldsymbol{I} \tag{7.11}$$

类似地，单基地雷达系统的 FI 可以表示为

$$\begin{aligned}J_{\text{cp}}(\tau_{\text{t}})&=2\Re\left\{\frac{\partial\boldsymbol{q}_{\text{ro}}(\tau_{\text{t}})^{\text{H}}}{\partial\tau_{\text{t}}}\boldsymbol{\Psi}_{\text{ro}}^{-1}\frac{\partial\boldsymbol{q}_{\text{ro}}(\tau_{\text{t}})}{\partial\tau_{\text{t}}}\right\}\\&=2\left[\frac{(2\pi f)^{2}}{\sigma_{\text{n}}^{2}}\boldsymbol{H}_{\text{rad}}^{\text{H}}N_{\text{c}}^{2}\boldsymbol{S}^{\text{H}}\boldsymbol{S}\boldsymbol{H}_{\text{rad}}\right]\\&=2\left[\sum_{k=0}^{N_{\text{c}}-1}\frac{(2\pi f)^{2}}{\sigma_{\text{n}}^{2}}k^{2}\,|H_{\text{rad}}[k]|^{2}|S[k]|^{2}\right]\end{aligned} \tag{7.12}$$

于是，单基地雷达系统目标时延估计的 CRLB 可以表示为

$$\text{CRLB}_{\text{ro}}(\tau_{\text{t}})=J_{\text{ro}}(\tau_{\text{t}})^{-1} \tag{7.13}$$

由式（7.8）可以看出，经目标反射到达通信基站的雷达回波信号被当作有用信号，可被通信基站接收并处理。在这种情况下，雷达与通信基站可以看作一个双基地雷达系统。式（7.8）与雷达发射波形、目标探测信道频率响应、双基地信道频率响应、子载波频率间隔、子载波数目等参数有关。那么，最小化 CRLB 将会获得更高的目标时延估计精度。然而，这将导致雷达系统发射更高的功率，从而降低现代战场中雷达系统的射频隐身性能。

此外，需要注意的是，式（7.8）比式（7.12）多了 $2\left[\sum_{k=0}^{N_{\text{c}}-1}\frac{(\pi f)^{2}}{\sigma_{\text{v}}^{2}}k^{2}\,|H_{\text{bis}}[k]|^{2}|S[k]|^{2}\right]$ 项。因此，在同样的系统参数情况下，双基地雷达的目标时延估计 CRLB 低于单基地雷达[21]。也就是说，双基地雷达的目标时延估计精度优于单基地雷达。

7.3.3　优化模型的建立与求解

本章从提升雷达系统射频隐身性能的角度出发，提出了频谱共存环境下基于射频隐身的双基地雷达最优 OFDM 波形设计算法，其中，通信基站作为雷达接收机，能够接收并处理经目标反射的雷达信号。该算法通过优化 OFDM 雷达发射波形，在保证一定目标时延估计 CRLB 阈值的条件下，最小化雷达总发射功率，可建立波形优化设计模型，即

$$
\left.\begin{aligned}
(\mathbf{P0}) \qquad & \min_{|S[k]|^2, k\in F_k} \sum_{k=0}^{N_c-1} |S[k]|^2 , \\
\text{s.t. :} \ & \mathrm{CRLB}_{\mathrm{cp}}(\tau_t) \leqslant \delta_{\mathrm{CRLB}}, \\
& 0 \leqslant |S[k]|^2 \leqslant P_{\max,k}.
\end{aligned}\right\} \tag{7.14}
$$

式中，$F_k \triangleq \{0,1,\cdots,N_c-1\}$为$N_c$个子载波集合，$\delta_{\mathrm{CRLB}}$为目标时延估计 CRLB 阈值，$P_{\max,k}$为第$k$个子载波上雷达系统发射功率的最大值。需要说明的是，由式（7.14）可知，第一个约束条件表示双基地雷达系统获得的目标时延估计 CRLB 不能大于给定的 CRLB 阈值，从而满足系统的目标时延估计精度需求；第二个约束条件表示雷达系统在第k个子载波上发射功率的上、下限分别为$P_{\max,k}$和 0 。

由式（7.9）可知，$\mathrm{CRLB}_{\mathrm{cp}}(\tau_t)$是$J_{\mathrm{cp}}(\tau_t)$的倒数，则优化模型(**P0**)可以重写为

$$
\left.\begin{aligned}
(\mathbf{P1}) \qquad & \min_{|S[k]|^2, k\in F_k} \sum_{k=0}^{N_c-1} |S[k]|^2 , \\
\text{s.t. :} \ & J_{\mathrm{cp}}(\tau_t) \geqslant 1/\delta_{\mathrm{CRLB}}, \\
& 0 \leqslant |S[k]|^2 \leqslant P_{\max,k}.
\end{aligned}\right\} \tag{7.15}
$$

由式（7.15）可知，优化模型 (**P1**) 是典型的线性规划问题，无法得到最优 OFDM 雷达发射波形的解析表达式[42]-[44]。然而，可以采用内点法等线性规划算法对优化模型 (**P1**) 进行求解[45][46]。频谱共存环境下基于射频隐身的双基地雷达最优 OFDM 波形设计算法的迭代流程如算法 7.1 所示。

算法 7.1 双基地雷达最优 OFDM 波形设计算法

- 1．参数初始化：设置参数初始值δ_{CRLB}，N_c，f，σ_n^2，σ_v^2，$P_{\max,k}$；
- 2．循环：对$k=0,\cdots,N_c-1$，利用内点法计算$|S[k]|^2$；
- 3．结束循环；
- 4．输出结果：$\forall k$，得到最优解$|S^*[k]|^2$。

7.4 仿真结果与分析

7.4.1 仿真参数设置

为了验证频谱共存环境下基于射频隐身的双基地雷达最优 OFDM 波形设计算法的可行性和有效性，本节进行了仿真。设雷达与通信基站工作于同一频段，信号载频为$f_c = 3\ \mathrm{GHz}$。目标时延估计 CRLB 阈值为$\delta_{\mathrm{CRLB}} = 10^{-8}$。为方便起见，雷达与通信系统的参数设置如表 7.1 所示。如前文所述，为求解最优 OFDM 波形优化设计

模型，假设目标探测信道与双基地信道的频率响应信息先验已知。目标探测信道 h_{sur} 功率如图 7.2 所示，双基地信道 h_{bis} 功率如图 7.3 所示。

表 7.1　雷达与通信系统参数设置

参　数	数　值	参　数	数　值
N_{c}	128	f	0.5 MHz
$\sigma_{\mathrm{n}}^2[l]$	0.5 W	$\sigma_{\mathrm{v}}^2[l]$	0.5 W

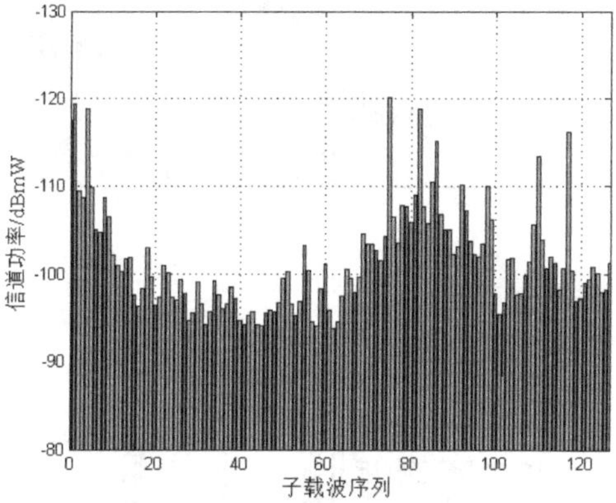

图 7.2　目标探测信道 h_{sur} 功率

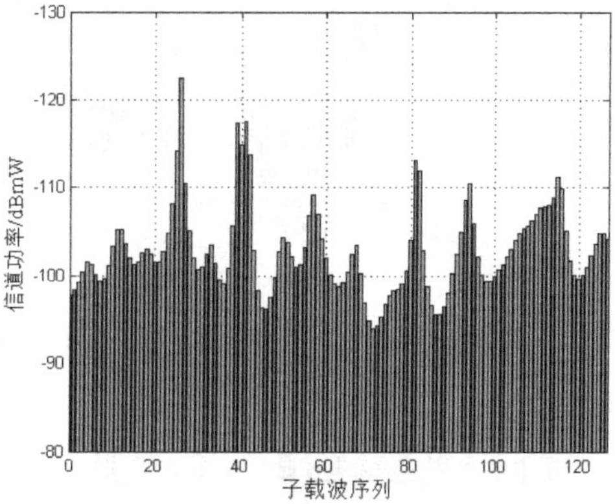

图 7.3　双基地信道 h_{bis} 功率

7.4.2　最优 OFDM 雷达波形优化结果

图 7.4 给出了当 $f = 0.5$ MHz 时基于射频隐身的双基地雷达最优 OFDM 波形设计结果，表明根据目标探测信道和双基地信道功率水平，雷达系统在各个子载波上发射功率的分配情况。为了在一定目标时延估计 CRLB 阈值的条件下最小化雷达总发射功率，频谱共存环境下基于射频隐身的双基地雷达最优 OFDM 波形设计算法依据注水原理进行功率分配[20][21][33]。从图 7.4（a）可以得到，雷达系统的发射功率配置主要由目标探测信道和双基地信道的频率响应决定，在分配过程中，发射功率主要分配给目标探测信道和双基地信道频率响应高的子载波。对比图 7.4（a）和图 7.4（b）可以看出，双基地雷达的总发射功率小于单基地雷达的总发射功率，前者仅为后者的 70%。这是由于在双基地雷达中，通信基站作为雷达接收机，能够接收并处理经目标反射的雷达信号，提升了雷达系统的目标时延估计精度[2]，从而在满足一定目标时延估计 CRLB 阈值的条件下，降低了雷达总发射功率，提高了其射频隐身性能。

此外，图 7.5 给出了当 $f = 0.6$ MHz 时基于射频隐身的双基地雷达最优 OFDM 波形设计结果。由以上仿真结果可以看出，当子载波频率间隔 f 增大时，雷达系统的总发射功率减小。这是由于随着子载波频率间隔 f 的增大，目标时延估计

CRLB 减小，从而使得满足给定目标时延估计 CRLB 阈值所需的雷达发射功率资源消耗降低。

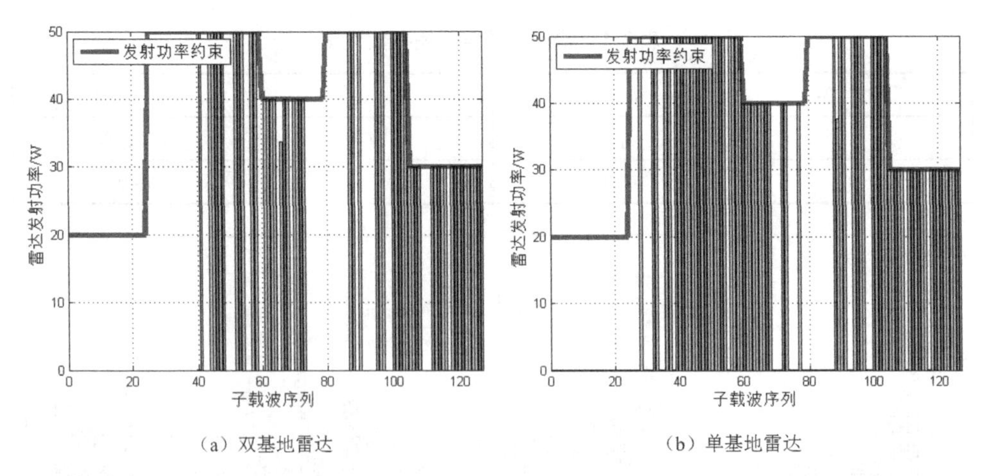

（a）双基地雷达　　（b）单基地雷达

图 7.4　当 $f = 0.5$ MHz 时基于射频隐身的双基地雷达最优 OFDM 波形设计结果

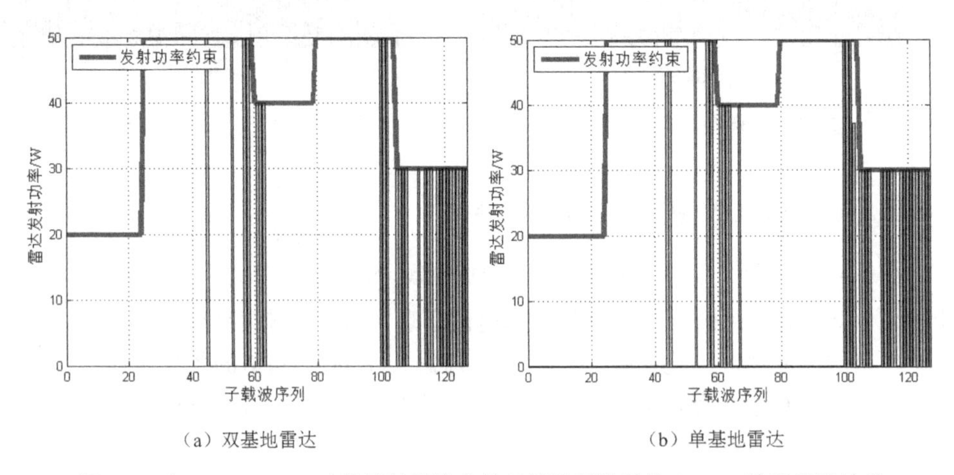

（a）双基地雷达　　（b）单基地雷达

图 7.5　当 $f = 0.6$ MHz 时基于射频隐身的双基地雷达最优 OFDM 波形设计结果

图 7.6 所示为不同雷达系统条件下目标回波信号强度对目标时延估计 CRLB 的影响。由图 7.6 可知，当雷达回波信号减弱时，双基地雷达与单基地雷达所得的目标时延估计 CRLB 之间的差距增大。这是由于当雷达回波信号减弱时，双基地雷达可通过通信基站接收并利用经目标反射的雷达回波信号，从而提升了雷达系统的目标时延估计精度。另外，这也说明了通信基站作为双基地雷达接收机，通过接收并处理经目标反射的雷达回波信号，可在一定程度上抵消微弱雷达回波信号引起的系统射频隐身性能的降低。

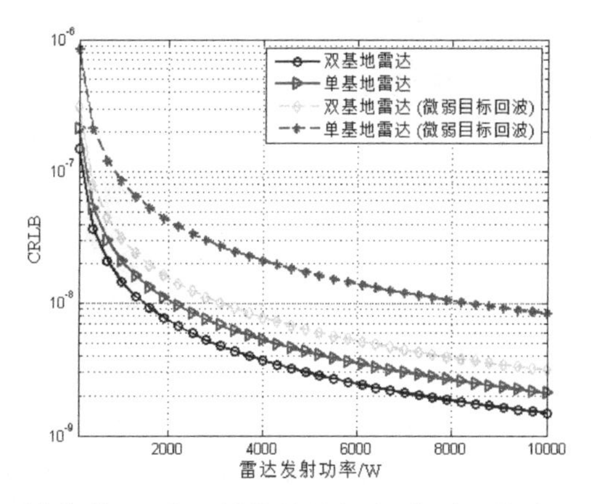

图 7.6　不同雷达系统条件下目标回波信号强度对目标时延估计 CRLB 的影响

7.4.3　射频隐身性能分析

图 7.7 给出了不同 f 下不同算法的雷达总发射功率对比。具体来说，在一定目标时延估计 CRLB 阈值的情况下，频谱共存环境下基于射频隐身的双基地雷达最优 OFDM 波形可以得到最小的总发射功率，从而获得最好的射频隐身性能。从图中可以看出，基于射频隐身的双基地雷达最优 OFDM 波形所得的雷达射频隐身性能明显优于单基地雷达最优 OFDM 波形所得的雷达射频隐身性能。均匀功率分配 OFDM 雷达波形设计算法是在没有任何关于目标探测信道频率响应和双基地信道频率响应等先验知识的情况下，将雷达总发射功率均匀分配在所有子载波上，因此，它的射频隐身性能最差。如图 7.7 所示，当 $f = 0.5$ MHz 和 $f = 0.6$ MHz 时，采用频谱共存环境下基于射频隐身的双基地雷达最优 OFDM 波形设计算法可将雷达总发射功率分别降为均匀功率分配 OFDM 雷达波形设计算法的 43.2% 和 20.2%，从而进一步验证了本章所提算法的优越性。

图 7.8 所示为不同 f 下最优 OFDM 雷达波形设计算法对其射频隐身性能的提升效果对比。其中，定义雷达系统射频隐身性能的提升率为

$$\eta = \frac{\alpha(\cdot) - \alpha_{\text{Predef}}}{\alpha_{\text{Predef}}} \times 100\% \tag{7.16}$$

式中，$\alpha(\cdot)$ 表示采用指定算法所得的施里海尔截获因子，α_{Predef} 表示采用均匀功率分配 OFDM 雷达波形算法所得的施里海尔截获因子。其中，关于施里海尔截获因子的计算可参考文献[47]。由式（7.16）可以看出，η 值越大，雷达系统的射频隐身性能就越好。换句话说，雷达总发射功率较小的波形设计结果可以得到更大的 η 值，从而获得更优的射频隐身性能。从图 7.8 可以看出，基于射频隐身的双基地雷达最优 OFDM 波形所得的 η 值明显大于单基地雷达最优 OFDM 波形所得的 η 值。

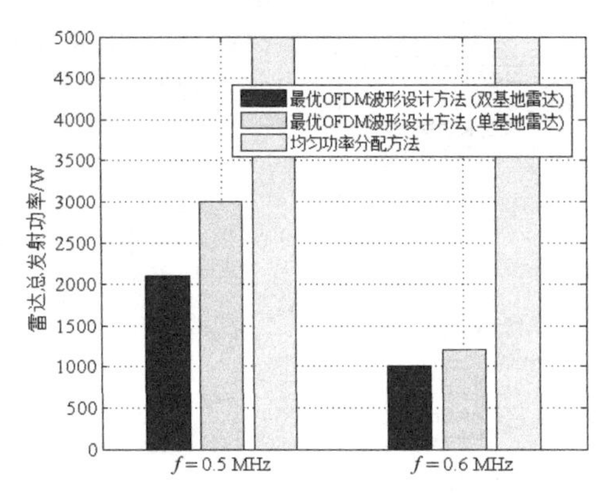

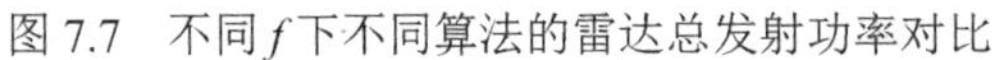
图 7.7 不同 f 下不同算法的雷达总发射功率对比

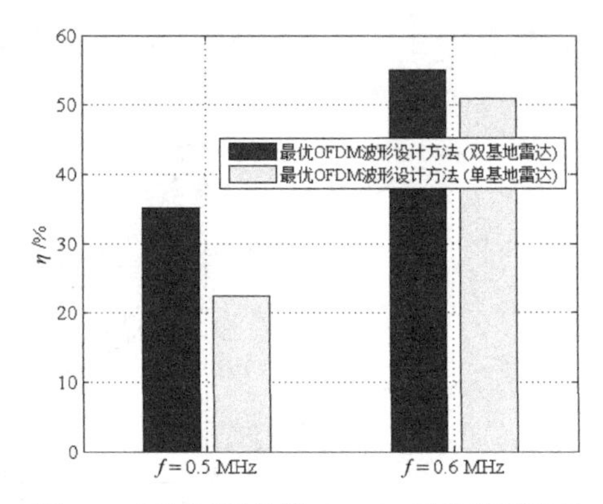

图 7.8 不同 f 下最优 OFDM 雷达波形设计算法对射频隐身性能的提升效果对比

参考文献

[1] 刘永军，廖桂生，杨志伟. 基于 OFDM 的雷达通信一体化波形模糊函数分析[J]. 系统工程与电子技术，2016, 38(9): 2008-2018.

[2] Liu Y J, Liao G S, Xu J W, et al. Adaptive OFDM integrated radar and communications waveform design based on information theory [J]. IEEE Communications Letters, 2017, 21(10): 2174-2177.

[3] Liu Y J, Liao G S, Yang Z W, et al. Multiobjective optimal waveform design for OFDM integrated radar and communication systems [J]. Signal Processing, 2017, 141: 331-342.

[4] 付月，崔国龙，盛彪. 基于 LFM 信号相位/调频率调制的探通一体化共享信号设计[J]. 现代雷达，2018, 40(6): 41-46, 53.

[5] 刘冰凡，陈伯孝. 基于 OFDM-LFM 信号的 MIMO 雷达通信一体化信号共享设计研究[J]. 电子与信息学报，2019, 41(4): 801-808.

[6] 朱柯弘，王杰，梁兴东，等. 用于 SAR 与通信一体化系统的滤波器组多载波波形[J]. 雷达学报，2018, 7(5): 602-612.

[7] Zhou Y F, Zhou F H, Wu Y P, et al. Resource allocation for a wireless powered integrated radar and communication system [J]. IEEE Wireless Communications Letters, 2019, 8(1): 253-256.

[8] Turlapaty A, Jin Y W. A joint design of transmit waveforms for radar and communications systems in coexistence [C]. IEEE Radar Conference (RadarConf), 2014: 315-319.

[9] Paul B, Chiriyath A R, Bliss D W. Survey of RF communications and sensing

convergence research [J]. IEEE Access, 2017, 5: 252-270.

[10] Li C, Raymondi N, Xia B, et al. Outer bounds for MIMO communicating radars: Three-node uplink [C]. 2018 52nd Asilomar Conference on Signals, Systems, and Computers, 2018: 934-938.

[11] Raymondi N, Li C, Sabharwal A. Outer bounds for MIMO communicating radars: Three-node downlink [C]. 2018 52nd Asilomar Conference on Signals, Systems, and Computers, 2018: 939-943.

[12] Sturm C, Zwick T, Wiesbeck W. An OFDM system concept for joint radar and communications operations [J]. VTC Spring, 2009: 1-5.

[13] Sen S, Nehorai A. Adaptive design of OFDM radar signal with improved wideband ambiguity function [J]. IEEE Transactions on Signal Processing, 2010, 58(2): 928-933.

[14] Lellouch G, Tran P, Pribic R, et al. OFDM waveforms for frequency agility and opportunities for Doppler processing in radar [C]. IEEE Radar Conference (RadarConf), 2008: 1-6.

[15] Gogineni S, Rangaswamy M, Nehorai A. Multi-modal OFDM waveform design [C]. IEEE Radar Conference (RadarCon), 2013: 1-5.

[16] Huang K W, Bica M, Mitra U, et al. Radar waveform design in spectrum sharing environment: Coexistence and cognition [C]. IEEE Radar Conference (RadarConf), 2015: 1698-1703.

[17] Bica M, Huang K W, Koivunen V, et al. Mutual information based radar waveform design for joint radar and cellular communication systems [C]. IEEE International Conference on Acoustics, Speech and Signal Processing (ICASSP), 2016: 3671-3675.

[18] Chiriyath A R, Paul B, Jacyna G M, et al. Inner bounds on performance of radar and communications co-existence [J]. IEEE Transactions on Signal Processing, 2016, 64(2): 464-474.

[19] Romero R A, Shepherd K D. Friendly spectrally shaped radar waveform with legacy communication systems for shared access and spectrum management [J]. IEEE Access, 2015, 3: 1541-1554.

[20] Bica M, Koivunen V. Radar waveform optimization for target parameter estimation in cooperative radar-communications systems [J]. IEEE Aerospace and Electronics Systems Magazine , 2018, DOI: 10.1109/TAES.2018.2884806.

[21] Bica M, Koivunen V. Additional DoF in cooperative radar-communications systems [C]. IEEE 52nd Asilomar Conference on Signals, Systems, and Computers,

2018: 1042-1046.

[22] Schleher D C. LPI radar: fact or fiction [J]. IEEE Aerospace and Electronics Systems Magazine , 2006, 21(5): 3-6.

[23] Stove A G, Hume A L, Baker C J. Low probability of intercept radar strategies [J]. IEE Proceedings of Radar, Sonar and Navigation, 2004, 151(5): 249-260.

[24] Key E L . Detecting and classifying low probability of intercept radar [J]. IEEE Aerospace and Electronic Systems Magazine, 2004, 19(5): 42-44.

[25] Pace P E, Tan C K, Ong C K. Microwave-photonics direction finding system for interception of low probability of intercept radio frequency signals [J]. Optical Engineering, 2018, 57, (2): 1-8.

[26] Shi C G, Wang F, Salous S, et al. Joint transmitter selection and resource management strategy based on low probability of intercept optimization for distributed radar networks [J]. Radio Science, 2018, 53(9): 1108-1134.

[27] Zhang Z K, Tian Y B. A novel resource scheduling method of netted radars based on Markov decision process during target tracking in clutter [J]. EURASIP Journal on Advances in Signal Processing, 2016, doi: 10.1186/s13634-016-0309-3.

[28] Zhang Z K, Salous S, Li H L, et al. Optimal coordination method of opportunistic array radars for multi-target-tracking-based radio frequency stealth in clutter [J]. Radio Science, 2016, 50(11): 1187-1196.

[29] Shi C G, Qiu W, Wang F, et al. Stackelberg game-theoretic low probability of intercept performance optimization for multistatic radar system [J]. Electronics, 2019, 8, 397, DOI: 10.3390/electronics8040397.

[30] Lawrence D E. Low probability of intercept antenna array beamforming [J]. IEEE Transactions on Antennas and Propagation, 2010, 58(9): 2858-2865.

[31] Xiong J, Wang W Q, Cui C, et al. Cognitive FDA-MIMO radar for LPI transmit beamforming [J]. IET Radar Sonar and Navigation, 2017, 11(10): 1574-1580.

[32] Zhou C W, Gu Y J, He S B, et al. A robust and efficient algorithm for coprime array adaptive beamforming [J]. IEEE Transactions on Vehicular Technology, 2018, 67(2): 1099-1112.

[33] Shi C G, Wang F, Sellathurai M, et al. Power minimization-based robust OFDM radar waveform design for radar and communication systems in Coexistence [J]. IEEE Transactions on Signal Processing, 2018, 66(5): 1316-1330.

[34] Shi C G, Wang F, Salous S, et al. Low probability of intercept-based optimal OFDM waveform design strategy for an integrated radar and communications system [J]. IEEE Access, 2018, 6: 57689-57699.

[35] 时晨光，周建江，汪飞，等. 机载雷达组网射频隐身技术[M]. 北京：国防工业出版社，2019.

[36] 姜秋喜. 网络雷达对抗系统导论[M]. 北京：国防工业出版社，2010.

[37] Gini F, Maio A D, Patton L. 先进雷达系统波形分集与设计[M]. 位寅生，于雷，译. 北京：国防工业出版社，2019.

[38] 陈浩文，黎湘，庄钊文，等. 多发多收雷达系统分析及应用[M]. 北京：科学出版社，2016: 3-22.

[39] 陈浩文. MIMO 阵列雷达目标参数估计与系统设计研究[D]. 长沙: 国防科学技术大学，2012.

[40] 孙斌. 分布式 MIMO 雷达目标定位与功率分配研究[D]. 长沙：国防科学技术大学，2014.

[41] He Q, Blum R S. The significant gains from optimally processed multiple signals of opportunity and multiple receive stations in passive radar [J]. IEEE Signal Processing Letters, 2014, 21(2): 180-184.

[42] Kenarsari-Anhari A, Lampe L. Power allocation for coded OFDM via linear programming [J]. IEEE Communications Letters, 2009, 13(12): 887-889.

[43] Yin S X, Qu Z W. Resource allocation in multiuser OFDM systems with wireless information and power transfer [J]. IEEE Communications Letters, 2016, 20(3): 594-597.

[44] Karmarkar N K.A new polynomial time algorithm for linear programming [J]. Combinatorica, 1984, 4:373-395.

[45] 马昌凤. 最优化方法及其 Matlab 程序设计[M]. 北京：科学出版社，2010.

[46] 温正，孙华克. MATLAB 智能算法[M]. 北京：清华大学出版社，2017.

[47] Shi C G, Zhou J J, Wang F. Low probability of intercept optimization for radar network based on mutual information [C]. 2014 IEEE China Summit and International Conference on Signal and Information (ChinaSIP), 2014: 683-687.

第8章　基于射频隐身的雷达通信一体化系统最优OFDM波形设计

8.1　引　　言

在未来信息化战争条件下，任何一种射频装备或多种射频装备的简单组合、叠加，已难以对抗敌方高技术综合射频装备，难以确保实施有效、可靠的战场态势感知和高速、安全的数据通信[1]。另外，随着各类作战平台上配备的射频装备数量的急剧增加，这无疑会增加彼此之间的干扰，占据更多的空间，同时造成系统发射资源的浪费。因此，为适应现代化联合作战的需要，有必要研究不同射频装备的综合一体化技术。射频装备一体化不仅能够将不同类型、不同用途的射频装备进行有机整合，有利于实时控制射频装备的工作状态，合理分配系统资源，而且可以实现射频装备的通用性和小型化[2]-[5]。事实上，美国从20世纪70年代开始就着手研究作战平台射频装备一体化技术，先后开发了电子系统分立式架构、联合式架构和综合式架构等，从较低层次的综合发展到高度综合化的射频系统，并在F-22和F-35中得到了应用，实现了射频孔径的高度综合和信号处理级的信息处理综合[2]。因此，雷达与通信系统的一体化不仅是适应高技术条件下现代战争环境的必然要求，同时也是信息时代射频装备发展的必然趋势。

近年来，雷达通信一体化系统研究得到了国内外学者的广泛关注。2016年，美国的Paul B等人[6]指出，随着射频频谱资源日趋紧张，雷达通信一体化是解决射频频谱拥塞问题的有效方法。Chiriyath A R等人[7]研究了雷达通信一体化系统的性能评估指标，分别定义雷达参数估计信息率和数据信息率来表征一体化系统中的目标探测跟踪性能和通信性能。2018年，Raymondi N等人[8][9]对文献[7]中的结果进行了拓展和延伸，定义了基于MIMO体制的雷达通信一体化系统性能评估指标，并以三个节点为例，分别推导了上行链路和下行链路情况下的雷达估计信息率和通信速率。Amin M G等人[10]研究了雷达通信一体化系统中的发射天线旁瓣控制与波形分集问题，该系统通过发射天线主瓣进行雷达目标探测跟踪，同时利用发射天线旁瓣进行无线数据通信。仿真结果表明，与现有算法相比，所提算法可以有效提升雷达目标分辨率，同时大大降低通信误码率。2018年，Ji S L等人[11]研究了频控阵MIMO雷达通信一体化系统，该系统利用需要传输的信息对相邻阵元间的频率偏移进行调制，同时利用发射信号对目标参数进行估计。另外，文中还推导了表征目标距离和角度估计性能的克拉美-罗下界。仿真结果表明，频控阵 MIMO 雷达通信一体化系统可在不降低目标估计精度的条件下，实现可靠的数据通信功能。文献[12]则研究了 MIMO 雷达通信一体化系统的物理层安全问题，旨在保证一定目标探测性能的情况下实现安全通信。为此，文中分别提出了三种物理层安全优化算法，并通过仿真实验验证了各算法的可行性和有效性。2019 年，电子科技大学的何倩等人[13]研究了 MIMO 雷达通信联合系统的目标参数估计问题，文中指出，利用经目标反射到达各雷达接收机的通信信号可有效提升目标参数估计精度；同样，利用雷达发射信号也可提升通信系统的数据传输速率。北京航空航天大学的王向荣等人[14]则采用稀疏阵列优化方法对 MIMO 雷达通信一体化系统进行了设计。

对于雷达通信一体化系统而言，其核心在于一体化发射波形的优化设计[15][16]。2016 年，西安电子科技大学的刘永军等人[17]对基于 OFDM 的雷达通信一体化波形模糊函数进行了分析，讨论了通信调制信息对一体化波形模糊函数的影响。2017 年，刘永军等人[18]提出了基于信息论的雷达通信一体化系统自适应 OFDM 波形优化设计算法，在满足系统发射资源约束的条件下，通过优化发射波形，最大化目标参数估计 MI 和数据传输速率。仿真实验表明，所提算法可实现目标探测性能与通信性能之间的良好折中。随后，他们又提出了一种雷达通信一体化系统多目标波形优化设计算法[19]，通过 OFDM 波形设计，对目标参数估计精度和通信信道容量进行优化。2018 年，Liu F 等人[20]提出了一种针对 MIMO 雷达通信一体化系统的最优波形设计方法，并对不同发射天线方向图和功率资源约束下的系统性能进行了分析，所提算法可同时实现雷达目标探测与多节点下行数据通信功能。电子科技大学的崔国龙等人[21]提出了一种基于 LFM 信号相位/调频斜率调制的雷达通信一体化共享信号设计，通过设计附加相位或调频斜率实现基准 LFM 信号的调制，构建一个具有良好自相关和互相关性能的共享信号库。西安电子科技大学的陈伯孝等人[22]提出了基于 OFDM-LFM 信号的 MIMO 雷达通信一体化信号设计算法。该算法将数据嵌入发射信号中，改变了发射信号的初始频率，而不影响信号之间的正交性，从而没有改变 MIMO 雷达的全向方向图，同时使得通信方向是全向的。中国科学院电子学研究所的朱柯弘等人[23]利用滤波器组多载波波形实现合成孔径雷达与通信一体化，针对一体化系统中的多径效应与多普勒偏移对多载波波形的影响进行了研究，并针对大频偏情况提出了适用于多载波一体化波形的多普勒补偿算法。2019 年，南昌大学的周福辉等人[24]在文献[18]的基础上，研究了基于波束形成和发射波形联合优化的雷达通信一体化系统资源分配方法。Dokhanchi S H 等人[25]研究了车载雷达通信一体化系统中的自适应波形设计问题。西安电子科技大学的杨慧婷等人[26]研究了参数调制多载波雷达通信一体化信号设计问题，提出了一种基于 Chirp 信号的多载波雷达通信一体化信号，并对该信号的模糊函数及其处理过程进行了分析。仿真结果表明，该信号具有较低的误码率和较高的稳健性。

总的来说，上述成果提出了雷达通信一体化系统的基本概念，并通过系统架构、资源分配、波形优化等方法，提高了一体化系统的目标探测跟踪性能和通信性能，为后续的研究打下了坚实的基础。然而，至今尚未有基于射频隐身的雷达通信一体化系统最优 OFDM 波形设计的公开报道，这促使我们首次研究这个问题。

本章符号说明：$x(t)$ 表示时域连续信号，$X[k]$ 为 $x(t)$ 的离散傅里叶变换；$\boldsymbol{x}$ 表示一个已知维度的列矢量，x_k 表示矢量 $\boldsymbol{x}$ 的第 k 个元素。符号 $*$ 代表卷积运算，上标 $(\cdot)^{\mathrm{T}}$ 和 $(\cdot)^*$ 分别代表转置和最优解。

8.2 系统模型描述

考虑一部雷达通信一体化系统，如图 8.1 所示。该系统在同一带宽内通过发射一体化波形，同时完成目标探测跟踪和无线通信任务。具体而言，雷达通信一体化系统发射并接收经目标反射的 OFDM 信号以对目标进行探测跟踪。同时，该系统通过向通信基站发射 OFDM 信号来进行数据传输。另外，假设雷达通信一体化系统发射机的高增益、窄波束定向天线主瓣指向目标用于探测跟踪，旁瓣指向通信基站用于数据传输。

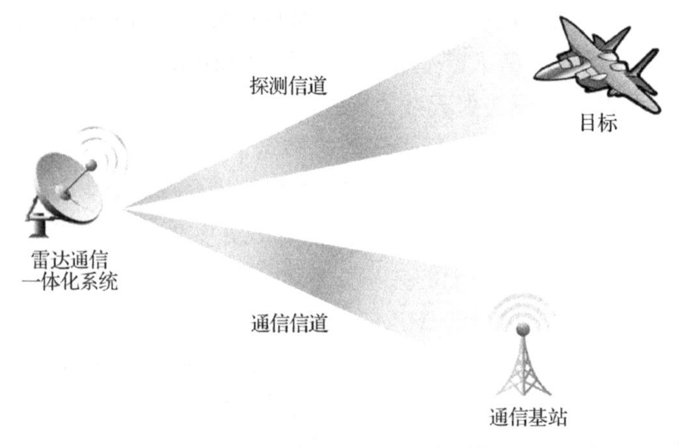

图 8.1 雷达通信一体化系统模型

假设雷达通信一体化系统采用具有 K 个子载波的 OFDM 信号形式，则一体化发射信号 $s_{\mathrm{rc}}(t)$ 可以表示为

$$s_{\mathrm{rc}}(t)=\frac{1}{\sqrt{K}}\sum_{k=0}^{K-1}A_k\mathrm{e}^{\mathrm{j}2\pi(f_{\mathrm{c}}+k\Delta f)t} \tag{8.1}$$

式中，A_k 表示 OFDM 信号第 k 个子载波上的幅度，f_{c} 为载波频率，Δf 为相邻两子载波之间的频率间隔。

式（8.1）的离散形式可表示为

$$\boldsymbol{S}_{\mathrm{rc}} = \boldsymbol{Q}_K \boldsymbol{A} \tag{8.2}$$

式中，$\boldsymbol{Q}_K$ 表示维度为 $K \times K$ 的逆离散傅里叶变换（Inverse Discrete Fourier Transform，IDFT）矩阵，即

$$\boldsymbol{Q}_K = \frac{1}{\sqrt{K}} \begin{bmatrix} 1 & 1 & \cdots & 1 \\ 1 & Q_K & \cdots & Q_K^{K-1} \\ 1 & Q_K^2 & \cdots & Q_K^{2(K-1)} \\ \vdots & \vdots & & \vdots \\ 1 & Q_K^{K-1} & \cdots & Q_K^{(K-1)(K-1)} \end{bmatrix} \tag{8.3}$$

式中，$Q_K = \mathrm{e}^{\mathrm{j}2\pi/K}$，$\boldsymbol{A} = [A_0, A_1, \cdots, A_{K-1}]^{\mathrm{T}}$ 表示维度为 $K \times 1$ 的矢量。

不失一般性，本章考虑单目标和单通信基站的情况，而这种情况下的模型和推导很容易扩展至多目标和多个通信基站的情况。因此，对于如图 8.1 所示的系统模型，雷达通信一体化接收机接收到的信号时域表达式为

$$\begin{aligned} r(t) &= s_{\mathrm{rc}}(t) * g(t) + v(t) \\ &= \int_{-\infty}^{+\infty} g(t) \cdot s_{\mathrm{rc}}(t-\tau)\mathrm{d}t + v(t) \end{aligned} \tag{8.4}$$

式中，$r(t)$ 为一体化接收机接收到的信号，$g(t)$ 为目标探测信道的频率响应，$v(t)$ 为环境中的有色噪声。

8.3　基于射频隐身的雷达通信一体化最优 OFDM 波形设计算法

8.3.1　问题描述

从数学角度来说，基于射频隐身的雷达通信一体化系统最优 OFDM 波形设计算法可以描述为：考虑雷达通信一体化系统相对于目标和通信基站的信道频率响应、路径传播损耗及有色噪声 PSD 等信息先验已知的情况，提出了基于射频隐身的雷达通信一体化系统最优 OFDM 波形设计算法，即在保证一定目标参数估计 MI 阈值和数据传输速率阈值的条件下，通过优化 OFDM 发射波形，最小化雷达通信一体化系统的总发射功率。之后，采用 KKT 条件对此凸优化问题进行求解。

8.3.2　优化模型的建立

根据刘永军等人[18]的推导，本章利用雷达接收到的目标反射回波和目标探测

信道频率响应之间的 MI 表征目标的参数估计性能，MI 值越大，说明回波中所包含的目标探测信道信息越多，相关的信息损失就越少。因此，MI 的数学表达式为

$$\mathcal{I}(r(t);g(t)\,|\,s_{\mathrm{rc}}(t))=\sum_{k=0}^{K-1}\ln\left(1+\frac{|A[k]|^2|H_{\mathrm{rc}}[k]|^2\,L_{\mathrm{rc}}[k]}{\sigma_{\mathrm{v}}^2[k]}\right)\tag{8.5}$$

式中，K 为子载波数目，$|A[k]|^2$ 为雷达通信一体化系统在第 k 个子载波上的功率，$H_{\mathrm{rc}}[k]$ 为第 k 个子载波上目标探测信道的频率响应，$\sigma_{\mathrm{v}}^2[k]$ 为第 k 个子载波上的有色噪声功率，$L_{\mathrm{rc}}[k]$ 为第 k 个子载波上目标探测信道的传播损耗，即

$$L_{\mathrm{rc}}[k]=\frac{G_{\mathrm{t}}G_{\mathrm{r}}\lambda_k^2}{(4\pi)^3R_{\mathrm{rc}}^4}\tag{8.6}$$

式中，G_{t} 为雷达通信一体化系统发射天线主瓣增益，G_{r} 为雷达通信一体化系统接收天线主瓣增益，λ_k 为第 k 个子载波所对应的波长，R_{rc} 为目标与雷达通信一体化系统之间的距离。如前所述，本章假设雷达通信一体化系统相对于目标和通信基站的信道频率响应、路径传播损耗及有色噪声 PSD 等信息先验已知。值得注意的是，式（8.5）中 $|H_{\mathrm{rc}}[k]|^2\,L_{\mathrm{rc}}[k]/\sigma_{\mathrm{v}}^2[k]$ 可以看作第 k 个子载波上目标探测信道的信噪比。

根据文献[18][24]，本章采用数据传输速率作为无线通信性能的表征指标。特别地，在频率选择性衰落信道中，可通过优化各子载波上的功率分配来提升通信系统的数据传输速率。因此，第 k 个子载波上的数据传输速率可以表示为

$$R_{\mathrm{t}}[k]=\ln\left(1+\frac{|A[k]|^2\,L_{\mathrm{c}}[k]}{\sigma_{\mathrm{v}}^2[k]}\right)\tag{8.7}$$

式中，$L_{\mathrm{c}}[k]$ 为第 k 个子载波上通信信道的传播损耗，即

$$L_{\mathrm{c}}[k]=\frac{G_{\mathrm{st}}G_{\mathrm{sr}}\lambda_k^2}{(4\pi)^2R_{\mathrm{c}}^2}\tag{8.8}$$

式中，G_{st} 为雷达通信一体化系统发射天线旁瓣增益，G_{sr} 为通信基站接收天线增益，R_{c} 为通信基站与雷达通信一体化系统之间的距离。类似地，式（8.7）中 $L_{\mathrm{c}}[k]/\sigma_{\mathrm{v}}^2[k]$ 也可以看作第 k 个子载波上通信信道的信噪比。

由式（8.5）可以看出，雷达通信一体化系统获得的 MI 与一体化发射波形、目标探测信道的频率响应、路径传播损耗及有色噪声 PSD 等参数有关，那么，最大化 MI 可以使雷达通信一体化系统获得更好的目标参数估计性能。然而，这将导致系统辐射更大的功率，从而降低其射频隐身性能[27]-[38]。类似地，由式（8.7）可以看出，雷达通信一体化系统获得的数据传输速率与一体化发射波形、通信信道的频率响应、路径传播损耗及有色噪声 PSD 等参数有关，那么，最大化数据传输速率可以使雷达通信一体化系统获得更好的通信性能。同样地，这将大大降低系统的射频隐身性能。

本章从提升雷达通信一体化系统射频隐身性能的角度，建立如下波形优化设

计模型：

$$\left.\begin{aligned}
&(\mathbf{P0}) \qquad \min_{|A[k]|^2, k\in F_k} \sum_{k=0}^{K-1} |A[k]|^2 \ , \\
&\text{s.t.}\ : \sum_{k=0}^{K-1} \ln\left(1+\frac{|A[k]|^2 |H_{\mathrm{rc}}[k]|^2 L_{\mathrm{rc}}[k]}{\sigma_{\mathrm{v}}^2[k]}\right) \geqslant \phi_{\mathrm{MI}}, \\
&\ln\left(1+\frac{|A[k]|^2 L_{\mathrm{c}}[k]}{\sigma_{\mathrm{v}}^2[k]}\right) \geqslant R_{\min}[k], \\
&0 \leqslant |A[k]|^2 \leqslant P_{\max,k}.
\end{aligned}\right\} \tag{8.9}$$

式中，$F_k \triangleq \{0,1,\cdots,K-1\}$ 为 K 个子载波集合，ϕ_{MI} 为目标参数估计 MI 阈值，$R_{\min}[k]$ 为第 k 个子载波上的数据传输速率阈值，$P_{\max,k}$ 为第 k 个子载波上雷达通信一体化系统发射功率的最大值。需要说明的是，由式（8.9）可知，第一个约束条件表示雷达通信一体化系统获得的 MI 不能小于给定的 MI 阈值，从而满足系统的目标参数估计性能需求；第二个约束条件表示雷达通信一体化系统在第 k 个子载波上的数据传输速率要大于或等于给定的数据传输速率阈值，从而保证系统的通信性能需求；最后一个约束条件表示雷达通信一体化系统在第 k 个子载波上发射功率的上、下限分别为 $P_{\max,k}$ 和 0 。

8.3.3　优化模型的求解

式（8.9）可重写为

$$\left.\begin{aligned}
&(\mathbf{P1}) \qquad \min_{|A[k]|^2, k\in F_k} \sum_{k=0}^{K-1} |A[k]|^2 \ , \\
&\text{s.t.}\ : \sum_{k=0}^{K-1} \ln\left(1+\frac{|A[k]|^2 |H_{\mathrm{rc}}[k]|^2 L_{\mathrm{rc}}[k]}{\sigma_{\mathrm{v}}^2[k]}\right) \geqslant \phi_{\mathrm{MI}}, \\
&\frac{\sigma_{\mathrm{v}}^2[k](e^{R_{\min}[k]-1})}{L_{\mathrm{c}}[k]} \leqslant |A[k]|^2 \leqslant P_{\max,k}.
\end{aligned}\right\} \tag{8.10}$$

为简化计算，定义如下变量，即

$$\left.\begin{aligned}
l_k &= \frac{\sigma_{\mathrm{v}}^2[k]}{|H_{\mathrm{rc}}[k]|^2 L_{\mathrm{rc}}[k]} \\
m_k &= \frac{\sigma_{\mathrm{v}}^2[k](\mathrm{e}^{R_{\min}[k]-1})}{L_{\mathrm{c}}[k]}
\end{aligned}\right\} \tag{8.11}$$

令 $a_k = |A[k]|^2$，经化简，式（8.10）可以写为

$$\left.\begin{aligned}&(\mathbf{P2}) \qquad \min_{a_k, k\in F_k} \sum_{k=0}^{K-1} a_k \ ,\\ &\text{s.t.} \ : \sum_{k=0}^{K-1} \ln\left(1+\frac{a_k}{l_k}\right) \geqslant \phi_{\text{MI}},\\ &\qquad m_k \leqslant a_k \leqslant P_{\max,k}, k\in F_k\end{aligned}\right\} \tag{8.12}$$

引理 8.1：优化模型 (**P2**) 为凸优化问题。

证明：由于每个子载波上的发射功率对 MI 表达式（8.5）的影响与其他子载波上的发射功率相互独立，则有

$$\frac{\partial}{\partial a_l}\left[\ln\left(1+\frac{a_k}{l_k}\right)\right] = 0, k \neq l \tag{8.13}$$

于是，有

$$\frac{\partial}{\partial a_k}\left[\ln\left(1+\frac{a_k}{l_k}\right)\right] = \frac{1}{a_k + l_k} > 0 \tag{8.14}$$

$$\frac{\partial^2}{\partial a_k^2}\left[\ln\left(1+\frac{a_k}{l_k}\right)\right] = \frac{-1}{[a_k + l_k]^2} < 0 \tag{8.15}$$

$$\frac{\partial^2}{\partial a_k a_l}\left[\ln\left(1+\frac{a_k}{l_k}\right)\right] = 0, k \neq l \tag{8.16}$$

式（8.14）表明 MI 是每个子载波上雷达发射功率 $a_k (k\in F_k)$ 的单调递增函数，式（8.15）和式（8.16）表明 MI 相对于 a_k 的 Hessian 矩阵是具有非正元素的对角阵[39]。因此，$\mathcal{I}(r(t); g(t) \mid s_{\text{rc}}(t))$ 相对于 a_k 是单调递增的凹函数。

另外，式（8.12）中的 MI 限制条件为 $a_k (k\in F_k)$ 上的凸可行集，雷达通信一体化系统发射功率限制为 $2K$ 个半空间的交集，而且目标函数是仿射的[39][40]。从而，优化模型 (**P2**) 为凸优化问题。

定理 8.1：假设雷达通信一体化系统相对于目标和通信基站的信道频率响应、路径传播损耗及有色噪声 PSD 等信息先验已知，在保证一定目标参数估计性能和各子载波上数据传输速率的条件下，最小化雷达通信一体化系统总发射功率的最优 OFDM 波形应满足：

$$a_k^* = \begin{cases} m_k, & l_k \geqslant \xi_3^* - m_k, \\ \xi_3^* - l_k, & \xi_3^* - P_{\max,k} < l_k < \xi_3^* - m_k, \\ P_{\max,k}, & l_k \leqslant \xi_3^* - P_{\max,k}. \end{cases} \tag{8.17}$$

式中，ξ_3^* 是一个常数，其大小取决于预先设定的目标参数估计 MI 阈值：

$$\sum_{k=0}^{K-1} \ln\left(1+\frac{a_k^*}{l_k}\right) \geqslant \phi_{\text{MI}} \tag{8.18}$$

其中，所有带上标“*”的变量分别表示各自的最优值。

证明：通常，对于如式（8.12）的优化问题，可采用次梯度算法或内点法求解。然而，传统的求解算法只能通过数值迭代达到最优解，无法获得最优解的解析表达式[41]。在此，为了获得最优解的闭式解析表达式，采用 KKT 条件求解约束优化问题（8.12）。

引入拉格朗日乘子 $\xi_1 \geqslant 0$，$\xi_2 \geqslant 0$ 和 $\xi_3 \geqslant 0$，则优化模型 **(P2)** 的拉格朗日表示形式为

$$L(a_k,\xi_1,\xi_2,\xi_3)=\sum_{k=0}^{K-1}a_k+\xi_1\cdot(m_k-a_k)+\xi_2\cdot(a_k-P_{\max,k})+\xi_3\cdot\left[\phi_{\mathrm{MI}}-\sum_{k=0}^{K-1}\ln\left(1+\frac{a_k}{l_k}\right)\right] \tag{8.19}$$

需要说明的是，由于优化模型 **(P2)** 是凸优化问题，则 KKT 条件是最优解 $a_k^*(k\in F_k)$，ξ_1^*，ξ_2^* 和 ξ_3^* 的充分必要条件。从而，对于最优解 $(a_k^*,\xi_1^*,\xi_2^*,\xi_3^*)$，KKT 条件可推导为

$$\left.\begin{aligned}
&\frac{\partial}{\partial a_k}L(a_k,\xi_1,\xi_2,\xi_3)=1-\xi_1^*+\xi_2^*-\frac{\xi_3^*}{a_k^*+l_k^*}=0\\
&\xi_1^*\cdot(m_k-a_k^*)=0\\
&\xi_2^*\cdot(a_k^*-P_{\max,k})=0\\
&\xi_3^*\cdot\left[\phi_{\mathrm{MI}}-\sum_{k=0}^{K-1}\ln\left(1+\frac{a_k^*}{l_k}\right)\right]=0\\
&m_k\leqslant a_k^*\leqslant P_{\max,k},k\in F_k\\
&\xi_1^*\geqslant 0\\
&\xi_1^*\geqslant 0\\
&\xi_3^*\geqslant 0
\end{aligned}\right\} \tag{8.20}$$

于是，可解得

$$a_k^*=\frac{\xi_3^*}{1-\xi_1^*+\xi_2^*}-l_k \tag{8.21}$$

从式（8.20）中可以看出，优化模型 **(P2)** 可根据每个子载波上分配的功率分三种情况来讨论，即在最优解处，每个子载波上分配的功率可处于最小发射功率和最大发射功率之间（$m_k<a_k^*<P_{\max,k}$），或等于最小发射功率（$a_k^*=m_k$），或等于最大发射功率（$a_k^*=P_{\max,k}$）。

（1）当 $m_k<a_k^*<P_{\max,k}$ 时，$\xi_1^*=\xi_2^*=0$，则有

$$m_k<\xi_3^*-l_k<P_{\max,k} \tag{8.22}$$

即

$$\xi_3^*-P_{\max,k}<l_k<\xi_3^*-m_k$$

从而有

$$a_k^* = \xi_3^* - l_k \tag{8.23}$$

式中，ξ_3^* 可由预先设定的MI阈值解得，即

$$\sum_{k=0}^{K-1} \ln\left(1 + \frac{a_k^*}{l_k}\right) \geqslant \phi_{\mathrm{MI}} \tag{8.24}$$

（2）当 $a_k^* = m_k$ 时，$\xi_1^* > 0$，$\xi_2^* = 0$，则有

$$a_k^* + l_k = \frac{\xi_3^*}{1-\xi_1^*} > \xi_3^* \tag{8.25}$$

即

$$l_k > \xi_3^* - m_k$$

从而有

$$a_k^* = m_k \tag{8.26}$$

（3）当 $a_k^* = P_{\max,k}$ 时，$\xi_1^* = 0$，$\xi_2^* > 0$，则有

$$a_k^* + l_k = \frac{\xi_3^*}{1+\xi_2^*} < \xi_3^* \tag{8.27}$$

即

$$l_k < \xi_3^* - P_{\max,k}$$

从而有

$$a_k^* = P_{\max,k} \tag{8.28}$$

因此，求得如式（8.17）所示的最优解。

由定理8.1可以看出，基于射频隐身的雷达通信一体化系统最优OFDM波形设计算法依据注水原理，按照每个子载波上信道频率响应和有色噪声功率水平的大小，在信道频率响应较高且有色噪声功率水平较低的子载波处分配较大的功率，从而在保证一定目标参数估计性能和各子载波上数据传输速率的条件下，最小化系统总发射功率，以提升其射频隐身性能。对于给定的目标参数估计MI阈值 ϕ_{MI} 和数据传输速率阈值 $R_{\min}[k]$，一旦得到常数 ξ_3^*，则可将式（8.18）代入式（8.17）计算雷达通信一体化系统的总发射功率 $\sum_{k=0}^{K-1} a_k$。基于射频隐身的雷达通信一体化系统最优OFDM波形设计算法如算法8.1所示，二分搜索法如算法8.2所示。

算法8.1　雷达通信一体化系统最优OFDM波形设计算法

- 1．参数初始化：设置参数初始值 ϕ_{MI}，$R_{\min}[k]$，$P_{\max,k}$，迭代次数索引 $n=1$；
- 2．循环：对 $k=0,\cdots,K-1$，利用式（8.17）计算 $a_k^{(n)}$；

  计算 $\mathcal{I}^{(n)}(r(t);g(t)\,|\,s_{\mathrm{rc}}(t)) \leftarrow \sum_{k=0}^{K-1} \ln\left(1+\frac{a_k^{(n)}}{l_k}\right)$；

  利用算法8.2中二分搜索法计算 $\xi_3^{(n+1)}$；
- 3．当 a_k 收敛时，结束循环；
- 4．参数更新：$\forall k$，更新 $a_k^* \leftarrow a_k^{(n)}$。

算法 8.2　二分搜索法

- 1. 参数初始化：设置参数初始值 $\xi_3^{(n)}$，$\xi_{3,\max}$，$\xi_{3,\min}$，误差容限 $\varepsilon>0$；
- 2. 当 $\mathcal{I}^{(n)}(r(t);g(t)|s_{\mathrm{rc}}(t))-\phi_{\mathrm{MI}}\geqslant\varepsilon$ 时，循环：

  对 $k=0,\cdots,K-1$，$\xi_3^{(n)}\leftarrow(\xi_{3,\min}+\xi_{3,\max})/2$；

  利用式（8.17）计算 $a_k^{(n)}$ 并更新 $\mathcal{I}^{(n)}(r(t);g(t)|s_{\mathrm{rc}}(t))$；

  如果 $\mathcal{I}^{(n)}(r(t);g(t)|s_{\mathrm{rc}}(t))>\phi_{\mathrm{MI}}$，则 $\xi_{3,\max}\leftarrow\xi_3^{(n)}$，$\xi_3^{(n)}\leftarrow(\xi_{3,\min}+\xi_{3,\max})/2$；

  否则，$\xi_{3,\min}\leftarrow\xi_3^{(n)}$，$\xi_3^{(n)}\leftarrow(\xi_{3,\min}+\xi_{3,\max})/2$；

  令 $n\leftarrow n+1$；
- 3. 结束循环。

注 8.1：基于射频隐身的雷达通信一体化系统最优 OFDM 波形设计算法的运算复杂度由子载波数目和二分搜索法决定。其中，第二步主循环的复杂度为 $\mathcal{O}(K)$，二分搜索法的复杂度为 $\mathcal{O}(\log_2[(\xi_{3,\max}-\xi_{3,\min})/\varepsilon])$，则最优 OFDM 波形设计算法的总运算复杂度为 $\mathcal{O}(K\log_2[(\xi_{3,\max}-\xi_{3,\min})/\varepsilon])$。然而，穷举搜索法的运算复杂度为 $\mathcal{O}(K(\xi_3^*-\xi_{3,\min})/\varepsilon)$。因此，本章所提的算法可极大地降低运算复杂度，确保实时性。

8.4　仿真结果与分析

8.4.1　仿真参数设置

为了验证所提基于射频隐身的雷达通信一体化系统最优 OFDM 波形设计算法的可行性和有效性，本节进行了仿真。设雷达通信一体化系统的发射信号载频为 3 GHz，带宽为 512 MHz，平均分为 $K=128$ 个子载波。为方便起见，雷达通信一体化系统的参数设置如表 8.1 所示。如前文所述，为求解最优 OFDM 波形优化设计模型 **(P2)**，假设雷达通信一体化系统相对于目标和通信基站的信道频率响应、路径传播损耗及有色噪声 PSD 等信息先验已知。目标探测信道功率如图 8.2 所示，有色噪声 PSD 如图 8.3 所示。

表 8.1　雷达通信一体化系统参数设置

参　数	数　值	参　数	数　值
G_{t}	30 dB	G_{r}	30 dB
G_{st}	0 dB	G_{sr}	0 dB
R_{rc}	100 km	R_{c}	10 km
$P_{\max,k}(\forall k)$	600 W		

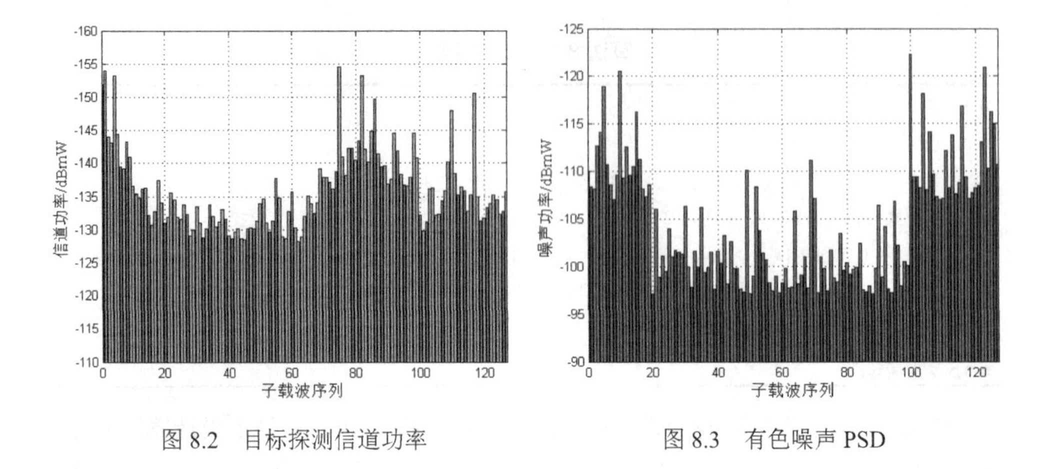

图 8.2　目标探测信道功率　　　　图 8.3　有色噪声 PSD

8.4.2　最优 OFDM 波形设计结果

图 8.4 给出了不同目标参数估计 MI 阈值和数据传输速率阈值下的最优 OFDM 波形设计结果，表明根据目标探测信道频率响应和有色噪声功率水平，雷达通信一体化系统在各个子载波上发射功率的分配情况。为了保证在一定目标参数估计 MI 阈值和数据传输速率阈值的条件下最小化系统的总发射功率，基于射频隐身的雷达通信一体化系统最优 OFDM 波形设计算法依据注水原理进行功率分配[41][42]。从仿真结果可以看出，雷达通信一体化系统的发射功率分配主要由目标探测信道频率响应和有色噪声功率水平决定，在分配过程中，发射功率主要分配给目标探测信道频率响应高且有色噪声功率水平低的子载波。另外，从图 8.4 中还可以看出，随着目标参数估计 MI 阈值和数据传输速率阈值的不断增大，雷达通信一体化系统在各子载波上分配的功率逐渐增大。

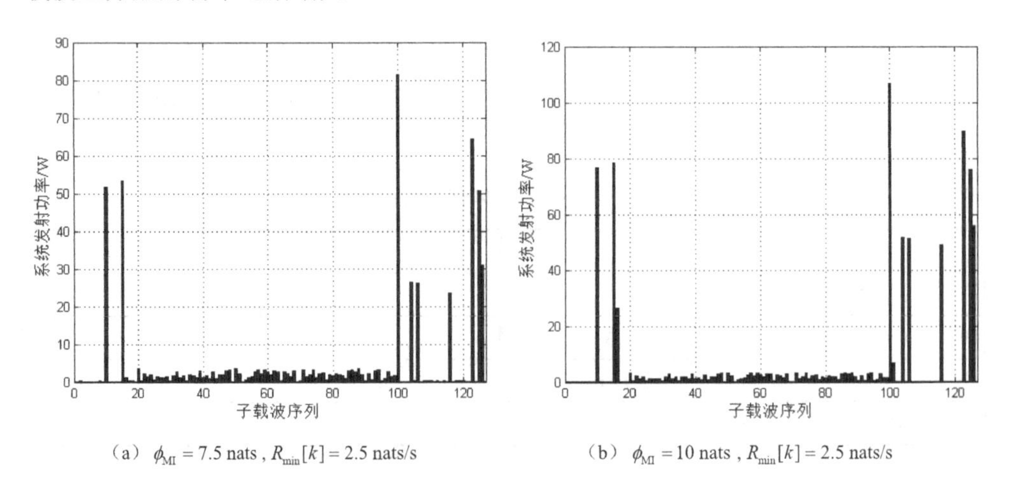

（a）$\phi_{\mathrm{MI}} = 7.5$ nats , $R_{\min}[k] = 2.5$ nats/s　　（b）$\phi_{\mathrm{MI}} = 10$ nats , $R_{\min}[k] = 2.5$ nats/s

图 8.4　不同目标参数估计 MI 阈值和数据传输速率阈值下的最优 OFDM 波形设计结果

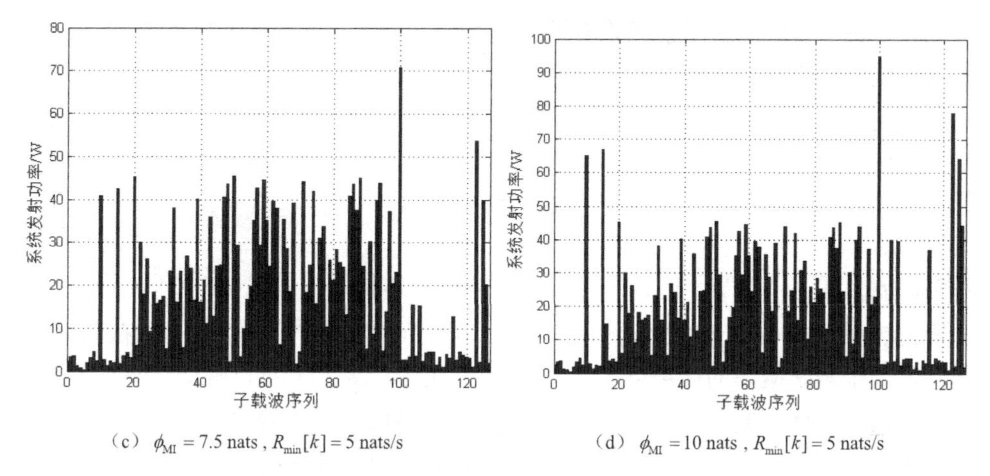

（c）$\phi_{MI} = 7.5$ nats , $R_{min}[k] = 5$ nats/s　　（d）$\phi_{MI} = 10$ nats , $R_{min}[k] = 5$ nats/s

图 8.4　不同目标参数估计 MI 阈值和数据传输速率阈值下的最优 OFDM 波形设计结果（续）

8.4.3　射频隐身性能分析

图 8.5 给出了不同目标参数估计 MI 阈值和数据传输速率阈值下不同算法的雷达通信一体化系统总发射功率对比。具体来说，在一定目标参数估计 MI 阈值和数据传输速率阈值的情况下，基于射频隐身的雷达通信一体化系统最优 OFDM 波形可以得到最小的总发射功率，从而获得最好的射频隐身性能。均匀功率分配 OFDM 波形设计算法是在没有任何关于目标探测信道频率响应和有色噪声 PSD 等先验知识的情况下，将雷达通信一体化系统发射功率均匀分配在所有子载波上[42]，因此，它的射频隐身性能最差。从图中可以看出，基于射频隐身的雷达通信一体化系统最优 OFDM 波形所得的射频隐身性能明显优于均匀功率分配 OFDM 波形所得的射频隐身性能，从而验证了最优 OFDM 波形设计算法的有效性。

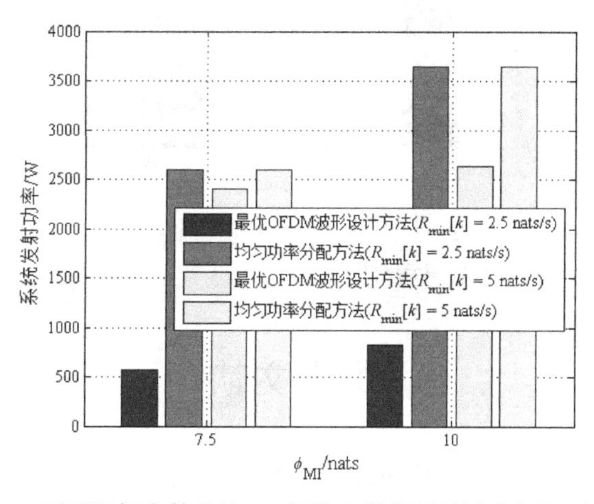

图 8.5　不同目标参数估计 MI 阈值和数据传输速率阈值下不同算法的雷达通信一体化系统总发射功率对比

为了进一步验证基于射频隐身的雷达通信一体化系统最优 OFDM 波形设计算法对系统射频隐身性能的提升，图 8.6 给出了不同目标参数估计 MI 阈值和数据传输速率阈值下最优 OFDM 波形设计算法对射频隐身性能的提升效果对比。其中，定义雷达通信一体化系统射频隐身性能的提升率为

$$\psi=\frac{p_{\text{Ave}}-p_{\text{Opt}}}{p_{\text{Ave}}}\times 100\% \tag{8.29}$$

式中，p_{Opt} 表示采用基于射频隐身的雷达通信一体化系统最优 OFDM 波形设计算法所得的截获概率，p_{Ave} 表示采用均匀功率分配 OFDM 波形算法所得的截获概率。其中，关于截获概率的计算可参考文献[43]。由式（8.29）可以看出，ψ 值越大，则雷达通信一体化系统的射频隐身性能越好。换句话说，总发射功率较小的波形设计结果可以得到更大的 ψ 值，从而获得更优的射频隐身性能。从图中可以得到，基于射频隐身的雷达通信一体化系统最优 OFDM 波形设计算法可在保证给定目标参数估计 MI 阈值和数据传输速率阈值的条件下，通过优化分配各子载波上的功率，最小化总发射功率，从而达到提升系统射频隐身性能的目的。另外，在目标参数估计 MI 阈值一定的情况下，ψ 值随着数据传输速率阈值 $R_{\min}[k]$ 的增大而减小，这是由于为了满足数据传输速率需求，雷达通信一体化系统需要在更多的子载波上分配功率资源。

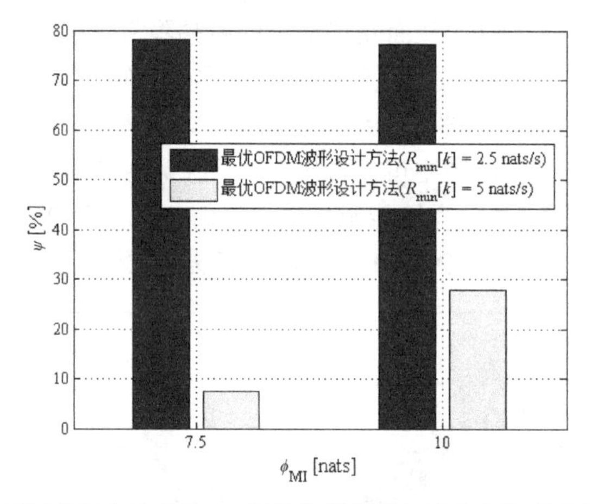

图 8.6 不同目标参数估计 MI 阈值和数据传输速率阈值下最优 OFDM 波形设计算法对射频隐身性能的提升效果对比

参考文献

[1] 胡苏，高原，王军. 通信雷达一体化波形设计[M]. 北京：国防工业出版社，2018.

[2] 罗钉. 机载有源相控阵火控雷达技术[M]. 北京：航空工业出版社，2018.

[3] 张勇. 雷达与干扰一体化系统及其共享信号[M]. 西安：西安电子科技大学出版社，2011.

[4] Sturm C, Zwick T, Wiesbeck W. An OFDM system concept for joint radar and communications operations [J]. VTC Spring, 2009: 1-5.

[5] Turlapaty A, Jin Y W. A joint design of transmit waveforms for radar and communications systems in coexistence [C]. IEEE Radar Conference (RadarConf), 2014: 315-319.

[6] Paul B, Chiriyath A R, Bliss D W. Survey of RF communications and sensing convergence research [J]. IEEE Access, 2017, 5: 252-270.

[7] Chiriyath A R, Paul B, Jacyna G M, et al. Inner bounds on performance of radar and communications co-existence [J]. IEEE Transactions on Signal Processing, 2016, 64(2): 464-474.

[8] Li C, Raymondi N, Xia B, et al. Outer bounds for MIMO communicating radars: Three-node uplink [C]. 2018 52nd Asilomar Conference on Signals, Systems, and Computers, 2018: 934-938.

[9] Raymondi N, Li C, Sabharwal A. Outer bounds for MIMO communicating radars: Three-node downlink [C]. 2018 52nd Asilomar Conference on Signals, Systems, and Computers, 2018: 939-943.

[10] Hassanien A, Amin M G, Zhang Y M D, et al. Dual-function radar-communications: Information embedding using sidelobe control and waveform diversity [J]. IEEE Transactions on Signal Processing, 2016, 64(8): 2168-2181.

[11] Ji S L, Chen H, Hu Q, et al. A dual-function radar-communication system using FDA [C]. 2018 IEEE Radar Conference (RadarConf18), 2018: 224-229.

[12] Deligiannis A, Daniyan A, Lambotharan S, et al. Secrecy rate optimizations for MIMO communication radar [J]. IEEE Transactions on Aerospace and Electronic Systems, 2018, 54(5): 2481-2492.

[13] He Q, Wang Z, Hu J B, et al. Performance gains from cooperative MIMO radar and MIMO communication systems [J]. IEEE Signal Processing Letters, 2019, 26(1): 194-198.

[14] Wang X R, Hassanien A, Amin M G. Dual-function MIMO radar communications system design via sparse array optimization [J]. IEEE Transactions on Aerospace and Electronic Systems, 2019, 55(3):1213-1226.

[15] 张朝霞. 新型雷达原理与技术[M]. 北京：科学出版社，2016.

[16] 申东. MIMO 雷达混沌波形设计及性能分析[M]. 北京：科学出版社，2018.

[17] 刘永军，廖桂生，杨志伟. 基于 OFDM 的雷达通信一体化波形模糊函数分析[J]. 系统工程与电子技术，2016, 38(9): 2008-2018.

[18] Liu Y J, Liao G S, Xu J W, et al. Adaptive OFDM integrated radar and communications waveform design based on information theory [J]. IEEE Communications Letters, 2017, 21(10): 2174-2177.

[19] Liu Y J, Liao G S, Yang Z W, et al. Multiobjective optimal waveform design for OFDM integrated radar and communication systems [J]. Signal Processing, 2017, 141: 331-342.

[20] Liu F, Zhou L F, Masouros C, et al. Toward dual-functional radar-communication systems: Optimal waveform design [J]. IEEE Transactions on Signal Processing, 2018, 66(16): 4264-4278.

[21] 付月，崔国龙，盛彪. 基于 LFM 信号相位/调频率调制的探通一体化共享信号设计[J]. 现代雷达，2018, 40(6): 41-46, 53.

[22] 刘冰凡，陈伯孝. 基于 OFDM-LFM 信号的 MIMO 雷达通信一体化信号共享设计研究[J]. 电子与信息学报，2019, 41(4): 801-808.

[23] 朱柯弘，王杰，梁兴东，等. 用于 SAR 与通信一体化系统的滤波器组多载波波形[J]. 雷达学报，2018, 7(5): 602-612.

[24] Zhou Y F, Zhou F H, Wu Y P, et al. Resource allocation for a wireless powered integrated radar and communication system [J]. IEEE Wireless Communications Letters, 2019, 8(1): 253-256.

[25] Dokhanchi S H, Shankar M R B, Alaee-Kerahroodi M, et al. Adaptive waveform design for automotive joint radar-communications system [C]. IEEE International Conference on Acoustics, Speech and Signal Processing (ICASSP), 2019: 4280-4284.

[26] 杨慧婷，周宇，谷亚彬，等. 参数调制多载波雷达通信共享信号设计[J]. 雷达学报，2019, 8(1): 54-63.

[27] Schleher D C. LPI radar: fact or fiction [J]. IEEE Aerospace and Electronics Systems Magazine , 2006, 21(5): 3-6.

[28] Stove A G, Hume A L, Baker C J. Low probability of intercept radar strategies [J]. IEE Proceedings of Radar, Sonar and Navigation, 2004, 151(5): 249-260.

[29] Key E L . Detecting and classifying low probability of intercept radar [J]. IEEE Aerospace and Electronic Systems Magazine, 2004, 19(5): 42-44.

[30] Pace P E, Tan C K, Ong C K. Microwave-photonics direction finding system for interception of low probability of intercept radio frequency signals [J]. Optical Engineering, 2018, 57, (2): 1-8.

[31] Zhang Z K, Tian Y B. A novel resource scheduling method of netted radars based on Markov decision process during target tracking in clutter [J]. EURASIP Journal on Advances in Signal Processing, 2016, doi: 10.1186/s13634-016-0309-3.

[32] Zhang Z K, Salous S, Li H L, et al. Optimal coordination method of opportunistic array radars for multi-target-tracking-based radio frequency stealth in clutter [J]. Radio Science, 2016, 50(11): 1187-1196.

[33] Shi C G, Qiu W, Wang F, et al. Stackelberg game-theoretic low probability of intercept performance optimization for multistatic radar system [J]. Electronics, 2019, 8, 397, DOI: 10.3390/electronics8040397.

[34] Lawrence D E. Low probability of intercept antenna array beamforming [J]. IEEE Transactions on Antennas and Propagation, 2010, 58(9): 2858-2865.

[35] Xiong J, Wang W Q, Cui C, et al. Cognitive FDA-MIMO radar for LPI transmit beamforming [J]. IET Radar Sonar and Navigation, 2017, 11(10): 1574-1580.

[36] Zhou C W, Gu Y J, He S B, et al. A robust and efficient algorithm for coprime array adaptive beamforming [J]. IEEE Transactions on Vehicular Technology, 2018, 67(2): 1099-1112.

[37] Shi C G, Wang F, Salous S, et al. Low probability of intercept-based optimal OFDM waveform design strategy for an integrated radar and communications system [J]. IEEE Access, 2018, 6: 57689-57699.

[38] 时晨光，周建江，汪飞，等. 机载雷达组网射频隐身技术[M]. 北京：国防工业出版社，2019.

[39] Taghizadeh O, Alirezaei G, Mathar R. Optimal energy efficient design for passive distributed radar systems [C]. IEEE International Conference on Communications (ICC), 2015: 6773-6778.

[40] Boyd S P, Vandenberghe L. Convex optimization [M]. Cambridge University Press, 2004.

[41] Shi C G, Wang F, Sellathurai M, et al. Power minimization-based robust OFDM radar waveform design for radar and communication systems in coexistence [J]. IEEE Transactions on Signal Processing, 2018, 66(5): 1316-1330.

[42] Wang L L, Wang H Q, Wong K K, et al. Minimax robust jamming techniques based on signal-to-interference-plus-noise ratio and mutual information criteria [J]. IET Communications, 2014, 8(10): 1859-1867.

[43] Shi C G, Wang F, Salous S, et al. Joint transmitter selection and resource management strategy based on low probability of intercept optimization for distributed radar networks [J]. Radio Science, 2018, 53(9): 1108-1134.

注释表

缩 略 词	英 文 全 称	中 文 全 称
AF	Ambiguity Function	模糊函数
ARM	Anti-Radiation Missile	反辐射导弹
BCRLB	Bayesian Cramér–Rao Lower Bound	贝叶斯克拉美-罗下界
CEVR	Circular Equivalent Vulnerable Radius	截获圆等效半径
CRLB	Cramér–Rao Lower Bound	克拉美-罗下界
DARPA	Defense Advanced Research Projects Agency	国防部高级研究计划局
ECM	Electronic Counter Measurements	电子对抗
ELINT	Electronic Intelligence	电子情报系统
ESD	Energy Spectral Density	能量谱密度
ESM	Electronic Support Measures	电子支援措施
FIM	Fisher Information Matrix	Fisher 信息矩阵
FSK	Frequency Shift Keying	频移键控
GLRT	Generalized Likelihood Ratio Test	广义似然比检验
IDFT	Inverse Discrete Fourier Transform	逆离散傅里叶变换
IMM	Interacting Multiple Model	交互式多模型
KKT	Karush-Kuhn-Tucker	KKT
KL	Kullback-Leibler	KL
L-DACS1	L-Band Digital Aeronautical Communication System Type 1	L 波段数字航空通信系统 1 型
LFMCW	Linear Frequency Modulation Continuous Wave	线性调频连续波
LPI	Low Probability of Intercept	低截获概率
LTE	Long Term Evolution	长期演进
MCRLB	Modified Cramér–Rao Lower Bound	修正克拉美-罗下界
MI	Mutual Information	互信息
MIMO	Multiple-Input Multiple-Output	多输入多输出
MISO	Multiple-Input Single-Output	多输入单输出
MMSE	Minimum Mean-Square Error	最小均方误差
MRSR	Multiple Role Secure Radar	多用途安全雷达
MSE	Mean Square Error	均方误差
NE	Nash Equilibrium	纳什均衡

续表

缩 略 词	英 文 全 称	中 文 全 称
OFDM	Orthogonal Frequency Division Multiplexing	正交频分复用
OTHR	Over the Horizon Radar	超视距雷达
PDAF	Probabilistic Data Association Filter	概率数据关联
PSD	Power Spectral Density	功率谱密度
PSK	Phase Shift Keying	相移键控
RCS	Radar Cross Section	雷达散射截面
RFI	Radio Frequency Intensity	射频辐射强度
RWR	Radar Warning Receiver	雷达告警接收机
SCNR	Signal-to-Clutter-plus-Noise Ratio	信杂噪比
SEVR	Spherical Equivalent Vulnerable Radius	截获球体积的等效半径
SIAR	Synthetic Impulse and Aperture Radar	综合脉冲孔径雷达
SIGINT	Signal Intelligence	信号情报系统
SIMO	Single-Input Multiple-Output	单输入多输出
SINR	Signal-to-Interference-plus-Noise Ratio	信干噪比
STLFMCW	Symmetrical Triangular Linear Frequency Modulation Continuous Wave	对称三角线性调频连续波
TDOA	Time Difference of Arrival	达到时间差
UCMKF	Unbiased Converted Measurement Kalman Filter	无偏转换测量卡尔曼滤波
UMTS	Universal Mobile Telecommunications System	通用移动通信系统

反侵权盗版声明

电子工业出版社依法对本作品享有专有出版权。任何未经权利人书面许可，复制、销售或通过信息网络传播本作品的行为，歪曲、篡改、剽窃本作品的行为，均违反《中华人民共和国著作权法》，其行为人应承担相应的民事责任和行政责任，构成犯罪的，将被依法追究刑事责任。

为了维护市场秩序，保护权利人的合法权益，我社将依法查处和打击侵权盗版的单位和个人。欢迎社会各界人士积极举报侵权盗版行为，本社将奖励举报有功人员，并保证举报人的信息不被泄露。

举报电话：（010）88254396；（010）88258888
传　　真：（010）88254397
E-mail：　dbqq@phei.com.cn
通信地址：北京市海淀区万寿路173信箱
　　　　　电子工业出版社总编办公室
邮　　编：100036